트레킹으로 지구 한바퀴

중국·중동·아프리카 편

트레커 김동우 쓰다

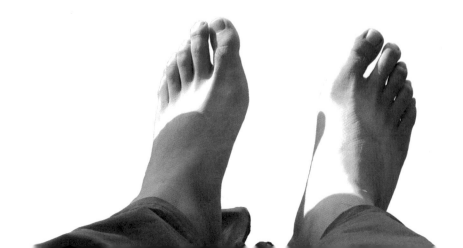

지식
공간

·세계 일주 트레킹 1막·

Let's GO 한국 → 중국 → 파키스탄 → 아랍에미리트 → 요르단 → 이집트 → 에티오피아 → 케냐 → 탄자니아 (케냐)

여행을 다니는 것이 직업이지만, 오늘도 여행을 위해 배낭을 꾸리는 이를 보고 있으면 그 사람이 부럽다. 나는 어제 여행에서 돌아왔지만, 지금 떠나는 그 사람의 뒷모습을 보고 있으면 질투가 난다. 나는 지금 여행 중이지만, 여행하고 있는 그 사람을 보고 있으면 여전히 설렌다.

수년 전, 웹서핑 중 우연히 한 블로그에 접속하게 됐다. '트레킹으로 지구 한 바퀴'라는 블로그였다. 몇 번의 클릭만으로 그의 블로그에 빠져들고 말았다. 블로그 운영자는 진정한 여행자였다. 그는 중국에서 출발해 파키스탄과 아랍에미리트, 요르단, 이집트, 에티오피아, 케냐를 거쳐 탄자니아로 향하고 있었다. 무지막지한 일정이었다. 그의 뜨거운 마음과 그의 부르텄을 발과, 굳은살로 단단해졌을 그의 어깨가 짐작이 갔다.

그의 블로그에서 하루를 머물며, 그가 지나간 길을 오롯이 따라갔다. 부에노스아이레스의 클럽을 방문했고 그의 발꿈치를 쫓아 킬리만자로에도 올랐다. 이집트 카이로에서의 게스트하우스는 나 역시 최악이었는데, 그 역시 최악이었다니 묘한 동질감을 느끼기도 했다.

그의 블로그를 보며 몇 해 전 내가 했던 여행이 떠올랐다. 베트남을 종단해 사파를 거쳐 라오스까지, 오토바이를 타고 여행했던 적이 있다. 청춘이라는 단어를 생물학적 나이의 어느 한 시기를 지칭하는 것이 아니라, 삶에 대한 열정과 무모함만의 함유량으로 정의할 수 있다면 그 시기가 나의 청춘이었다.

그리고 불행하게도 나의 청춘은 이미 지나 어느덧 그 청춘을 한참 살고 있는 이들을 부러워하고 있었다. 블로그 운영자 김동우는 열렬한 청춘을 살고 있었고, 나는 그가 무작정 부러웠다. 그가 보내온 책을 펼치며 또 한 번 가슴이 뛴다.

나는 오늘도, 한국에서 탄자니아까지 이어지는, 그가 걸어간 궤적을 보며 설레고 있고 그가 찍은 사진을 보며 그를 질투하고 있다.

그는 진정한 여행자다.

그는 삶이 모험이라는 사실, 모험이 아니라면 아무것도 아니라는 사실을 알고 있는 자다.

_ **최갑수** 여행작가, <당신에게, 여행>의 저자

나는 목돈이 없어 카드할부로 해외여행을 다닌다. 이 얘기를 듣는 사람들은 나에게 묻는다, 어떻게 카드할부로 여행을 갈 생각을 하느냐고. 나는 그때마다 되묻는다, 그러면 당신은 어떻게 자동차를 할부로 사느냐고.

직장에 사표를 내고 300일 동안 트레킹 세계 일주를 떠난 이 책의 저자는 심지어 아프리카 탄자니아에서 말라리아에 걸리면서도 여행을 포기하지 않았다. 왜일까?

인생에서 중요한 것은 1만 원이 아니라 1시간이기 때문이라는 사실을 잘 알고 있기 때문이다. 우리가 죽을 때 돈이라는 종이쪼가리를 쥐고 가지는 않으니까.

여행을 떠나지 못하는 이들, 그들은 98%가 모자라서 그런 것은 아니다. 항상 부족한 양은 2%이다. 마음속에 2%가 부족해 떠나지 못하는 당신을 위한 책이 바로 여기에 있다.

그나저나 저자에게 묻고 싶다.

"이집트에서 만났던 콜롬비아 여인 마리아를 남미 여행에서 다시 만났습니까?"

_ **임승수** 작가, <원숭이도 이해하는 자본론>의 저자

트레킹으로 지구 한 바퀴

초판 1쇄 발행 2014년 7월 1일
초판 2쇄 발행 2014년 9월 22일

지은이 김동우
펴낸이 김재현
펴낸곳 지식공간

출판등록 2009년 10월 14일 제300-2009-126호
주소 서울 은평구 역촌동 28-76 5층
전화 02-734-0981
팩스 02-333-0081
메일 editor@jsgonggan.co.kr
카페 cafe.naver.com/jsgonggan
블로그 blog.naver.com/jsgonggan
페이스북 www.facebook.com/#!/jisikgg

스케치 이중석(탈가이) blog.naver.com/talguy.do
편집 권병두
마케팅 이남현
디자인 엔드디자인 02-338-3055

ISBN 978-89-97142-28-6 13980

이 도서의 국립중앙도서관 출판시도서목록(CIP)은 e-CIP홈페이지(http://www.nl.go.kr/ecip)와
국가자료공동목록시스템(http://www.nl.go.kr/kolisnet)에서 이용하실 수 있습니다.
(CIP제어번호: CIP2014017265)

* 잘못된 책은 구입하신 곳에서 바꾸어드립니다.
* 책값은 뒤표지에 있습니다.

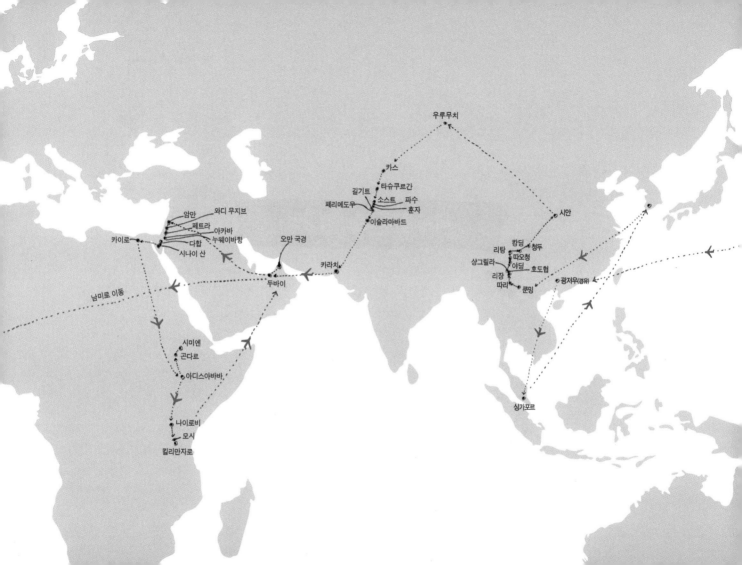

우루무치

키스

타슈쿠르간

길기트   파수

페리메도우   소스트   훈자

이슬라마바드

시안

카라치   캉딩 청두

리탕

상그릴라   따오청

아딩   호도협

리장

광저우(경유)

따리   쿤밍

암만   와디 무지브

페트라

카이로   아카바   누웨이바항

다합

시나이 산

오만 국경

남미로 이동

두바이

시미엔

곤다르

아디스아바바

나이로비

모시

킬리만자로

싱가포르

•세계 일주 트레킹 2막•

Let's GO
탄자니아(케냐) → 아르헨티나 → 브라질 → 파라과이 → 칠레 → 볼리비아 → 페루 → 미국 → 캐나다 → 싱가포르 → 한국

* 참고로 이 책에서는 세계 일주 1막만을 다루고 있다. 2막은 다음 책을 기대하시라.

밴쿠버 밴프

샌프란시스코 라스베이거스
그랜드캐니언
로스앤젤레스

멕시코
(경유)

마추픽추 쿠스코
리마 코파카바나
이까 라파즈
아레키파
우유니
칼라마 아순시온
이구아수폭포
아콩카구아 리우데자네이루(경유)
멘도사
산티아고 부에노스아이레스
푸콘
푸에르토몬트 바릴로체

엘찰텐 칼라파테
토레스 델 파이네 푸에르토 나탈레스
푼타아레나스

너 지금 행복하니?

대학 시절 45일간 유럽을 초스피드로 돌아본 게 내 인생 최초의 배낭여행이었다.

유럽 땅에서 나는 스스로를 대견하게 여기며 자아도취에 빠졌다. 이런 얄팍한 자만심은 얼마 가지 못했다. 그 당시 만난 한 일본인은 일본에서 배를 타고 한국과 중국을 거쳐 유럽까지 왔다고 했다. 지구를 한 바퀴 돌아보겠다고 마음먹은 건 그때부터다.

그런데 어찌 된 건지 세계 일주에 대한 꿈은 직장생활을 시작하면서 흔적조차 없이 사라졌다. 그 무렵 내 여행은, 한물간 이류 가수의 소개 멘트처럼 고작 '동남아 순회'를 벗어나지 못하고 있었다.

"꿈은 꿈일 때 가장 아름답지 않을까?" 매일 현실과 마주하며 '꿈'이 지닌 본래 의미를 스스로 왜곡시키고 있었다. 그 사이 세계 일주의 꿈은 점점 닫혀 가고 있는 시간의 문 너머로 꼬리를 감추고 있었다.

그 흔한 '빽' 하나 없이 기자생활을 시작했다. 직장생활 중 MB정부의 지식경제부장관이 주는 표창장을 받아 부모님 어깨에 한껏 힘을 실어드렸다. 그 덕에 아버지는 의사 아들을 둔 친구 앞에서 오랜만에 기분을 내셨다. 이때는 나도 성취감에 빠져 한없이 고개가 빳빳했던 것 같다. 난 우쭐대고 있었다. 그러나 쳇바퀴 같은 일상을 이겨내기에는 약발이 오래 가지 못했다.

매일 아침 눈을 뜨면 기계적으로 이를 닦고 구두에 발을 욱여넣었다. 출근을 하면 쓰디쓴 커피를 벌컥벌컥 마시고, 포털사이트 뉴스 창을 보며 하루를 시작했다. 자기계발은 고사하고 밤이면 취재를 핑계 삼아 꽁술을 얻어 마시기 바빴다. 상사를 따라 다니며 부어라 마셔라 하는 회식이 싫었다. 새벽길 술에 취한 선배는 물론이고 비틀거리는 후배까지 챙겨 택시를 잡아 주고 나면 매번 밤길을 비추는 외등 밑에서 청승맞게 담배 한 모금을 빨았다.

내 속은 알게 모르게 곪아가고 있었다. 기자생활을 시작하면서 마음속을 꽉 채우고 있던 사회정의감은 월급 전 바닥난 통장 잔고처럼 흔적조차 찾을 수 없었다.

직장생활의 연차가 올라갈수록 가슴에는 크고 작은 구멍이 하나둘 뚫렸고, 그 크기는 점점 커져갔다. 그러다 거울 앞에서 새치를 골라내고 있는 내 모습과 마주했다. 나도 모르게 툭 한마디를 내뱉었다.

"너 지금 행복하니?"

비어 있는 줄 알면서 뒤지는 주머니처럼, 뭔가 빠뜨린 듯한 느낌에 머뭇거리는 출근길처럼, 내 것이 아닌 듯 불편함을 느껴 자꾸 고쳐 신는 신발처럼…. 거울 속 난 허전하고 불안했다. 그리고 낯설었다.

매달 날아드는 자동차 할부금과 보험료를 내기 위해 회사에 다니는 건 아니었나? 부모의 기대를 채우기 위해 매일 아침 넥타이를 매고 있는 건 아니었을까? 아니면 변변한 직장이란 타이틀이 필요한 거였나? 동창회에 나가 어깨를 펴고 싶었던 건가? 결혼을 위해서? 30대 중반을 넘긴 지금 내 꿈은 무엇이란 말인가?

난 자동차 바퀴가 네모날 수 있다는 허황된 꿈조차 꾸지 못하는 상상력 부재의 고철덩어리가 돼 있었다. 기성세대의 사고로 생각하고 그들의 방식대로 일을 해야 문제가 없다고 믿고 있었다. 허례허식은 매우 중요한 항목이었고, 아닌 걸 알면서도 입을 닫아야 했다. 어느새 타인의 시선과 사고가 내 의식을 지배하고 있었다.

매일 빠른 속도로 의미 없이 일상이 내 곁을 흘러갔다. 두 눈은 어지러웠고, 두 어깨에는 극심한 피로감이 쌓였다. 미친 듯이 돌아가는 사회에, 그리고 게슴츠레 침을 흘리는 내 인생에 쉼표를 찍어 보고 싶었다. 한 번쯤 내 감정에 솔직해지기… 나 자신에게 떳떳해지기… 남이 아닌 내가 원하는 일 해보기… 정말, 그래 보기.

하지만 가면을 벗기까지는 적잖은 시간과 용기가 필요했다. 생각이 많아질수록 실현 가능성은 낮아진다. 가장 좋은 방법은 두 눈을 질끈 감고 움켜진 손아귀를 펴는 거다. 그러면 새로운 걸 잡을 수 있다. 새로 손에 쥔 그 무엇은, 그동안 꽉 쥐고 놓지 않았던 것들이 실은 아무것도 아니었음을 느끼게 해주었다. 해보기 전에는 절대 알 수 없는 경험이었고, 놓기 전에는 절대 얻을 수 없는 자유였다.

요단강을 건너는 심정으로 사표를 만지작거렸다. 고민은 그리 오래 가지 않았다. 가슴 속에 고이 간직해 놓았던 버킷리스트 중 최상단을 차지하고 있던 계획을 전격 감행하기로 결심했다. 평범하게 살던 어느 직장인의 세계 일주는 그렇게 갑작스러우면서 갑작스럽지 않게 시작됐다.

본격적인 세계 일주 준비에 돌입해 보니 언제, 어디서, 어떻게 터질지 모르는 만성 설사병이 가장 큰 고민거리였다. 그 덕에 엄청난 양의 약을 챙겨 여행을 시작했다.

막상 여행을 시작해 보니 설사병도 문제였지만 하루에 한 끼는 꼭 한식을 먹어야 하는 저주받은 혀가 더 큰 골치였다.

난 이 책에서 아시아~아프리카~남미~북미로 이어지는 험난한 여정에서 생긴 다양한 에피소드를 가식과 과장 없이 사실대로 전달하려고 했다(남미와 북미는 다음 편을 기대하시라). 특히 해외의 주옥같은 트레킹 코스를 소개해 보고 싶었다.

여행에서 느낀 멜랑꼴리한 감상들은 최대한 배제하고 싶었다. 감상은 자칫 나만의 느낌이 될 수 있다. 또 예비 세계 일주자를 위험에 빠뜨리는 헛된 모험심을 심어주고 싶지도 않았다.

　이렇듯 책을 쓰면서 가장 고민했던 부분은 사실과 공감이었다. 누구나 여행 중 겪을 수 있는 지극히 현실적인 내용으로 독자들과 함께 웃고 울 수 있길 소망했다. 나만의 여행이 아닌 우리의 여행이길 바랐다.

　그리고 그 안에서 여행이 가진 매력을 나누고 싶었다. 내가 트레킹으로 지구 한 바퀴를 돌겠다고 마음먹은 이유이기도 했다.

　애초 여행계획은 1년이었으나 연이은 트레킹으로 인한 체력고갈과 매일 밤 날 괴롭히는 한식에 대한 갈증으로 조금 일찍 귀국비행기를 탔다.

　여행은 2012년 4월 30일부터 2013년 2월 20일까지 297일간이었다.

아시아
-파키스탄 │ 히말라야의 서쪽 그곳엔
파키스탄이 있다

트레킹(trekking)이란? 등산은 세 가지로 나뉜다. 암벽이나 빙벽 타기가 포함되어 있어서 주로 전문산악인들이 하는 등산을 '등반'이라 부르고, 제주 올레길처럼 비교적 야트막한 산을 산책하듯 도는 등산을 '하이킹'이라고 한다. 그리고 암벽/빙벽 타기는 없지만 등반에 가까운 중간 형태의 '트레킹'이 있다. 지리산이나 설악산 등산은 모두 트레킹에 속한다.

직장인, 세계 일주 트레커로 갈아타기

회사 대신 배낭을
선택한 자가 부딪치는
아주 현실적인 문제들

세계 일주 전
포기해야 할 것들에 대한 각론

세계 일주를 위해서는 참 많은 걸 포기해야 한다. 하나를 움켜쥐면 다른 걸 잡을 수 없는 게 세상 이치다.

대학 때 세계 일주를 계획했다면 별로 포기할 게 없다. 요즘은 어학연수 대신 워킹홀리데이로 영어도 배우고 여비도 마련해 세계 일주를 떠나는 대학생도 많다. 경험과 회화라는 두 마리 토끼를 잡겠다는 계산이다. 하지만 직장인의 세계 일주는 인생을 하루아침에 막장드라마 속 주인공으로 전락시킬 공산이 크다.

• 엄마, 아빠 안녕! | 잘 다니던 직장을 그만두고 훌쩍 여행을 떠나겠다는 자식을 어느 부모가 쌍수 들고 환영하겠는가. 일단 부모님 설득이 관건이다. 만약 설득이 안 될 것 같다면 떠나기 직전에 통보하는 것도 방법이다. 뺨 맞을 각오는 돼 있어야 한다. 본인의 의지가 무엇보다 중요하다. 판단이 섰다면 부모님 설득은 일단 제일 뒤로 미뤄도 좋다.

내 경우 착한 자식 콤플렉스는 애당초 없었고, 엄마 · 아빠가 아니라 나의 행복을 위한 결정이란 확고한 신념이 있었다. 이 부분에선 철저히 이기적이었다. 나의 결연한 태도 때문이었는지 흔들린 건 부모님이었다. 찔러도 피 한 방울 안 나올 것 같던 아버지는 여행 출발 직전 "힘들면 중간에 다시 돌아와…"란 말로 날 찡하게 만드셨다.

> 여행 중 만난 한 형님은 회사를 그만두고 부모님 몰래 남미로 장기 여행을 떠났다. 그 형님의 부모님은 아들이 장기 해외출장을 간 줄 아신다. 일단 모아둔 돈으로 매달 용돈을 꼬박꼬박 드리고 있으니 속을 만도 하다. '세계 일주'란 말을 도저히 꺼내지 못하겠다면, 또 여건이 허락한다면 이 방법을 써보길 바란다.

• 회사도 안녕! | 다음으로 중요한 게 회사에 사표를 내는 일이다. 가장 고민스러운 일이다. 사표를 내겠다고 운을 띄운 뒤 회사에서 잡지 않으면 그간 사회생활을 잘못한 거니 반성과 성찰의 시간을 보내면 된다. 그런데 선후배 할 것 없이 '왜 그러느냐'며 설득하는 것도 모자라 휴직 등의 파격적인 제안까지 해온다면 진짜 고민이 깊어진다. 심지어는 연봉 인상을 제안해 올 수도 있다.

이 과정은 정말 현실적인 문제들과의 싸움이다.

'너 지금 나이가 몇인데… 지금 결혼해서…'부터 '지금 떠나면 네가 회사에서 쌓아온 것들이 모래성처럼 무너진다'는 소리까지 포크레인으로 속을 후벼 파는 얘기들만 들린다. 특히 가장 불안을 자극하는 말이 '갔다 와서 어떻게 할 거냐?'는 소리다. 어느 책에는 세계 일주 뒤 일정 기간 백수로 살 수 있는 여유자금까지 확보하라고 적혀 있는데 이 정도까지 해놓으면 100점짜리 준비다. 난 못했다. 된장할!

여행 뒤의 일까지 다 준비해 놓는 능력 좋은 여행자가 몇 명이나 될까 모르겠다. 난 적당히 즉흥적이고 평범한 사람인데.

"그냥 대책 없습니다."

이게 내 답이다. 죽기야 하겠나. 닥치지도 않은 일에 대해 미리 전전긍긍할 필요는 없다. 여행 후 빈털터리 백수생활을 겁내면 세계 일주는 절대 내 이야기가 될 수 없다. 참고 또 참아야 한다. 한 치의 미동도 없는 돌부처 같은 마음으로 사표 얘기를 꺼내야 후회가 없다.

마음을 다잡고 퇴사하겠다고 마음먹었다 해도 때를 기다려야 한다. 내 경우 팀장에게만 귀띔한 일이 다음날 사내에 퍼지면서 여러모로 힘든 시절을 보냈다. 사표를 낸다는 소식이

사표를 내는 일은 세계 일주에서 가장 큰 걸림돌이다.

전해지자 "퇴사할 사람이 무슨 교육이야!"라는 윗분의 곱지 않은 시선에 교육비 지원도 받지 못했다. 마음이 섰다면 조용히 퇴직금이 얼마인지 따져보면 된다. 퇴직금은 여행자금으로 매우 중요한 종잣돈이다.

• 보험, 적금, 자동차, 집도 바이바이! | 사표까지 처리됐다면 다음은 보험과 은행적금을 해약할 것인지 말 것인지, 차가 있다면 차를 팔 것인지 말 것인지 등을 고민해 봐야 한다. 내 경우 보험해약으로 손해가 이만저만이 아니었다. 지금도 이 생각만 하면 열이 스멀스멀 오른다. '막돼먹은 보험회사!' 여행기간 동안 보험료를 낼 자금이 있다면 더없이 좋겠지만 보험, 글쎄….

또 부모님과 함께 살고 있다면 별 어려움이 없지만 독거청년이라면 사는 집을 언제, 어떻게 처리하고 짐을 어떻게 보관할 것인지 밑그림을 그려놓아야 한다.

'휴~' 이만저만 고민이 아니다. 정말 가시밭길이다.

세계 일주 같은 장기여행은 주변정리가 필수다.
집을 정리하는 것도 그중 하나다.

• 이제 준비해 보자! | 세계 일주를 위해서는 내가 가보고 싶은 나라를 연결하는 루트를 짜보는 것에서부터 여행자금 조달 방법, 여행지에 대한 공부 등을 꾸준히 해야 한다. 이게 하루아침에 되는 것이 아니므로 시간을 충분히 갖는 게 좋다.

단 모든 걸 완벽히 준비하겠다는 생각은 일찌감치 포기하자. 세계 일주 같은 장기여행은 준비한다고 다 되는 것도 아니고 중간에 루트가 변경되고 계획이 바뀌게 된다. 여행이 익숙해질 두세 달까지는 꼼꼼히 준비하고 나머지는 대략적인 공부만 한 뒤 다니면서 해도 충분하다.

세계 일주는 단기여행처럼 '돌격 앞으로' 식 여행이 아니다. 1년 계획을 세부적으로 짜면 이건 여행이 아니라 '숙제'가 된다. 엑셀파일로 작성한 일정표 따라가자고 회사까지 그만두고 여행을 떠나는 건 아니지 않은가. 그냥 느낌과 흐름에 맡겨보는 거다. 좋으면 더 있는 거고 싫으면 뜨는 게 여행이다. 실제로 이 방법이 훨씬 더 여행을 편안하게 해주었다.

• 잠깐, 내 님에게도 안녕! | 아! 그리고 이성 친구가 있는 분들이라면 설득 내지는 절교를 선언해야 할지 모른다. 세계 일주 중 통화품질 떨어지는 저급한 보이스톡으로 입씨름하는 것도 못할 짓이다. 나는, 이럴 바에는 여행 중 로맨스를 꿈꾸는 게 낫다는 쪽이다. 만약 기혼자가 세계 일주를 꿈꾼다면 보통 문제가 아니니 전략적인 배우자 설득 로드맵을 만들어야 한다. 같이 가면 금상첨화지만….

암튼 각설하고 이것만 기억하면 된다.

"내 두 눈, 두 손, 두 발로 맛본 지구는 내가 포기한 모든 걸 보상해 준다."

여행 준비와 넘어야 할 산

자! 마음의 준비가 됐다면 지구 한 바퀴를 돌기 위한 본격 준비에 들어가야 한다.

❶ 준비 과정에서 가장 중요한 건 '무엇을 볼 것인가'를 선정하는 작업이다. 별로 흥미도 없는데 남들이 가니까 나도 간다는 식으로 접근해서는 실패하기 딱 좋다. 여행을 해본 사람들은 안다. 여행지에서 사진을 찍을 때 기념사진을 남기고 있는지 정말 행복한 장면을 남기고 있는지….

행복한 순간을 만들려면 우선 내 마음속 이야기에 집중해 정말로 내가 보고 느끼고 싶은 걸 찾아야 한다. 무엇이든 자신이 행복할 수 있는 걸 찾으면 된다. 그러려면 나를 알고 지구를 알아야 한다.

❷ 보고 싶은 게 대충 결정됐다면 이제 여행지별 세부 정보를 찾을 차례다. 책도 보고, 인터넷 검색도 하면서 자료를 하나씩 축적한다. 조금 시간이 걸리는 문제이니 조급하게 생각하지 말고 천천히 하나씩 하면 된다. 모든 걸 다 찾겠다는 생각은 버리고 편하게 여행을 꿈꾸며 즐기면 된다.

❸ 어느 정도 자료가 축적됐다면 이제는 루트를 완성해 볼 차례다. 루트에 따라서 나라별 이동방법과 수단이 결정되고 대략적인 필요자금이 나온다. 여행의 밑그림이 되는 루트는 정답이 없다. 내가 가고 싶은 곳을 연결하는 게 루트다. 그걸 현실화시키기 위해서는 공부가 필요하다.

유럽, 북미, 오세아니아 등을 방문할 계획이라면 비용 상승은 불 보듯 뻔하다. 여기다 노르웨이 등의 북유럽까지 갈 생각이라면 경비는 천정부지로 치솟게 된다. 본인의 자금 사정을 고려해 루트를 결정하자.

세계 일주 공부를 시작하면 지금까지 내가 알고 있던 곳이 전부가 아니란 걸 느끼게 된다. 지구는 넓다. 물가가 비싼 곳이 꼭 좋은 곳이 아니다.

❹ 준비를 하다보면 이제 정말 사표를 내야 할 시간이 다가온다. 현실적인 문제 중 가장 큰 산이다.

"저 세계 일주 갑니다."

모두를 경악시킬 한마디를 남기고 미련 없이 떠나면 된다. 내 경우 출근 마지막 날 일찍 집으로 돌아와 동네 공원을 유유자적 산책했다. 여행 출발 전 이날보다 행복한 오후는 없었다.

❺ 여기까지 문제없이 왔다면 이제는 쇼핑의 시간이다.

일단 출발일을 정하고 비행기 티켓을 알아봐야 한다. 배를 타고 출발할 계획이라면 배표를 예약하면 된다. 아쉽게도 우리나라에서 육로 이동은 없다.

배낭도 장만해야 한다. 신발은 뭘 신을지, 옷은 무엇을 얼마나 가져갈지, 카메라가 없다면 카메라는 무엇으로 살지 고민의 나날이 이어진다. 여행을 위한 소품 구매는 무척 신경이 쓰이는 과정이다.

나같이 산을 좋아하는 트레커에게는 배낭과 신발이 무척 중요하다. 장시간 걸어야 하는 일이 언제 어디서 생길지 모

작은 소품들이 모이면 결국 큰 짐이 된다.
덜어내는 게 핵심이다.

른다. 돈을 조금 더 쓰더라도 트레킹화나 전문 등산화를 준비하는 게 좋다. 그리고 옷가지 따위는 현지에서 사 입어도 된다. 너무 많이 챙기지 말자.

평생 다시없을 여행을 아름답게 남기기 위해서는 사진에 대한 약간의 지식과 괜찮은 카메라 한 대는 필수다. 이밖에도 나라별 전기 콘센트 규격에 맞는 멀티코드도 구매하고, 여행기간 몸이 아플 때 먹을 약도 준비해야 한다. 약은 현지에서도 얼마든지 공수할 수 있기 때문에 적당량 챙기면 된다. 무엇이든 과유불급이다.

준비가 진행될수록 턱없이 부족한 나와 마주할지도 모른다. 사진기를 구매하긴 했는데 뭘 어떻게 찍어야 할지 막막할 수도 있다. 이런 사람이라면 미리 사진동호회에 가입하는 등 실력을 쌓아놓길 바란다. 체력이 저질이라면 꾸준한 운동으로 힘을 키워야 한다. 체력은 여행의 질과 직결되는 문제다.

세계 일주는 이처럼 준비기간을 여유 있게 잡고 하나씩 자신의 가치를 높여야 가능한 일이다. 물론 준비 과정을 생략하고 훌쩍 떠나는 것도 방법이다. 선택은 본인의 몫이다.

❻ 출발일이 다가오면 이제 불안이 엄습하는 단계다. 여행 중 언제 어디서 발생할지 모르는 도난과 분실에 대한 상상이 머릿속을 꽉 채우기도 한다. 인터넷 여행카페 등에 올라오는 각종 도난사기에 대한 후기를 읽고 있으면 '정말 내가 해낼 수 있을까'란 의구심마저 든다.

실제로 내가 만난 여행자 중에는 총기 강도를 당하기도 했고, 식중독에 걸려 끙끙 앓아눕기도 했다. 세계 일주는 분명 다양한 위험에 노출될 수밖에 없는 길이다.

각종 풍토병도 걱정거리다. 내 경우 출발 전 황열병·장티푸스·독감·파상풍 예방주사를 맞았다. 황열병 예방주사는 아프리카·남미 일부 지역을 여행하기 위해서 필수다.

❼ 꿋꿋하게 이 시간을 이겨내면 이제 정말 출발일이 코앞으로 다가온다. 환전도 해야 한다. 달러는 어느 나라나 통한다. 그런데 현찰 보관 문제가 골칫거리다. 물론 시티은행 국

제현금카드 등을 만들어 현지 화폐를 뽑아 쓰는 게 제일 안전하지만, 달러가 필요한 순간이 분명히 온다.

내 경우 옷 수선 집에 부탁해 여행 중 입을 바지 안에 속주머니를 만들었다. 복대보다 훨씬 안전한 방법이다. 또 허리띠에 돈을 숨길 수 있는 아이디어상품도 구매했다. 남미까지 가는 동안 이 허리띠에는 2000달러가 든든히 들어 있었다.

유럽 여행에서 흉기를 든 강도가 어눌한 한국말로 "복대 내놔!"라고 한다는 이야기는 고전이 된 지 오래다. 여행자 스스로 철저히 대비하는 수밖에 없다. 조금 더 있으면 "허리띠 내놔!"라고 할지 모를 일이다.

❽ 이제 준비가 거의 끝나간다. 이별을 고할 시간이다. 친구·선후배 등과 이별주를 나누며 그동안의 고생을 위로받고 용기를 얻을 시간이다.

그래도 머릿속은 복잡하기만 하다. '스페인어도 못하는데… 중국어는… 중간에 몽땅 다 털리는 거 아닌지…' 이런 온갖 잡생각으로 입맛이 없어지는 시기가 온다. 그러나 너무 걱정할 필요는 없다. 여행의 시작은 이런 인고의 시간을 단박에 즐거움으로 바꿔줄 수 있는 특효약이다.

옷 수선 집에서 만든 속주머니

돈을 보관할 수 있는 허리띠

① 황열병 예방접종은 국립의료원이나 인천공항 등에서 할 수 있다. 국립의료원의 경우 해외여행자클리닉(www.nmc.or.kr)에서 예약을 해야 한다. 주사를 맞고 2~3일 뒤 심한 몸살감기 증상이 올 수도 있다. 내 경우도 황열병 주사를 맞고 하루 정도 컨디션이 좋지 않았다. 출국 전 충분한 시간을 두고 예방접종 하는 것을 추천한다. 항체도 접종 후 10일이 지나야 생긴다.

황열병 예방접종은 한 번 주사로 10년 정도 내성이 생기며, 이후에는 추가접종을 해야 한다. 국제공인예방접종증명서는 10년간 유효하다. 만약 증명서를 분실했다면 여권을 지참하고 국립의료원을 방문하면 재발급이 가능하다.

② 세계 일주 항공권이냐, 개별항공권이냐? 여행 준비 과정에서 꼭 한 번은 하게 될 고민이다. 요르단에서 만난 한 일본인은 세계 일주 항공권으로 여행을 하고 있었다. 그런데 매번 고민이 많다고 했다. 까다로운 규정을 따져가면서 행선지를 정하는 게 그리 쉽지 않다는 이야기였다.

물론 세계 일주 항공권이 나쁜 것만은 아니다. 여행 뒤 무지막지하게 쌓여 있을 마일리지는 또 다른 여행의 시작이 될 거다. 오세아니아를 꼭 가야겠다든지 남미에서 타히티를 거쳐 호주나 뉴질랜드로 넘어갈 계획이라면 세계 일주 항공권이 훨씬 유리하다.

그런데 유럽 같은 경우는 참 애매하다. 개인의 취향이 다르겠지만, 유럽은 기차여행을 해야 제대로 맛을 느낄 수 있지 않나. 세계 일주 항공권이 있다고 같은 대륙 안에서 비행기를 여러 번 탈 수 있는 것도 아니다.

난 개별항공권 여행자였다. 그 대가는 쓰디썼다. 케냐에서 그랬고, 남미에서 북미로 이동할 때 그리고 미국에서 캐나다로, 캐나다에서 싱가포르로 이동할 때마다 항공사 데스크에서 마음을 졸여야 했다.

상황에 따라서 도착국에서 다른 나라로 떠나는 항공권을 요구하는 경우가 있다. 이게 무서워 왕복 내지는 아웃 항공권을 구매하는데 나중에 티켓을 취소하려면 수수료가 붙는다. 그런데 우스운 건 입국 심사에서 한 번도 아웃 항공권이 있느냐는 질문을 받지 않았다는 사실이다.

개별항공권 이용자들은 대부분 최저가로 나온 할인항공권을 구매하게 되는데 취소가 안 되는 표들이 많다. 잘 찾아보면 24시간 안에 취소하면 수수료가 안 붙는 경우도 있다. 이런 항공권으로 가짜 e티켓을 출력해 놓으면 다음 비행에서 마음이 좀 편하다.

개별 항공권으로 여행을 다닐 계획이라면 항공권 예약은 신중에 신중을 기해야 한다. 아니면 적잖은 돈을 그냥 헌납하게 된다.

하지만 내가 이런 어려움에도 개별항공권 선택을 후회하지 않는 건, 1년 안에 모든 노선을 다 이용해야 하고 한 방향으로만 돌아야 하는 등의 수많은 규칙이 있는 세계 일주 항공권이 내가 생각하는 여행 취지와 맞지 않다고 느꼈기 때문이다. 그냥 흐름에 맡기고 싶었는데 그러기에는 제약들이 너무 많았다.

이번 세계 일주에서 국내선을 포함해 14번의 비행이 있었다. 총 항공료 비용으로 마일리지 부분을 제외하고 500만 원 정도를 썼다.

다시 세계 일주를 간다고 해도 난 개별항공권을 선택할 거다. 여행 중 떠나온 곳이 갑자기 다시 가고 싶어질지도 모르니까.

세계 일주 루트에 대한 얄팍한 고찰

세계 일주를 준비하면서 가장 고민스러웠던 부분은 나만의 루트를 만드는 일이었다. 루트엔 답이 없다. 그래서 무척 쉬울 수도 있고, 미친 듯이 머리가 아플 수도 있다. 세계 일주 관련 서적에 예시된 루트가 있긴 하지만 그건 어디까지나 참고사항에 지나지 않는다.

루트를 만드는 작업은 여행지 공부와 병행돼야 한다. 지도 위에 선만 긋는다고 절대 루트가 될 수 없다. 이 과정에서 나라별 이동, 비자 취득 방법 등의 정보를 수집한다. 실제로 여행을 떠나보니 이동과 비자 취득 과정에서 어려움이 많았다. 여권만 내밀면 입국 도장을 '꽝' 찍어주는 유럽 여행과는 분명 다르다.

루트의 초안은 많은 부분에서 여행자의 욕심이 묻어나게 된다. 내 경우 처음 만들어 본 루트를 가만히 보고 있으니 2~3년 정도 시간이 필요한 엄청난 여행지를 1년 안에 돌겠다며 욕심을 부리고 있었다. 트레킹을 해보고 싶은 여행지를 나열해 보니 이건 슈퍼맨급 체력이라야 가능한 계획이었다. 주어진 시간과 자원에 맞는 루트를 뽑으려면 군살을 빼야 했다. 이 과정이 무척 어려웠다.

루트가 심플하면 그만큼 고생을 덜 한다. 애초 중국과, 히말라야 산맥을 끼고 있는 네팔·인도·파키스탄을 모두 방문하려다 보니 한국에서 받은 비자의 유효기간 등이 걸렸다. 현지에서 비자를 받는 방법도 생각해 봤지만 이도 쉬운 일이 아니었다.

일단 한 번이라도 방문한 적이 있는 나라는 루트에서 과감히 배제했다. 중국은 덩치가 너무 크기 때문에 예외를 두기로 했다. 몇 년 전 안나푸르나 트레킹을 위해 방문했던 네팔을 1차 탈락국으로 선정했고, 다음으로 파키스탄과 중앙아시아에서 고민을 거듭했다.

파키스탄은 중국 카슈가르(카스)를 통해 국경을 넘을 경우 배낭여행자의 '블랙홀' 훈자마을과 카라코람하이웨이를 볼 수 있고, 이란으로의 육로 이동이 가능하다는 장점이 있었다. 또 카스에서 중앙아시아로 넘어갈 수도 있었다. 중앙아시아는 배낭여행자들의 마지막 청정지역 같은 곳이기 때문에 어떤 선택을 할지 이만저만 고민이 아니었다. 그런데 중앙아시아는 비자 취득이 까다로운 나라가 많아 국경을 넘기 힘들다는 결정적 단점이 있었다. 또 이 지역 트레킹 코스에 대한 사전 정보가 빈약한 것도 문제였다. 고민의 연속이었다.

가장 골치 아팠던 건 인도였다. 북인도 라다크 레 주변 트레킹을 꼭 해보고 싶었는데 인도에 들어갔다가 나오려면 굳이 방문하지 않아도 되는 국가를 거쳐야 하는 등 루트가 완전히 꼬여버렸다. 산과 산을 연결하려고 했기 때문에 발생하는 문제였다. 어쩔 수 없이 인도를 과감하게 덜어냈고, 중국에서 파키스탄으로 방향을 잡았다. 그랬더니 골치 아팠던 아시아 부분이 정리가 됐다.

이란도 가보고 싶었지만 이란 비자를 한국에서 발급받을 경우 3개월 안에 입국해야 하는 상황이 마음에 들지 않았다. 여행이 어떻게 될지 모르는데 모험을 감행할 수는 없었다.

유럽의 경우 과거 배낭여행 경험이 있어 처음부터 고려 대상에서 제외했다. 다만 러시아 엘부르즈(유럽 최고봉)에 가보고 싶었지만 접근성이 떨어지는 위치 탓에 결국 제외할 수밖에 없었다.

반면 남미 루트는 대한민국 여권이 있다면 볼리비아를 제외하고 무비자 입국이 가능한 나라가 대부분이어서 출발 전 크게 신경 쓰지 않았다. 또 남미까지 가려면 몇 개월의 시간이 필요했기 때문에 그만큼 여유가 있었다. 아프리카도 이것저것 자료를 찾아보니 여행자들이 일반적으로 종단하는 루트가 보였다.

이런 과정을 거치면서 루트는 점점 단순화돼 갔다. 최종적으로 나온 루트는 트레킹을 좋아하는 여행자의 계획답게 산이 많이 포함돼 있었고, 지체 높으신 유적지가 다수 탈락했다. 대략적인 루트는 다음과 같다.

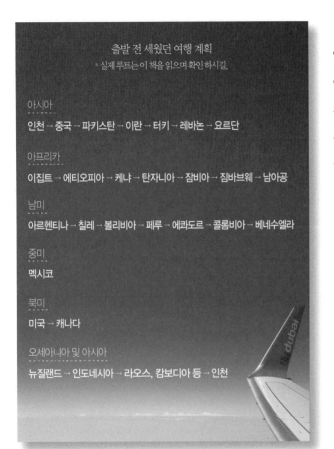

출발 전 세웠던 여행 계획

*실제 루트는 이 책을 읽으며 확인하시길.

아시아

인천 → 중국 → 파키스탄 → 이란 → 터키 → 레바논 → 요르단

아프리카

이집트 → 에티오피아 → 케냐 → 탄자니아 → 잠비아 → 짐바브웨 → 남아공

남미

아르헨티나 → 칠레 → 볼리비아 → 페루 → 에콰도르 → 콜롬비아 → 베네수엘라

중미

멕시코

북미

미국 → 캐나다

오세아니아 및 아시아

뉴질랜드 → 인도네시아 → 라오스, 캄보디아 등 → 인천

그런데 여행을 끝내고 보니 완성된 루트라는 것도 대략적인 밑그림 수준밖에는 되지 않았다. 장기여행은 언제든 계획이 변경될 수 있고 또 그것이 여행의 맛이다. 앞에 나열한 계획이 어떤 이유로 어떻게 변경됐는지 살펴보는 것도 이 책을 즐기는 또 다른 방법이다. 계획을 변경할 때는 늘 아주 사소하거나 아주 심각한 그 무엇인가가 날 기다리고 있었다.

트레커의 배낭 속 알짜 장비들

내 여행의 주제는 트레킹이다. 산이 좋고 들이 좋아 떠나는 여행이었다. 걷고 또 걸어야 하고, 잘 곳 없으면 텐트를 치고 침낭에 들어가야 한다. 걷다가 허기가 지면 버너를 꺼내 물을 끓여야 할지 모른다. 어떤 장비를 준비하느냐가 무척 중요한 여정이었다.

장비에서 가장 중요한 요소는 무게다. 여행의 질은 무게에 반비례할 때가 많다. 일반적인 세계 일주자가 전혀 생각하지 않는 장비가 내겐 필요했다. 지금부터 하는 설명은 트레킹을 위한 준비 과정이다. 트레킹이 미친 듯 좋지 않다면 절대 따라 해선 안 되는 준비과정이다. 돈은 돈대로 깨지고 배낭은 배낭대로 무거워진다.

내가 트레킹 장비에서 가장 중요하게 생각한 건 배낭과 등산화였다. 몸에 가장 많은 피로감을 안겨주는 장비이기 때문이다.

• 배낭 | 여행을 떠나기 전 2개의 배낭을 준비했다. 메인배낭은 아크테릭스 '알트라 75'였고, 서브배낭은 라푸마 'Zest 30'이었다. 처음에는 그레고리 '트리코니(60리터)'를 준비했는데 짐을 모두 넣어보니 크기가 역부족이었다.

알트라 75는 헤드를 확장할 경우 80리터 이상 패킹이 가능하며, 허리벨트의 기능이 좋아 하중분산이 안정적이다. 특히 전면부가 완전히 개폐되는 구조여서 배낭여행에서 활용도가 높았다. 무엇보다 대형배낭이지만 무게가 2.3kg밖에 되지 않는 경량구조가 마음에 들었다. 보통 여행자라면 메인배낭의 경우 50~60리터 정도면 충분하다.

• 등산화 | 등산화는 이탈리아 제품인 잠발란 '라싸 GT RR'을 준비했다. 잠발란 등산화는 내구성과 충격흡수 능력을 고

루 갖춘 비브람창을 사용한다. 우리나라같이 화강암이 많은 지형을 걷는 트레킹이라면 다른 등산화를 선택했겠지만, 세계 일주에서는 다양한 환경에 대응할 수 있는 비브람창이 낫다는 판단이었다. 하지만 수입 중등산화는 국산 등산화보다 2배 이상 가격이 높은 게 흠이다.

이 텐트는 910g의 초경량을 자랑하는 제품으로 텐트 폴을 카본 소재로 만들어 기존 알루뮴 제품보다 무게를 56% 가까이 줄인 게 특징이다.

900g대 킬로텐트는 무게를 줄이는 데 큰 도움이 됐다.

세계 일주를 다니는 동안 내 발이 돼준 잠발란 라싸

다음으로 신경을 쓴 장비는 침낭과 텐트 등이었다.

• 텐트 | 텐트는 미국 이스턴사의 '킬로텐트'를 사용했다.

• 침낭 | 침낭은 몽벨의 'UL 슈퍼스파이럴 다운허거 #0' 제품을 갖고 있었다. 이 침낭의 스펙은 쾌적수면 온도 −18도, 사용 가능 한계온도 −31도, 필 파워 800, 무게 1.27kg이다. 일반적인 세계 일주자가 보면 저렇게 고스펙 침낭을 들고 다

닐 필요가 있을까 싶겠지만, 산 속의 밤은 춥다. 그리고 아프리카 최고봉 킬리만자로와 남미 최고봉 아콩카구아에 도전하려면 성능 좋은 침낭은 필수였다. 여행이 끝나고 생각해보니 정말 유용한 아이템 중 하나였다.

떨어지는 가스버너 대신 차량 휘발유를 비롯해 등유·경유 등을 사용할 수 있는 멀티 버너인 옵티머스 '노바 플러스'를 선택했다.

옵티머스 '노바 플러스'는 다양한 기름을 사용할 수 있는 멀티형 버너다.

• 코펠/버너 | 코펠과 버너도 중요한 장비 중 하나였는데 코펠은 무게를 줄이고 동시에 열효율을 높이기 위해 스노우피크 '티타늄 트랙 콤보'를 가져갔고, 버너는 고산에서 성능이

• 스틱 | 기존에 갖고 있던 레끼 스틱의 무게가 마음에 들지 않아 블랙다이아몬드 '디스턴스 FL 트레킹 폴'(445g)을 새로 구매했다. 이 스틱은 3단 접이식으로 배낭 속에 패킹이 가능한 제품이다. 무게만 따졌다면 블랙다이아몬드의 '울트라 디스턴스 트레킹 폴'(최대 중량 270g)이 낮지만 강도에서 무리가 있었다.

장시간 트레킹의 필수품, 스틱

• 옷 | 옷은, 고어텍스 재킷을 비롯해 기능성 의류로 모두 채웠다. 여행 중 등산복만 입고 다녔다 해도 과언이 아니다.

• 기타 | 이 밖에도 고도 · 방위 · 기압 등을 알려주는 순토 시계도 매우 유용한 장비 중 하나였다.

고도 등 다양한 정보를 제공하는 순토시계

출발일 공항에서 달아 본 배낭의 무게는 메인 배낭이 17kg, 보조 배낭이 5kg 정도였다. 값비싼 트레킹 장비가 모이니 상당한 액수였다. 보통 여행자들은 작은 보조배낭을 애지중지한다. 그 안에 노트북이나 카메라 등이 들어 있는 경우가 많기 때문이다. 내 경우에는 고가 트레킹 장비가 많았기 때문에 메인 배낭이 몇 배 더 귀중했다.

다음은 세계 일주 장비 목록이다.

• 트레킹 장비 | 배낭 2개, 배낭레인커버, 침낭, 텐트, 에어매트리스(써머레스트 네오에어 트레커), 휘발유 버너와 연료통, 코펠, 날진 수통 1리터, 트레킹 스틱, 헤드 랜턴(페츨), 티타늄 수저, 장갑 2개, 맥가이버 칼, 모자 3개(하나는 동계용), 버프 1개, 선글라스(오클리), 드라이쌕, 정수제(60알), 잠발란 중등산화 라싸, 경량 트레킹화, 순토시계

• 의류 | 고어텍스 재킷(아크테릭스 베타 AR), 고어텍스 오버 트라우저(아크테릭스), 경량 다운 재킷(몽벨 필 파워 1000), 폴라포리스 몽키 재킷(마운틴하드웨어), 기능성 반팔 2벌(파타고니아 등), 기능성 긴팔 2벌(파타고니아 등), 바지 2벌(파타고니아, 마무트), 반바지 1벌(콜롬비아), 폴라텍 소재 집티 1벌(노스페이스), 쿨맥스 소재 동계용 내의 아래위 한 벌(K2), 기능성 팬티 3장, 스마트울 등 기능성 양말 3켤레

• 전자기기 | 넷북(마우스, 어댑터 포함), 사진 백업용 USB 메모리 64기가(2개), 카메라 루믹스 GX-1(배터리 3개, 충전기, 메모리카드, 용 포함), 휴대폰(충전기 포함)

• 소품 | 자물쇠(3개), 각종 약(2봉지), 수지침, 모기약, 치약, 칫솔, 손거울, 지갑, 여권, 황열병 예방접종 카드, 은행카드, 비밀 주머니 겸용 허리벨트, 복대, 화장품 및 선크림(화장품은 샘플로 나온 걸 여러 개 챙겼다), 손톱깎이, 슬리퍼

출발 전 미리 짐을 챙겨봤다. 가져가고 싶은데 무게 때문에 고민스러운 장비가 한둘이 아니었다. 트레커에게 장비는 여자들의 명품 가방과 같은 존재다. 그 유혹을 떨쳐내지 못하고 조금 과하게 준비를 했다. 이런 욕심이 낳은 장비는 시간이 흐를수록 천덕꾸러기 신세를 면치 못했다. 결국, 두바이와 카이로에서 불필요한 짐을 한국으로 보낼 수밖에 없었다.

도저히 가져갈 수 없었던 동계용 다운 재킷(노스페이스 히말라야)과 하의(마무트 알토 팬츠) 등은 남미 최고봉 아콩카구아

등정을 위해서 친구에게 맡겨 놓고 여행을 시작했다. 또 넷북·카메라 도난에 대비해 기존에 쓰던 노트북과 값싼 똑딱이 카메라 한 대도 친구에게 보관을 부탁했다.

장기 해외 트레킹을 계획했다면, 국내 트레킹을 다닐 때와는 확연히 다른 구성으로 짐을 꾸려야 한다. 국내 트레킹에서는 절대로 배낭에 들어갈 일이 없는 노트북이나 넷북이 필수고, 사계절 의류가 필요하다. 무게가 부담될 수밖에 없다. 최소한의 장비로 최대의 효율을 낼 수 있는 것들로 배낭을 채워야 하는 이유다.

평소에 돈을 좀 더 쓰더라도 경량 제품에 투자하면 여행 직전 장비 구매에 들어가는 자금을 상당 부분 절약할 수 있다. 무게는 아무리 가벼워도 지나치지 않다.

마지막으로 한마디만 추가한다면, 세상에 싸고 좋은 장비는 없다.

트레커를 위한 '배낭' 선택과 활용 노하우

장비를 준비하면서 가장 고민스러웠던 건 배낭 선택이었다. 세계 일주 정보를 아무리 찾아봐도 배낭에 대한 속 시원한 대답이 없었다.

배낭은 생김새마다 특징이 있다. 어떤 배낭은 가로로 퍼진 반면 어떤 배낭은 세로로 길다. 옆으로 퍼진 배낭은 패킹이 쉽다. 대신 무게중심이 아래로 처지기 때문에 장시간 걸었을 때 피로감이 크다. 반면 위로 올라간 배낭은 패킹 시 제약이 있지만, 장시간 걸을 때 피로감이 덜하다. 트레킹 코스를 많이 잡지 않았다면 패킹이 편한 배낭을 선택하는 게 좋다. 하지만 트레킹이 많다면 세로로 길쭉한 모양이 낫다.

여행 스타일에 맞는 배낭을 정했다면 어디서 사야 할까?

가장 많이 알려진 용품점이 '오케이아웃도어'다. 이곳에서 파는 제품은 대부분 A/S가 가능한 정식수입품이다. 그러나 세계 일주 뒤 망가진 배낭을 생각한다면 정식수입품을 고집할 필요는 없다. 같은 제품이라도 병행수입제품이 가격이 훨씬 저렴하다. 물론 정품 A/S는 포기해야 한다. 구매대행을 통하는 것도 방법이다. 배낭을 구매할 때 꼭 알아둘 건 어떤 배낭이건 직접 착용해 봐야 한다는 점이다. 등 길이를 말하는 '토르소'라는 것이 있다. 배낭 구매 전 토르소를 꼭 확인하고 거기에 맞는 배낭 사이즈를 선택해야 최상의 성능이 발휘된다. 보통 전문 배낭회사의 제품은 XS, S, M, L, XL로 배낭 사이즈가 세분화돼 있다. 인터넷으로 디자인만 보고 구매하는 행동은 절대로 삼가길 바란다. 아무리 좋은 배낭도 자기 몸에 맞지 않으면 무용지물이다. 해외 구매대행을 이용할 생각이라면, 매장에 가서 똑같은 배낭을 메보고 결정하면 된다.

배낭을 구입하면 '무슨 끈이 이리도 많은지?'란 소리가 나온다. 세계 일주를 하면서 좋은 배낭을 잘못 메는 경우를 보면 참 답답했었다. 흔히 배낭을 어깨로 멘다고 생각한다. 틀린 말이다. 배낭은 어깨가 아닌 허리로 메야 한다. 허리와 어깨의 무게비율이 6대 4일 때 가장 이상적이다. 30리터 이하 소형배낭에는 해당 사항이 없는 이야기다. 배낭의 크기가 커질수록 허리벨트가 두툼하고 튼튼해지는 것도 이런 이유다. 무거운 배낭을 메고 허리끈을 하지 않는 건 멀쩡한 자전거를 끌고 다니는 격이다.

구매한 배낭에 짐을 채우고 허리끈과 어깨끈을 당긴다. 그리고 목 옆으로 어깨와 배낭을 이어주는 끈까지 조인다. 그런 뒤 무게중심이 허리로 내려오는 느낌이 들 때까지 서서히 어깨끈을 풀어보자. 분명 이상적인 지점이 찾아질 거다.

배낭 선택의 팁이 하나 더 있다. 조금 작은 것보다는 큰 것이 여러 모로 쓸모가 있다. 모든 짐을 배낭 속에 수납하는 게 패킹의 원칙이다. 공간이 없어 배낭에 물건을 줄줄이 매달고 다니면 분실과 도난의 위험성이 그만큼 높아진다.

추천하는 배낭브랜드는 다음과 같다.

• 그레고리 | 미국 브랜드. 배낭업계에서 유명한 회사다. 고

가 축에 든다. 무게 분산이 좋다. 60리터 이상 되면 배낭이 약간 무거워지는 게 흠이다.

• 오스프리 | 미국 브랜드. 그레고리와 함께 배낭업계에서 매우 잘 알려진 회사다. 오스프리에서 나온 제품 중에는 어깨로 멜 수도 있고 트렁크처럼 끌고 다닐 수 있는 배낭도 있다.

• 도이터 | 독일 브랜드. 가성비가 좋아 꾸준하게 사랑받고 있는 제품이다. 배낭여행용으로는 나쁘지 않은 선택이다.

• 하글롭스 | 스웨덴 브랜드. 최근 국내에서 인기를 끌고 있다. 무게 분산도 나쁘지 않고 기능도 괜찮다.

• 아크테릭스 | 캐나다 브랜드. 고가 브랜드에 속한다. 배낭이 전체적으로 가볍고, 기능이 좋다. 비싼 가격 탓에 일반 배낭여행자에게는 추천하고 싶지 않다. 하지만 트레킹을 많이 할 계획이라면 만족할 만한 성능을 보장한다.

세계 일주를 꿈꾼다면 신용카드부터 바꿔라!

세계 일주를 꿈꾼다면 어떤 신용카드를 써야 할까? 큰 꿈을 가진 자들은 포인트 할인, 무료 발렛파킹, 스파할인권 등 자잘한 혜택에 연연하지 않는 게 좋다. 대신 좋은 게 있다. 신용카드회사에서 절대로 고객에게 먼저 추천하지 않는 카드, 바로 항공사 마일리지 적립카드다. 항공사 마일리지 적립카드의 경우 카드사의 이익이 그리 크지 않다고 한다.

세계 일주를 떠나려는 여행자라면 당장 카드부터 바꿔 마일리지를 열심히 모으길 추천한다.

내 경우 마일리지 덕분에 여행 출발 편으로 인천~쿤밍 노선과 귀국 편으로 싱가포르~인천 노선을 이용했다. 이 금액은, 물가 싼 국가에서 1~2개월 여행자금에 해당한다.

일단 한국을 떠나는 게 문제다. 동남아의 경우 에어아시아를 중심으로 한 저가항공 노선이 잘 갖춰져 있어 적은 비용으로 이동할 수 있다.

만약 마일리지를 이용할 계획이라면 충분히 시간을 두고 비행편을 예약해야 한다는 것도 명심하자. 마일리지 좌석은 그리 많지 않다. 또 대한항공이나 아시아나 마일리지로 해외 항공사를 이용할 수 있어 예기치 못한 순간에 큰 도움이 될 수 있다.

마일리지 혜택은 카드사별로 약간 차이가 있다. 어떤 카드는 해외 사용 시 마일리지를 2배 적립해 주기도 한다.

자신의 신용카드 사용패턴을 잘 파악해 적립률이 높은 카드를 미리 준비해두면 여러모로 도움이 된다.

한편 세계 일주에서 가장 많이 사용하는 카드는 시티은행 국제현금 · 체크카드다.

이 카드는 무엇보다 전 세계 시티은행 ATM에서 저렴한 수수료(1달러)로 인출이 가능하다는 게 가장 큰 장점이다. 현재 35개국에서 현지 화폐로 출금할 수 있다.

그렇다고 시티은행 카드가 만능은 아니다. 아프리카나 남미의 경우 상대적으로 시티은행 카드의 활용도가 떨어지며 유럽도 시티은행 ATM을 찾기 쉽지 않다는 경험담이 많다. 특히 오지 여행이라면 시티은행 카드의 활용도는 더욱 떨어진다.

자, 이제 떠날 시간이다.

다이내믹한 여행의 시작과 황당한 승무원

2012년 4월 30일 인천공항.

공항의 분위기는 휴가차 안나푸르나 트레킹을 갈 때와는 사뭇 다른 느낌이었다. 복잡 미묘한 감정들이 뒤엉켜 있었다. 왠지 다시 돌아오지 못할 것 같은 느낌마저 들었다. 여행 시작과 동시에 짐을 다 잃어버리고 어디론가 팔려가는 거 아닌가 하는 불안감이 엄습했다. 출발 전 한 친구는 '중국에서 자는 사람의 장기를 빼 갔다'란 내용의 기사를 봤다며 흔들리는 내 마음에 수류탄 하나를 과감히 투척해 주었다.

여권을 내밀었다.

"어디로 가시죠?"

"중국 쿤밍이요."

대한항공 지상승무원은 잠시 아무 말 없이 컴퓨터에 정보를 입력했다. 그리고 오만 가지 잡생각으로 손대면 터질 것 같은 내 여린 가슴을 난도질하는 한마디를 내뱉었다.

"오늘 중국 쿤밍행 비행스케줄이 없는데요."

"넷?!"

아니 이게 무슨 황당 시추에이션이란 말인가. 비행스케줄만 몇 번을 확인했는데. '마일리지로 결제해서 착오가 생긴 게 아닐까?' 잠시 이성적인 생각이 떠올랐지만 머릿속은 곧 지인들 얼굴로 가득 채워졌다. 동네방네 오늘 출발한다고 소문은 다 냈고, 여기저기 송별회만 몇 차례인가. 제발 내 실수가 아니길. 이마는 순식간에 삐져나온 땀방울로 번들거렸다.

"무슨 소리죠?"

"e티켓 있으세요?" 승무원이 무미건조한 표정으로 말했다.

"e티켓 안 가져왔는데요? 4월 30일 오후 6시 30분 인천~쿤밍 항공편이 없다니요?"

"저… 제가 다른 걸 보고 있었네요."

순간 그녀의 막돼먹은 세 치 혀를 잡아당기고 싶은 욕구가

파도처럼 밀려왔다. 일그러졌던 표정이 분노로 바뀌어 있었다. 세계 일주를 떠나는 첫 관문부터 삐걱대는 기분을 승무원이 알 턱이 없었다.

"오늘 항공편이 정규 편인가요?" 승무원이 다시 내게 물었다.

"아니 그걸 왜 저한테 물으시죠? 저야 모르죠." 개념을 상실한 질문이었다.

불안은 계속됐고 승무원은 다시 컴퓨터 자판을 두드리기 시작했다.

'뭐야 비행기가 있다는 거야, 없다는 거야!' 슬슬 열이 목구멍까지 치밀고 올라와 더는 참지 못할 것 같았다.

"비행기 있죠? 있죠?"

"아‥ 있네요."

"놀랐잖아요!!!"

출발부터 마음을 졸이게 만들다니. 뭔가 심상치 않은 기분이었다.

창가 자리에서 비행기가 활주로를 박차고 올라가는 걸 보고 눈을 감았다. 기분은 한없이 먹먹했다. 입이 바짝 말라왔다. 승무원에게 물을 한 잔 청해 마셨다.

어머니가 비행기 안에서 펴보라며 건네준 편지를 꺼내 들었다. 태어나서 처음으로 받은 어머니의 편지였다. 내가 군에 있을 때조차 편지를 쓰지 않았던 어머니였다. 군대 가는 것보다 아들의 장기 여행이 더욱 신경이 쓰였던 모양이다. 편지를 펼쳐 보았다. 뭉뚝하고 삐뚤어진 글씨. 틀린 받침. 당신 스타일대로 격식과 형식이 없는 편지였다. 곱게 접혀 있던 종이를 원래대로 돌려놓으려고 보니 흐트러진 내 마음처럼 잘되지 않았다.

이별이었고 여행의 시작이었다.

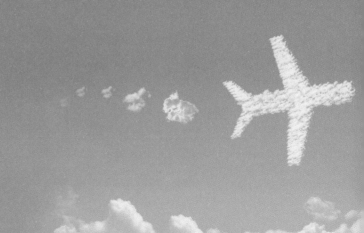

아시아 - 중국

미치도록 넓은 땅덩어리
그리고
그 속에 감춰진
엄청난 풍경과 이야기들

여행 개요

세계 일주 첫 번째 여행지 중국은 한 번도 혼자서 여행한 적이 없는 땅이었다. 여행 전 중국을 3번 정도 방문했지만 모두 출장을 간 경우였다. 당연히 중국어가 가장 큰 부담이었다. 중국은 거의 영어가 통하지 않는다고 보면 된다. 먹고 자고 이동하고 모든 게 엄청난 압박이었다.

중국 여행은 운남성의 성도 쿤밍을 시작으로 따리~리장~샹그릴라로 이어지는 차마고도가 첫 번째 핵심 지역이었다. 다음으로는 동티베트 지역인 따오청~야딩~리탕~캉딩을 거쳐 청두까지 가게 된다. 이 루트에서 가장 힘들었던 건 도로 사정이 좋지 않은 곳을 현지인들이 이용하는 버스로 이동해야 한다는 점이었다. 이 과정에서 엄청난 일화가 만들어진다.

청두부터는 카라코람하이웨이를 통해서 파키스탄으로 넘어가기 위한 길고 긴 인고의 여정이 시작된다. 청두에서 기차를 타고 실크로드의 출발점인 시안에 도착해 다시 기차를 타고 신장의 성도 우루무치까지 가는 기차여행은 중국이란 나라를 다시 한 번 실감하게 해 준다. 우루무치에서 카스까지 24시간짜리 침대 버스 여행도 잊을 수 없는 추억거리를 만들어 주었다. 세계 일주자들이 최고의 비경으로 꼽기를 주저하지 않는 카라코람하이웨이는 카스에서 시작된다. 이곳에서 중국의 국경 마을 타슈쿠르간을 거쳐 트레킹의 천국 파키스탄으로 넘어가게 된다.

중국어 한마디 못하는 여행자가 한 달 넘게 차마고도에서 실크로드 그리고 카라코람하이웨이까지의 대이동을 감행한다. 역시나 그 과정에서 웃지 못할 일화들이 만들어지는데….

주요 트레킹 지역

여행 시작 전 중국의 핵심 트레킹 지역으로 생각한 곳은 호도협·샹그릴라·야딩·매리설산 등 4곳이었다. 옵션으로 생각한 곳은 시안에서 해볼 만한 화산 트레킹 정도였다. 세계 일주를 준비하면서 합파설산·공가산·쓰구냥산 등의 트레킹 정보를 수집하기도 했다.

그런데 대부분이 단독으로 이동하는 것보다는 팀을 구성하는 편이 여러모로 편했다. 특히 생각보다 입장료 등이 무척 비쌌다. 매리설산의 경우 투어를 하려고 했으나 운이 없게도 샹그릴라에 머무는 동안 다른 트레커를 만나질 못했다. 어쩔 수 없이 매리설산 트레킹은 다음

기회로 미루었다. 화산 트레킹도 중국의 살인적인 관광지 입장료 앞에서 깔끔하게 포기했다.

게이지로 살펴본 중국

영어 통용 물가 음식 숙소 이동 치안 사기 분노 여행 종합난이도

* '영어 통용'부터 '치안'까지의 항목은 만족도를 나타낸 것이다. 높을수록 만족도가 높다는 뜻. '물가'의 경우 만족도가 높다는 말은 곧 물가가 싸다는 의미다. '사기'는 해당 국가에서 사기를 당할 가능성을 표현한 것이다. 당연히 높을수록 '사기 치는 사람들이 많다'는 의미. '분노'는 여행지에서 만나는 사람들의 불친절한 정도라든가, 기타 불쾌한 경험들을 표현한 것이다. '여행 종합 난이도'는 트레킹에 대한 난이도 평가가 아니라 먹고, 자고, 이동하는 등 트레킹을 제외한 여행 전반에 대한 난이도를 말한다. 난이도가 높다는 말은, 고생을 각오해야 한다는 뜻.

* 스마일리는 5개 만점이다.

세계여행… 그런 개고생을 왜? 하지만 이 남자의 글을 하나씩 읽다가 나도 모르게 여행의 동선을 그리고 있는 나를
발견하고 깜짝 놀란다.

_바람(haesuk69)

호도협 전경

Trekking 1. 호도협

1.

쿤밍 도착

초짜 여행자의 소심한 저녁 한 끼

쿤밍 우자바국제공항에 무사히 도착해 게스트하우스에서 하룻밤을 보내는 걸로 지구 한 바퀴의 장도가 시작됐다.

지금까지 출장 등으로 중국을 3차례 정도 방문했지만, 이번 도착 소감은 확실히 비장했다. 그전까지는 매번 가이드나 통역이 붙어 있어 중국어에 대한 불편함을 전혀 모르고 있었다. 이제 말이 되든지 안 되든지 모든 걸 내 힘으로 해결해야 했다.

숙소 근처 재래시장으로 저녁밥을 먹으러 나섰다. 손님이 제법 있는 밥집이 보였다. 그러나 선뜻 들어가지 못하고 주변을 어슬렁거렸다. 메뉴도 몰랐고, 가격도 몰랐다. 무엇보다 영어가 안 되는 이곳에서 어느 자리에 앉을지 누구에게 무슨 말을 해야 할지 몰랐다. 탐색이 필요했다. 식당 벽 한쪽에 붙어 있는 메뉴판은 도무지 알 수 없는 글자뿐이었다. 그렇다고 굶을 수도 없었다. 여행 중 맞닥뜨리는 첫 번째 난관이었다. 피한다고 뾰족한 수가 있는 것도 아니었다. 어떻게든 부딪쳐 이겨내야 했다. 그 길만이 세계 일주를 계획대로 완주하는 유일한 방법이었다. 변변치 못한 능력에도 의기양양했던 한국에서의 나는, 온데간데없었다.

무작정 식당으로 들어섰다. 식당 주인은 나를, 두 명의 남자가 마주 보며 밥을 먹고 있는 테이블에 합석시켰다.

두 명의 남자는 내가 합석을 하든 말든 자기들 밥공기와 사투를 벌이듯 신들린 젓가락질로 밥알을 흡입하고 있었다. 이들의 빠른 젓가락질은 꼭 무협지의 한 장면을 보는 것처

럼 신기했다. 자리를 잡고 메뉴판을 천천히 훑어보니 어설
픈 한자 실력으로도 고기 메뉴가 눈에 들어왔다. 이 순간만
큼은 한자 문화권에 태어난 게 작은 축복이었다.

하지만 까막눈이나 다름없긴 마찬가지였다. 주인아저씨를
보며 옆 사람이 먹고 있는 걸 가리켰다. 그리고 검지 하나를
펼쳐 보였다. 하나만 달라는 내 소심한 사인이었다. 주문을
받은 주인아저씨도 고개를 끄덕였다. 일단 성공이었다. 5분
만에 주문한 메뉴가 대령됐다. 하얀 쌀밥 위에 돼지고기 야
채볶음이 소복이 덮여 있었다.

세계 일주 첫 번째 식사

밥을 먹기 전 내 앞에 놓여 있는 요리를 사진으로 남겼다.
그제야 합석했던 남자들도 내가 중국인이 아니라는 걸 알아
차렸는지 곁눈질로 날 살피기 시작했다.

나도 속사포 젓가락질을 시작했다. 기분까지 기름지게 해
주는 돼지기름이 덕지덕지 입가에 묻었다. 주문한 요리는
생각보다 담백한 게 내 입에 잘 맞았다. 맛은 고추잡채에 고
추기름을 뺀 것 같았다. 같이 딸려 나온 정체불명의 스프는
어묵 탕과 빛깔이 비슷했지만, 한국엔 없는 맛이었다. 사골
육수라면 더 바랄 것이 없겠지만, 충분히 만족스러운 조합
이었다. 첫 번째 주문치고는 매우 성공적이었다.

문제는 아무리 먹어도 바닥을 모르는 화수분 같은 밥그릇
이었다. 속사포 젓가락질을 줄기차게 하고 있었지만 밥의
양은 전혀 줄 기미가 없었다. 합석한 친구들은 보란 듯 모
두 화려한 젓가락 신공을 뽐내며 나머지 밥을 남김없이 먹
고 자리를 떴다. 난 계속 먹어도 줄지 않는 밥 때문에 지쳐갔
다. 결국, 한 공기를 다 먹지 못했다.

식당주인을 보고 손을 흔들었다. 식당주인은 벙어리 손님이 못 미더운지 냉큼 내 앞에 섰다. 내 커뮤니케이션의 90%를 담당하고 있는 검지를 다시 펼쳐 보였다. 그리곤 밥공기를 한 번 가리키고, 메뉴판을 한 번 더 가리켰다. 얼마냐는 이야기였다.

사기를 쳐도 6원에서 9원 사이였다. 식당주인은 아무 소리 없이 8원짜리 메뉴에 검지를 가져다 놓았다. 우리 돈 1,500원 정도였다.

이용숙소 만족도 | 쿤밍–운남하늘 게스트하우스

시설	가격	위생	친절	위치

* WiFi 가능 / 전체적으로 좋은 분위기에서 편안하게 지냈던 곳

• 깨알정보 •

2,400년 역사를 자랑하는 쿤밍은 중국 남서부 운남성의 옛 도시다. 1년 내내 따사로운 날씨로 유명하다. 중국 사람들은 쿤밍을 사계절 내내 꽃이 피는 고장이라는 뜻으로 '춘성(春城)'이라 부른다. 쿤밍의 중심부는 해발 1,891m의 고원으로 한가운데에는 '고원의 진주'로 불리는 뎬츠호(쿤밍호)가 있으며 사방으로 산이 둘러싸고 있다. 이런 독특한 지형 덕분에 봄의 도시 쿤밍이 되었다. 현재 쿤밍에는 25개 소수민족이 함께 살고 있다.

쿤밍의 흙은 철성분이 많이 함유된 붉은색의 적토질로 담배나 차와 같은 식물이 잘 자란다. 이 덕분에 운남성은 보이차와 구감차로 유명하다. 쿤밍은 과거 차마고도의 실질적인 시발점이다.

최근에는 석림과 전지 풍경구를 중심으로 안녕온천리조트–석림 풍경구를 따라 관광지가 형성되고 있다. 이 중 '천하제일기경'으로 불리는 석림이 가장 인기가 높다.

쿤밍 도착

2.

쿤밍에서 따리로

첫 번째 리얼 버스 여행

"쉬푸!" 숙소에서 만난 한국분이 서부 버스터미널로 가 달라며 택시기사에게 건넨 말이다. 이 한마디를 못해 택시를 타기까지 얼마나 전전긍긍이었단 말인가. 중국어를 전혀 하지 못하는 배낭여행자가 느껴야 할 심적 압박은 상상 이상이었다. 수년간 오지를 돌아다니며 돌발 상황에 대한 임기응변 능력을 기른 것도 아니었다. 무조건 천천히 주변을 살피고, 눈치껏 행동해야 했다. 날 외국인으로 바라봐 주면 더없

이 좋았다. 하지만 중국 사람들은 날 외국인으로 보지 않았다. 이날처럼 중국어를 할 줄 아는 동행이 옆에 있다는 건 엄청난 위안이고 축복이었다. 무슨 생각으로 중국 여행을 이렇게 대책 없이 시작했는지 후회막급이었다.

버스터미널은 생각보다 규모가 컸다. 현대적인 시설도 눈에 띄었다. 터미널 안 대형전광판에 버스 스케줄이 한눈에 표시돼 있었다. '따리(大理)'행 차편은 제법 많았다. 차표를 사는 건 묵언주문으로는 불가능했다. 무슨 말이든 해야 했다. 메모지에 목적지와 시간 등을 적어주면 한결 수월하겠지만, 처음부터 요령을 부리고 싶지 않았다.

일단 가장 마음씨 좋아 보이는 창구 아가씨를 골랐다. 그리고 사람이 없는 틈을 노려 자신 있게 창구 앞에 섰다.

"따리!" 당당한 어조로 말문을 텄다. 이 단어만 놓고 보면 날 중국인이라고 해도 나무랄 때가 없었다.

"따리?" 곧바로 반응이 왔다.

"예." 기쁜 마음에 나도 몰래 우리말 대답이 튀어나왔다. 내

중국어 실력 그대로였다. 좋았던 건 딱 거기까지였다. 창구 아가씨는 갑자기 유창한 중국어를 술술 내뱉기 시작했다. 내가 대답을 못하자 똑같은 말을 한 번 더 해주었다.

'그래 그래, 알아. 지금 몇 시 차냐고 묻는 거잖아. 나도 말하고 싶다고 가장 빠른 차 달라고.'

내가 할 수 있는 건 검지로 내 벙어리 입을 가리키고 손을 내젓는 것밖에 없었다. 지금까지 세상 살면서 이렇게 답답해본 적이 있던가. 알량한 세 치 혀 하나 믿고 여기까지 왔는데 벙어리 아닌 벙어리가 되고 보니 한심하기 짝이 없었다.

"@#~$%&~" 또 한 번 똑같은 말이 내 귓구멍을 때렸다. 그녀의 음성에선 짜증이 묻어났다. 반사적으로 난 손을 내저었다. 창구 아가씨는 이제 상황을 파악했는지 보고 있던 모니터를 신경질적으로 내게 돌렸다. 모니터에는 따리행 버스 스케줄이 모두 표시돼 있었다. 속이 다 시원했다. 가장 위에 있는 버스 시간을 손으로 가리켰다. 140원이 조금 넘는 가격이었다. 그리고 바로 밑을 보니 100원이 조금 넘는 차편이 눈

에 들어왔다. "자… 잠깐…."

'드르륵' 소리를 내며 발권기가 순식간에 티켓을 토해냈다. '휴~ 그래 이걸로 감사하자. 첫판치고는 나쁘지 않잖아?'

버스 기사는 표는 보지도 않고 타라는 손짓뿐이었다. 배낭을 짐칸에 넣고 다시 한 번 기사에게 티켓을 보여주며 "따리? 따리?" 하고 물었다. 그는 맞다며 고개를 끄덕였다.

난 따리행 버스 안에서 한참동안 행선지가 맞는지 불안에 시달려야 했다. 여행을 시작한 지 단 삼 일 만에 내 눈동자는 겁먹은 양체공처럼 사방으로 튀어 다니고 있었다. 놀라운 변화였다.

버스는 2시간 정도를 달려 휴게소에 정차했다. 마실 물과 요기할 과일을 사서 다시 차에 올랐다. 버스 기사는 담배를 물고 승객들에게 비닐봉지를 하나씩 나눠 줬다. 먹고 잘 버리라는 뜻이었다. 중국에 올 때마다 매번 느끼는 게 있다면 여긴 흡연자들의 천국이다. 한국에선 상상이 안 되는 행동이 여기선 자연스럽기만 했다.

쿤밍 도착　　쿤밍에서 따리로

쿤밍에서 따리로 가는 길에 들른 휴게소

자리에 앉은 버스 기사는 경적을 한 차례 길게 눌렀다. 그때서야 한 아주머니가 뒤늦게 버스에 올라탔다. 기사는 대놓고 화를 냈다. 아주머니도 주눅이 든 기색없이 같이 화를 냈다. 조금 더 가면 멱살잡이를 할 모양새였다. 누가 승객이고 누가 기사인지 모를 지경이었다. 그 길로 버스는 해발 2,000m 고지를 넘어 따리로 향했다.

이때는 전혀 모르고 있었다. 첫 번째 버스 여행이 얼마나 천국 같은 길이었는지….

따리는 쿤밍에서 260km 떨어져 있으며 백색을 숭상하는 백족이 많이 거주하는 곳이다. 또 해발 4,200m의 창산(蒼山)이 우뚝 서 있어 수려한 풍광을 자랑한다. 앞으로는 해발 1,972m에 위치한 얼하이 호수가 자리 잡고 있다. 얼하이 호수는 사람의 귀를 닮았다는 뜻으로 길이가 무려 40km에 달하는 중국에서 2번째로 큰 호수다. 크기로만 보면 바다라고 불러도 될 정도다. 이런 엄청난 크기 때문에 중국 사람들은 얼하이 호수에 바다 해(海) 자를 쓴다.

따리에는 삼탑사라는 상징물이 있다. 남초국 초기 때 창건된 것으로 추정되는데 중국의 국가중요문물로 지정돼 있다. 3개의 금빛 탑 가운데 가장 높은 것이 천심탑으로 79m나 된다.

따리 시내로 들어오면 고성이 있는데 바둑판 모양의 거리와 웅장한 남북 성루는 여행자들에게 큰 볼거리를 제공한다.

따리 고성은 600년 전 티베트로 넘어가던 마방들이 머물며 식사와 물물교환을 하던 유서 깊은 장소다.

이 지방의 대표적인 특산물은 대리석이다. 이곳의 대리석은 단단하면서도 섬세하고, 돌의 자체 무늬가 아름다워 건축 장식 재료나 공예품에 많이 쓰인다. 대리석이란 이름도 이곳의 지명에서 따온 것이다.

한편 천룡팔부 세트장이 있는 창산에 오르기 위해서는 트레킹 이외에도 케이블카나 말을 이용하면 된다. 창산은 입장료(30원)를 내야 입산이 가능하다.

따리에서 만난 동네 꼬마들

※ 쿤밍 각 터미널 행선지 안내

쿤밍 서부 버스터미널 : 따리, 리장, 샹그릴라 등

쿤밍 동부 버스터미널 : 석림, 루핑, 허커우 등

쿤밍 남부 버스터미널 : 징홍, 라오스, 태국 등

쿤밍 북부 버스터미널 : 홍토지, 대해초산, 해봉습지 등

쿤밍 서북부 버스터미널 : 토림, 판즈화 등

3.

따리에서 하룻밤

감동서비스 릴리패드 게스트하우스

따리 도착 후, 여행자들 사이에서 칭찬이 자자한 '릴리패드 게스트하우스'로 향했다. 내 두 눈으로 직접 확인한 릴리패드는 배낭여행자 숙소가 맞나 의심이 들 정도로 훌륭했다. 여러 여행기에 소개된 내용이 과장이 아니었다.

침대 위에 샤워수건과 칫솔·치약이 가지런히 놓여 있는 모습에 소스라치게 놀랐다. 직원들의 친절은 5성급 호텔 못지않았다. 도대체 내가 지금 어디에 와 있는 거란 말인가. 특히 파격적인 2인실 도미토리는 하루 이용가격이 35원에 불과했다. 남녀 도미토리가 따로 정해져 있지 않아 모르는 남녀가 오붓한(?) 시간을 보낼 수도 있다.

릴리패드 안은 여행자들이 편히 쉴 수 있는 안락한 정원 등이 잘 꾸며져 있다. 2층 거실에는 각종 DVD가 즐비하다. 최고의 휴식처로 손색이 없는 환경이다.

이곳에서 판매하는 음식이 시내보다 조금 비싼 게 흠이지만 시간과 이동거리 등을 고려하면 그리 비싸지도 않았다.

비교적 찾기도 쉽다. 8번 버스종점인 따리 고성 서문에서 하차한 뒤 서문 앞 큰길을 건너 서문을 등지고 왼쪽 길로 100m 정도 걸어가면 릴리패드 사인이 벽에 그려져 있다. 그 길로 조금 더 걷다 보면 릴리패드가 위치한 골목 앞에 이정표가 또 있다. 그걸 따라 가면 된다.

이곳에 머물고 있다면 이동도 손쉽다. 쿤밍 터미널에서 겪은 어려움 없이 리장 등지로 가는 버스 티켓을 손쉽게 예매할 수 있다. 물론 영어가 통한다.

릴리패드 게스트하우스의 운치 있는 저녁 풍경

릴리패드를 떠나기 전 직원에게 버스 정류장이 어디 있냐고 물었다. 직원은 그냥 여기서 기다리면 된다고 했다. 난 버스가 게스트하우스 앞으로 오는 줄 알았다. 잠시 뒤 직원 한

명이 내 큰 배낭을 메더니 따리 고성 내에 위치한 버스 정류
장까지 에스코트를 해주었다. 처음에는 오토바이를 태워주
겠다고 했다.

"오! 맙소사."

이런 서비스는 특급호텔에서도 경험한 적이 없었다. 감동
서비스 그 자체였다. 버스정류장에서 릴리패드 직원에게 진
심을 담아 "땡큐"를 남발했다. 하나도 아깝지 않았던 감사의
인사였다.

따리에서 꼭 해봐야 할 것 중 하나가 자전거 하이킹이다. 얼하이 호
수 주변으로 길게 뻗은 한적한 길을 따라 천천히 자전거를 몰고 있
으면 여행이 좀 더 풍요로워지는 느낌을 받는다. 주변 풍경은 영화의
한 장면처럼 아름답고 평화롭다.

자전거는 따리 고성과 얼하이 호수 주변에서 빌릴 수 있다. 따리 고
성에서 1원을 주고 2번 버스를 탄 뒤 종점에서 내리면 얼하이 호수
다. 이곳에서 자전거를 빌리는 편이 여러모로 편하다. 얼하이 호수
선착장 입구에서 왼쪽 골목으로 들어가면 리안호텔이 나오는데, 여
기서 자전거를 빌릴 수 있다. 종일 자전거를 빌리는 비용은 20~30
원 선이지만, 2~3시간만 빌리는 것도 가능하다. 자전거를 빌리기 위
해서는 여권이 필요하다.

이용숙소 만족도 | 따리-릴리패드 게스트하우스

시설	가격	위생	친절	위치
☺☺☺☺	☺☺☺☺	☺☺☺	☺☺☺☺	☺☺☺

* WIFI 가능 / 최고의 숙소 반열에 오른 게스트하우스

4.

따리에서 리장으로

'막가파' 중국 버스의 놀라움

따리에서 리장으로 향하는 길 위에선 즐거운(?) 긴장이 계속됐다. 20명 정원의 작은 미니버스. 외국인은 나 혼자였다. 배낭을 메고 버스에 올라타자 나시족 버스안내양이 활짝 웃어 준다. 버스안내양을 도대체 얼마 만에 보는 건지 신기하기만 했다. 돈도 받고, 자리 안내도 해주고, DVD도 틀어준다. 안내양이 하라는 대로 배낭을 앞쪽에 두고 자리를 잡았다.

따리 고성을 출발한 버스는 얼하이 호수 주변을 달리기 시작했다. 호수 주변 경관을 감상하며 여유롭게 버스여행을 즐겼다. 우리나라의 시골버스 같은 분위기는 여행 기분을 한껏 돋웠다. 가까이서 현지인들의 표정을 살펴볼 수 있는 것도 장점이었다. 창문 틈으로 불어오는 바람이 긴장을 풀어주었다. 더없이 좋은 시간을 보내고 있었다.

그런데 30분 정도 순조롭게 달리던 버스가 반대편 차선 방향으로 불법 좌회전을 한 뒤 멈춰 섰다. '벌써 휴게소인가?' 승객들이 술렁이기 시작했다. 분위기를 보아하니 차량이 진입한 곳은 차량정비소였다. 하나둘 승객들이 버스에서 내리기 시작했다. 나시족 안내양은 나에게 현재 상황을 설명해주었다. 나름 외국인을 위한 특별서비스였다.

"팅부똥."

중국에 온 뒤 중국어로 말을 걸어오는 사람들이 많아 '알아듣지 못한다'는 의미의 중국어는 확실히 배워두었다. 안내양은 버스 기사를 불렀다. 버스 기사는 놀랍게도 영어를 할 줄 알았다. 그는 차에 문제가 있으니 10분만 기다리라고 했다.

수리를 마친 버스는 이때부터 고속 'S'자 운전을 시작했다. 왕복 2차선 도로에서 앞지르기가 계속됐다. 영화 〈스피드〉가 연상되는 현란한 운전이었다. 버스의 움직임은 결코 '만만디'가 아니었다. 따리에서 리장까지 전 구간을 곡예운전으로 달렸다고 해도 무방할 지경이었다. 필시 이건 조향장치 문제로밖에는 볼 수 없는 운전이었다. 차량정비소에서 정비를 잘못한 게 아닐까 하는 생각마저 들었다.

운전기사는 시도 때도 없이 과감하게 가속페달을 밟으며 반대편 차선을 질주했다. 버스는 검은 매연을 쉼 없이 내뿜고 있었다. 공포의 질주였다. 반대편에서 마주 오던 차들도 성난 버스를 보곤 알아서 속도를 늦추었다. 버스가 트럭을 추월하는 것은 예삿일이고 심지어 3000cc 이상의 대형 승용차까지… 거침이 없었다. 진땀이 났다. 한 번 좁아진 미간은 그대로 굳어갔다.

절체절명의 순간을 수차례 맞았지만 승객들은 천하태평이었다. 대부분 잠을 자거나 입속에 과자를 털어 넣고 있었다.

창 너머 모습을 드러낸 옥룡설산
(따리에서 리장으로 가는 버스에서)

배낭을 끌어안고 곡예 부리는 버스를 예의주시하고 있는 건 나밖에 없었다. 대국(大國)다운 면모였다. 이 상황만 놓고 보면 F1 드라이버로 중국인이 채용될 날도 멀지 않은 듯했다.

얼하이 호수를 빠져나오자 길은 산으로 이어졌다. 버스는 산비탈에서 교통체증으로 멈춰 섰다. 난 한숨을 돌렸다. 길은 쉽게 뚫리지 않았다. 비탈길에서 30분 이상 발이 묶였다. 승객들 모두 중국산 청심환을 하나씩 먹은 듯 '절대 안정' 상태를 유지했다. 누구 하나 밖을 내다보지도 않았다.

서서히 버스가 다시 움직이기 시작했고, 문제를 일으켰던 길목엔 중국군 탱크가 서 있었다. 승객들은 이런 상황이 신기한지 사진을 찍기 시작했다.

군사훈련 구간을 빠져나오자 앞자리 아저씨는 창문을 굳게 닫아 놓은 채 담배를 피기 시작했다. 옆자리 청년은 그나마 창문을 열고 미안한 척 피는 게 양심은 있어 보였다. 가만 보니 버스 기사도 담배를 물고 운전대를 잡고 있었다. 흡연자들의 천국이면서 비흡연자들의 지옥이었다.

"픕." 어이가 없으니 헛웃음이 나왔다. 이런 버스에서 잠을 잔다는 건 불가능했다.

스쳐지나가는 차량들 중 상당수는 매연저감장치를 고철상에 팔아 치어버린 듯 시커먼 매연을 뿜어댔다. 거기다 흡연버스. 목이 아픈 게 당연했다. 아찔한 곡예운전은 계속됐고, 중간 중간 승객들이 타고 내렸다. 자리가 없으면 통로에 자리를 깔고 앉았다. 한 아주머니는 버스 안에 놓인 휴지통을 뒤집어 의자로 썼다. 맥가이버도 울고 갈 응용력이었다.

그렇게 재미있고 황당한 버스여행의 끝에는 리장의 상징 '옥룡설산'이 기다리고 있었다. 분명한 건 죽지 않고 리장에 도착했다는 사실이었다. 그리고 그날 저녁 화장실에서 난 혈변을 보았다. 리장의 해발고도는 대략 2,400m다. 벌써 고산증이란 말인가. 고산증이 혈변을 일으킨다는 말은 못 들어봤다. 그럼 5시간의 긴장이 피똥으로 연결됐다는 말인가.

'휴~~~' 긴 한숨을 토해냈다.

리장 고성의 야경

5.

리장 도착

티베트 트레킹 최고 가이드를 만나다

티베트 트레킹 최고의 가이드, 리장 제이

'최고'라 불리는 사나이 '리장 제이(이하 제이 형)'. 그는 자타가 공인하는 운남·티베트 최고 가이드다. 리장에서 꼭 만나보고 싶었던 인물 중 한 명이다. 운 좋게도 리장에서 그를 만나 볼 기회가 있었다.

제이 형은 50대 초반의 나이에도 불구하고 10년은 젊어 보이는 외모와 패션 감각을 소유하고 있었다. 그는 하늘을 제외한 지상에서 할 수 있는 거의 모든 스포츠를 섭렵한 운동

마니아다. 젊은 시절에는 등산학교를 수료하고 전문등산가를 꿈꾸기도 했다. 중국에선 합파설산 정상을 5번이나 찍었다. 루구호에서 야딩까지 10박 11일을 걷기도 했다. 야딩·매리설산·호도협 트레킹은 셀 수도 없을 정도다. 여기다 덤으로 요리까지 잘한다.

제이 형은 11년째 중국생활을 이어오고 있다. 처음에는 의류사업을 했다. 하지만 IMF 시절 사업에 실패하고 리장에 터를 잡았다. 처음 리장에 와서는 1년간 여행으로 시간을 보냈

다. 제이 형과 티베트와의 만남은 그때 시작됐다. 티베트는 가로 2,000km, 세로 900km의 드넓은 땅덩어리다. 아직도 공개되지 않은 비밀스러운 장소가 지천이다. 특히 외국인들이 함부로 들어갈 수 없는 땅이 많다.

제이 형은 걷는 게 싫증이 나면 자전거를 탔고, 그것도 싫증이 나면 지프를 타고 여행했다. 티베트를 이런 식으로 여행한 사람은 아직 본 적이 없다. 내가 제이 형을 찾은 것도 바로 이 때문이다.

치밀한 사전 조사를 마친 제이 형은 지난 2007년 산악전문 가이드를 시작했다. 그렇게 조금씩 티베트를 알아갔다. 그러다 2009년 10월 오토바이를 타고 12일간 왕복 4,300km를 달리며 티베트를 여행했다.

"티베트의 거친 흙먼지와 파란 하늘이 좋았죠. 무엇보다 사람들의 눈이 무척이나 아름답게 느껴지더군요. 그런데 돌아와 보니 스치듯 보고 왔다는 느낌이 들었죠. 그래서 다시 한 번 그들을 피부로 느껴보고 싶다는 욕구가 생겼어요."

제이 형은 "티베트에 가면 타임머신을 타고 과거로 돌아간 느낌"이라며 "꼭 지구가 아닌 다른 행성에 와 있는 것 같다"고 했다.

| 죽음을 넘어선 티베트 도보 횡단 |

그렇게 티베트의 매력에 빠져 그해 12월 21일, 39박 40일간의 도보여행을 시작한다. 90년 전 최초로 티베트를 도보로 횡단한 알렉산드리아 다비드네와 그의 양아들이 함께 걸었던 그 길이었다. 그녀에 이어서 두 번째로 티베트 도보횡단에 나선 셈이었다. 그만큼 위험하고 험난한 길이었다. 당시 국내 한 아웃도어 기업에서 용품후원을 제의했지만 제이 형은 이를 거절했다고 한다. 성공을 장담할 수 없었기 때문이다.

"다비드네의 길을 그대로 걸어 차마고도를 보고 싶다는 생각뿐이었습니다. 1,400km를 40일 동안 걸었죠. 중간에 차도 얻어 타고 경운기도 얻어 탔죠. 실질적으로 걸은 건 1,000km 정도 됩니다."

리장 제이의 목숨을 건 티베트 도보 횡단길

위험도 숱하게 넘겼다. 장족의 눈에 띄지 않기 위해 현지인처럼 행색을 차리고 다니는 건 기본이었다. 장족들은 한국 여권을 보고도 제이 형의 국적을 파악하지 못할 때가 많았다고 했다. 중국어 또한 통하지 않았다. 카메라를 뺏길 뻔한 아찔한 일도 겪었다. 자칫하면 목숨이 왔다 갔다 하는 상황이었다. 중국의 공권력 자체가 미치지 않는 곳이 다수였다. 사고가 나면 그걸로 끝이었다.

| 사람이 가장 무서웠다… |

막상 여행을 시작해 보니 지프를 타고 가도 험한 길을 단독으로 걸어서 여행하는 건 결코 말처럼 쉬운 일이 아니었다. 숙소가 없는 지역에서는 인적 없는 곳을 비박지로 택했다. 주로 이용한 곳은 하수구 등 사람의 눈을 피할 수 있는 곳이었다.

비닐 장막으로 바람을 막고, 침낭 하나로 버틴 고행이었다. 들짐승도 두려움의 대상이었다. 텐트를 치고 에어매트리스를 깔고, 동계용 침낭에 각종 장비로 무장한 쾌적한 비박과는 차원이 달랐다. 제이 형은 "무엇보다 사람이 가장 두려웠다"고 했다. 라싸 입성 일주일 전에는 다리가 말을 듣지 않았다.

"무엇보다 걷는 게 제일 힘들었어요. 막판에 족저근막염이 왔어요. 더는 못 걷는 상황이 온 거죠. 휴식 없이 계속 걸은 게 문제였어요. 마지막 17일 동안은 하루에 40km씩 걸었으니 말 다했죠."

천운이 따른 걸까? 아니면 진심이 통한 걸까? 쩔뚝이는 걸

제이 형을 도와준 장족들

음으로 길을 가다 오체투지를 하던 장족 일행을 만났다. 처음에는 동행을 거부하던 그들이 나중에는 친구가 돼 아픈 몸을 부축해 주었다.

"계속 걸으면 제 다리가 슈퍼맨처럼 돼 있을 줄 알았죠(웃음). 계속 걸어 보니 그게 아니더군요. 밥이나 제대로 먹나요. 입맛에 맞고 안 맞고의 차원이 아니죠, 거기선…."

라싸 입성은 쩔뚝이는 다리로 출발 29일 만에 이뤄졌다. 몸무게가 12kg이나 빠져 있었다. 모습은 누가 현지인인지 모를 정도로 변해 있었다. 하지만 그의 여행은 여기서 끝나지 않고 라싸 인근을 11일간 도보로 여행한 뒤에야 마무리됐다. 라싸는 어떤 느낌이었을까?

"느낌이라… 뭐… 그냥… 아무 생각이 없었어요. 느낌이 없었죠. 그냥 좀 큰 정거장에 들어선 기분? 일단 걷기에서 해방된 게 좋았죠. 무거운 짐을 벗어 놓은 듯한 느낌…. 조물주는 누구에게나 자신이 제일 잘할 수 있는 능력을 주죠. 하지만 세상이란 틀 속에서 그런 것들을 못 살리고 살아갑니다. 이 여행을 통해서 틀을 깬 게 아니라 제 틀을 찾은 느낌이 들더군요."

| 여행이 주는 것들… |

"사람들이 샹그릴라에 가보고 실망을 많이 하죠. 저는 이렇

게 이야기합니다. '샹그릴라에서부터 샹그릴라로 떠나는 여정이 시작된다'고… 만 리를 여행하면 만 권의 책을 읽은 효과를 낸다고 합니다. 여행은 일상에서 깨닫지 못하는 것들을 담고 있죠. 하지만 느끼는 건 본인이 해야 합니다. 제가 좋다, 나쁘다 평가해 버리면 제 여행이 아닌데 그게 기준이 되죠. 40일 동안 따뜻한 데서 자고 따뜻한 음식을 먹으면 그게 행복이었죠. 그 테두리를 벗어나니까 가진 게 많아 스트레스를 받는 거예요. 버려야 해요. 여행 속에서 이런 것들을 배워야 해요. 경험은 책을 읽는 것과는 차원이 다른 거죠."

그는 "음식을 먹는 것과 그 음식을 만들 줄 아는 것은 완전히 다른 이야기"라며 "여행은 경험이고 그 경험이 마음속 깊이 새겨진다"고 했다.

"여행은 일종의 중독입니다. 무엇보다 편하면 재미가 없죠. 힘든 여정이 점점 자신을 단련시킵니다. 여행 뒤 훨씬 강해진 나를 발견하게 되죠. 그래서 여행을 계속하게 되는 것 같아요(웃음)."

1997년에 유네스코 세계문화유산으로 등록된 리장 고성은 독특한 지리적 위치 때문에 더욱 관심을 받는 곳이다.

도시 자체가 산과 주변의 자연환경을 이용해서 서북의 차가운 바람을 피하고 동남쪽의 빛을 충분히 받을 수 있게 설계돼 있다고 한다. 마을 북쪽에서 강물이 세 갈래로 나누어져 마을 안으로 흘러들어오고 이 물줄기는 다시 마을 전체로 뻗어 나가며 모든 가옥 앞을 흐른다.

세 갈래의 강물 중 가장 위쪽 줄기는 마시는 물로, 중간에 있는 줄기는 밥을 하는 물로, 가장 아래에 있는 줄기는 빨래물로 사용했다. 이 때문에 돌로 만든 다리가 총 300여 개가 있는데 그래서 리장을 '동방의 베니스'라고 부른다.

리장 고성 중심 사방가는 옛날 차마고도를 다니던 마방들이 모여 물물교환을 하던 곳으로 유명하다.

한편 리장에서는 옥룽설산(5,598m)에 오를 수 있다. 옥룽설산은 운남성 옥룽나시족자치현에 위치한 히말라야산맥 일부에 속하는 산이다. 북으로는 합파설산(5,396m)과 마주 보고 있으며, 그 사이 협곡이 호도협이다.

특히 옥룽설산을 찾는 관광객들은 대부분 케이블카를 이용해 모우평~설련대협곡(4,208m) 코스를 즐긴다. 트레킹을 좋아하는 여행자라면 '옥주경천코스'를 추천한다. 이 코스는 옥호촌기마장(2,750m)에서 전죽림(3,670m)을 거쳐 대협곡 망설봉(5,100m)까지 도보로 오를 수 있다.

호도협.

호도협에서 바라본 옥룡설산

6.

Let's trekking!

차마고도 절대 비경 호도협과 마주하다

호도협 트레킹 개요

교통편

최근 대한항공이 리장 직항노선을 비정기적으로 운항하기 시작했다. 앞으로 리장에 정기노선이 취항할 가능성이 높다. 이렇게 되면 훨씬 접근이 쉬워질 것으로 보인다. 현재는 쿤밍에서 리장까지 이동한 뒤 다시 리장에서 현지 버스를 이용해야 한다. 이게 싫다면 패키지 상품이나 현지 투어를 이용하면 된다.

트레킹 코스 및 시간

1박 2일 코스

1일차 나시객잔 ~ 28밴드 ~ 차마객잔(5~6시간)
2일차 차마객잔 ~ 중도객잔 ~ 티나객잔(4~5시간)

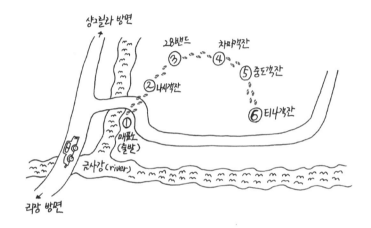

코스 분석

가장 힘든 곳은 스물여덟 번의 굽이를 지그재그로 오르는 '28밴드'다. 이 코스가 부담스럽다면 말을 타면 된다. 첫날을 무사히 보냈다면 둘째 날에는 능선에서 천천히 조망을 감상하며 길을 걷게 된다. 그렇게 부담스럽지 않은 코스다. 전체적으로 흙길로 이뤄져 있다. 건조한 날씨라면 버프(buff) 등을 챙기자. 흙먼지가 심하다.

🌿 **최적시기**

8월 우기가 끝난 뒤 가을 시즌

🌿 **난이도**

하

🌿 **준비물**

1박 2일 일정이라면 갈아입을 옷과 행동식, 식수를 준비하면 된다. 음식과 식수는 객잔에서 구매할 수도 있다. 등산스틱이 있으면 유용하다.

🌿 **숙소**

차마객잔, 중도객잔

🌿 **팁**

트레킹이 힘들다면 중간에 말을 타는 것도 괜찮은 방법이나, 말에서 빈대가 옮겨 붙을 수 있으니 유의해야 한다.

🌿 **전체 평**

합파설산과 옥룡설산이 만들어 내는 드라마틱한 절경을 볼 수 있는 곳으로 운남성을 방문했다면 꼭 한 번 가보길 권한다.

"앗! 이 길이 아니었어!"

한 번의 실수가 모든 계획을 송두리째 바꿔놓았다. 트레킹으로 한껏 기분이 들떠 있어야 했지만, 더위를 먹은 강아지처럼 헐떡이며 기진맥진한 몸을 추스르기 바빴다. 호도협을 그냥 포기하고 샹그릴라로 갈까도 생각했다. 그날의 역경은 이렇게 시작됐다.

리장에서 2시간 남짓 버스를 타고 호도협 트레킹의 시작점인 차우토우에 도착했다. 버스 기사는 승객들에게 입장료로 65위안을 받았다. 그리고 버스는 가던 길을 좀 더 거슬러 올라가 승객들을 내려줬다. 버스에서 내리자 말몰이꾼들이 몰려들었다.

"제인? 제인?"

한 말몰이꾼이 손짓으로 오르막길을 가리켰다. 대부분의 트레커들은 차우토우 입구에 위치한 제인 게스트하우스에 큰 배낭을 맡겨 놓고 필요한 짐만 챙겨 호도협 트레킹을 시작한다. 물론 나도 그럴 생각이었다.

게스트하우스의 위치를 정확히 몰랐기 때문에 승객들이 어디로 가는지 확인한 뒤 뒤늦게 오르막을 따라 올랐다.

등에는 17kg짜리 배낭이, 가슴에는 5kg짜리 작은 배낭이 매달려 있었다. 고행이었다. 얼마 가지 않아 얼굴은 땀범벅이 됐다. 말몰이꾼은 옆에 바짝 붙어 나를 계속 따라왔다. 말을 타라는 무언의 메시지였다. 먼저 가라고 손짓해도 절대 먼저 가는 법이 없었다. 거머리처럼 부담스러운 존재들이었다.

산길을 아무리 올라도 제인 게스트하우스는 보이지 않았다. 점점 불안해지기 시작했다. 20분 정도 산을 올랐을까. 지나가던 한 금발 미녀가 내 행색을 보더니 어디를 가는 길이냐고 물었다. 난 제인 게스트하우스를 찾고 있다고 말했다. 순간 그녀의 동공이 확장됐다. 곧이어 그녀가 불길한 얘기를 내뱉을 것만 같았다. 그리고 그 불길한 예감은 불행하게도 맞아떨어졌다.

"버스에서 내려 반대쪽으로 내려가야 제인 게스트하우스인데… 길을 잘못 들었어!"

"뭐!"

순간 화가 치밀었다. 말몰이꾼의 손짓 한 번에 완전히 속아 넘어간 셈이었다. 발길을 다시 돌리니 나를 졸졸 쫓아오던 말몰이꾼은 빈정거리는 웃음을 흘리며 내 곁을 떠나갔다. 다리 힘이 풀렸다. 그날따라 햇살은 파스처럼 따가웠다.

그때 승용차 한 대가 내려오는 게 보였다.

"차우토우! 차우토우!"

동물적이면서 간절한 외침이었다. 여행 중 첫 번째 히치하이킹이기도 했다. 거의 차를 막다시피 결사적으로 차를 향해 손을 흔들었다. 불행하게도 막아선 차는 호도협과 전혀 어울리지 않는 벤츠였다. 나 같은 배낭여행자를 구원해 줄 차량으로는 너무 고가였다. 그런데 천운이었다. 차 주인은 내 행색을 보더니 두말없이 차에 타라고 했다. 그는 샹그릴라로 가는 길이면 태워주겠다고 했다. 이 얼마나 달콤한 제안인가. 에어컨 빵빵하게 나오는 벤츠를 타고 샹그릴라까지 갈 수 있는 절호의 찬스였다.

알미운 말몰이꾼들의 얼굴이 떠올랐다. 그리고 세계 일주 중 첫 번째 트레킹이라는 의미가 머릿속에서 충돌하기 시작했다. 판단을 내려야 했다. 내가 아무리 경박하고 새털 같은 남자라고는 하나 계획은 계획이었다. 이 정도로 산을 포기하면 앞으로 내 여행은 동남아를 벗어나지 못할 게 뻔했다. 호도협을 벤츠와 바꿔먹을 순 없었다. 눈앞에 엄청난 스케일의 협곡이 날 기다리고 있지 않은가….

벤츠는 순식간에 날 제인 게스트하우스에 데려다 주었다. 차 주인은 어설픈 영어로 다시 한 번 샹그릴라로 가는 길이면 태워주겠다고 했다. 입맛을 다셨지만 거기까지였다.

치명적인 유혹을 뒤로하고 제인 게스트하우스에 짐을 맡기고, 허기진 배를 달래기 위해 국수를 주문했다. 가장 일반적인 국수를 달라고 했는데 내 입맛에는 울트라스페셜 국수였다. 질문을 잘못한 것 같다는 생각이 들었다. 국수를 거의 다 남기고 빈속에 왔던 길을 다시 가야 했다. 원점이었다. 말몰이꾼이 날 기다리고 있었다. 손상된 동영상 파일이 똑같은 영상을 반복해 보여주는 것 같았다.

'오늘 쓰러져 죽는 한이 있더라도 절대로 말은 타지 않으리라!' 말몰이꾼에게는 한 푼도 주고 싶지 않았다.

호도협 트레킹 중 가장 힘들다는 28밴드. 스물여덟 번을 굽이굽이 돌아 오르는 길은 말의 넓은 등판이 가장 매혹적인 자태로 다가오는 곳이다. 28밴드에서 8월의 막바지 더위를 먹은 강아지처럼 헐떡이고 있는 날 보고 말몰이꾼은 계속 말에 타라고 손짓했다.

그럴 때마다 난 가격을 물었고, 가격을 얘기해 주면 난 준비된 대사인 "NO"를 외쳤다. 소심한 복수였다. 보다 못한 말몰이꾼은 흙먼지를 날리며 내 옆을 냉정하게 스쳐 지나갔다.

몇 번의 휴식 끝에 오른 28밴드의 끝에는 멋진 포토존이 기다리고 있었다. 상인들이 진을 치고 있는 곳이기도 했다. 포토존에는 '사진을 찍을 경우 5위안의 돈을 내야 한다'는 경고판이 세워져 있었다. 경고판 한쪽에는 '한국인은 특별히 3위안으로 할인해준다'는 내용의 한국어도 보였다. 하지만 어디

호도협 트레킹은 장대한 풍경과 아찔한 경험을 동시에 선사해준다.

에서도 중국 정부의 정책이란 문구는 없었다. 관광객들을 상대로 한 현지인들의 얄팍한 상술이었다. 한 서양인 친구가 사진을 찍고 그냥 가려 하자 상인 한 명이 길을 막아서며 싸움이 벌어졌다.

트레커들은 대부분 1박 2일 코스로 이곳을 찾는다. 숙소는 보통 차마객잔이나 중도객잔을 많이 이용한다. 난 차마객잔에서 일본인 와타루(남성), 핀란드인 소피아(여성)와 한방을 썼다. 역시 도미토리는 편하지 않았다. 여행자의 면모를 갖추기에는 시간이 짧은 것 같았다.

불편한 하룻밤을 보내고 아침에 눈을 떴다. 마침 소피아도 눈을 떴다. 눈만 뜬 채 소피아와 인사를 나누었다. 잠시 뒤 소피아가 이불 속에서 몸을 빼냈다.

'헉!' 소피아는 북유럽 처자답게 팬티와 가슴가리개 차림으로 당당히 방안을 휘젓고 다녔다. 난 조용히 이불을 끌어올려 다시 자리에 드러누웠다. 넥타이 대신 배낭을 메고 바라본 세상은 낯설기만 했다.

이용숙소 만족도 | 호도협–차마객잔

시설	가격	위생	친절	위치

＊ WIFI 불가능 / 호도협 트레킹 중 꼭 들르게 되는 곳으로, 이 집 닭백숙은 한국 사람들에게 유명하다.

• 깨알 정보 •

호도협은 호랑이가 다니는 협곡이라는 뜻으로 강의 상류와 하류 낙차가 170m에 달한다. 세계에서 가장 깊은 협곡이 바로 이곳이다. 호도협 트레킹의 최고 해발고도는 2,800m다.

합파설산과 옥룡설산 사이로 진사강(금사강)이 굽이쳐 흐르는 모습은 가히 압권이라 할 수 있다. 16km에 달하는 협곡은, 운남성에서 차를 싣고 티베트로 가던 마방들의 옛길이다. 차마고도는 시상반나에서 따리~리장~샹그릴라를 거쳐 라싸로 이어진다.

일반적인 1박 2일 코스로 호도협 트레킹에 나섰다면 차마객잔과 중도객잔에 여장을 풀게 된다. 만약 3~4명 정도 일행이 있다면 차마객잔에서 닭백숙을 꼭 먹어보길 권한다.

중도객잔은 차마객잔에서 2시간 더 가야 한다. 특히 중도객잔의 화장실은 꼭 들러 봐야 할 곳 중 하나다. 바깥쪽 벽이 없어 화장실에 앉으면 옥룡설산이 한눈에 들어온다. 중도객잔을 말하는 '천하제일측(天下第一廁, 세계 최고의 화장실)'이란 말이 결코 과장이 아니다.

중도객잔 '천하제일측'에서 바라본 풍경

7

호도협을 떠나 샹그릴라로

잃어버린 지평선 샹그릴라를 걷다

'버스 안에서 신발을 벗지 마세요.'

호도협 트레킹을 마치고 샹그릴라행 버스에 오르자 버스 기사는 영어로 된 푯말을 꺼낸다. 등산화가 더 갑갑하게 느껴졌다. 버스가 출발하자 순토시계의 고도계는 멈출 줄 모르고 치솟았다. 파란 하늘 위를 수놓고 있는 뭉게구름이 쉽게 손에 잡힐 것만 같았다. 야크들은 초록 들판 위에서 한껏 여유를 부리며 풀을 뜯고 있었다.

샹그릴라였다.

샹그릴라의 유일한 한인 게스트하우스 '자희랑'에 도착했다. '자희랑'은 자유(FREE), 희망(HOPE), 사랑(LOVE)의 줄임말이다. 태준이 형(자희랑 사장님)의 형수(흐진시우)가 수줍은 미소로 날 반겨주었다. 자리에 앉자마자 신라면＋김치＋공기밥을 주문했다. 면발을 흡입하며 "사장님 어디 가셨나요?"라고 물으니 "아직 취침 중"이란 아주 솔직한 대답이 돌아왔다. 시간은 오후 6시를 향해 가고 있었다. 라면 한 그릇을 순식간에 비우니 태준이 형이 눈을 비비며 인사를 건넨다. 어제 과음을 했는데 고산에서는 술이 잘 깨지 않는다고 했다. 형수는 이런 모습을 못마땅하게 지켜봤다.

형수는 나시족이다. 모계사회 전통을 간직한 나시족은 여자들이 집안일을 거의 다 한다고 알려졌다. 오후 6시에 기상하는 남편에게 별 불만을 토로하지 않는 모습은 전형적인 모계사회의 모습처럼 보였다.

"형님, 장가 한번 잘 가셨네요!"

"모계사회는 무슨, 그거 다 100년 전 일이고 한국 남자들은 왜 이렇게 빈둥거리는지 모르겠어요." 옆에서 듣고 있던 형수가 정색하며 말을 받았다.

자희랑에서 일주일 동안 머물면서 난 태준이 형의 생활습관을 고스란히 전수받았다. 고소 적응을 핑계로 빈둥빈둥 자고 먹고, 먹고 자며 하루를 보냈다.

"한량이 한 명 더 있네, 남편보다 더한 사람은 처음 보네, 쯧쯧." 형수가 혀를 차며 말했다.

"동우야! 이건 와이프가 할 수 있는 최고의 욕인데…."

실제로 이곳에서는 조금만 움직여도 입에서 단내가 날 정도로 숨이 차올랐다. 해발 3,000m가 넘는 곳에서의 생활은 쉽지 않았다.

이런 나에게 형은 티베트 마을 투어에 참여해 몸 상태를 테스트해보라고 했다. 초원에서 라면을 끓여 먹을 계획으로 투어 전날 형과 함께 버너를 사러 나갔다. 이건 내 전공이었다. 장비 부분에서는 전적으로 태준이 형이 날 의지했다. 장비를 사서 돌아와 태준이 형과 맥주를 한잔했다. 두당 2~3병쯤 마신 것 같았다. 이런저런 이야기로 밤이 깊어갔다.

…다음날 아침.

속이 울렁거리고 머리는 깨질 것처럼 아팠다. 거기다 엎친 데 덮친 격으로 전날 마신 꿍술로 인해 형수의 눈치까지 봐야 했다. 엄살을 떨 수 없는 상황이었다. 시간이 지나도 한 번 흐트러진 컨디션은 살아날 기미가 전혀 없었다. 고산에서는 술이 깨지 않는다는 말이 실언이 아님을 몸소 느낄 수 있었다. 약속은 약속인지라 배낭에 2리터짜리 생수병 3개를 쑤셔 넣고 숙소를 나섰다. 1일 포터를 하는 대신 투어비를 면제받기로 했다.

5명이 함께하는 투어였다. 그중 내 상태가 가장 좋지 못했다. 걷기만 하면 머릿속이 쿵쿵 울렸다. 민폐도 이런 민폐가 없었다. 초원의 야생화들이 놓쳐선 안 될 장관을 만들고 있었지만 깨질 것 같은 두통에 풍경이 눈에 들어오지 않았다.

잃어버린 지평선 투어에서 볼 수 있는 최고의 장관은 바로 야생화들이다. 티베트 초원 위를 오색의 야생화가 뒤덮고 있는 광경은 아무 곳에서나 볼 수 있는 게 아니다. 거기다 현지인 마을에 들어가 이들의 삶을 코앞에서 볼 수 있는 것도 매력적이었다.

하지만 난 어서 빨리 이 길이 끝났으면 하고 기도할 뿐이었다. 구토의 고비를 몇 번 넘기고 점심 장소로 점찍어둔 움막에 도착했다. 어제 산 버너와 가스를 꺼냈다. 그리고 가져온 물을 코펠에 붓고 라면 끓일 준비를 마쳤다. 태준이 형이 버너와 가스를 체결하고 불을 붙였다.

"어라. 이게 왜 이러지?"

"왜요?"

"불이 안 붙어!" 형과 내 눈빛이 마주치며 머리카락이 곤두섰다. 태준이 형은 당황한 빛이 역력했다. 먹을 거라고는 라면밖에 없었다. 그런데 아무도 없는 이 초원에서 물을 끓이지 못한다면 앞으로 3시간은 더 공복 상태로 걸어야 하는데 그건 무리였다. 그렇다고 걸어온 길을 다시 되돌아갈 수도 없었다.

　버너가 '메이드 인 차이나'라고는 하지만 이 정도까지 형편 없지는 않았다. 해발 3,000m가 넘는 고산이었지만 버너가 작동하지 않을 이유가 없었다. 뭔가 이상했다. 냄비를 내려놓고 조심스럽게 버너와 가스통을 살폈다. 이리저리 만지작거려보고 가스통을 뺐다 다시 체결도 해보았다. 그리고 재차 불을 붙여 보았다.

　'슈~우~앙~' 버너가 불을 뿜으며 달아올랐다. 잿빛이었던 얼굴이 순식간에 활짝 피어올랐다. 꿍술에 꿍트레킹을 와서 진상을 부리고 있는 나였다. 그나마 밥값은 한 것 같아 마음이 좀 편안해졌다.

　점심을 먹고 나니 이번에는 슬슬 아랫배가 아파왔다. 어제 마신 고산주(酒)의 여파가 지금에서야 장을 헤집고 지나가는 것 같았다. 야생화가 만발한 초원을 지그시 바라봤다. 전부가 화장실이거나 아예 숨을 곳이 없는 곳이거나 둘 중 하나였다.

산이라면 은폐엄폐가 되지만 난감한 상황이었다. 저 멀리 나무 한 그루가 눈에 들어왔다. 딱히 거기 말고는 갈 곳이 없었다. 아픈 배를 부여잡고 나무를 향해 걷다 보니 다행히 작은 웅덩이가 있었다. 외부에서는 안을 볼 수 없는 천혜의 요새였다. 그 사이 내 괄약근의 힘은 점점 빠져가고 있었다. 뜨거운 샹그릴라의 햇빛 아래 엉덩이를 내밀었다. 6시간의 초원 트레킹이 끝나자 거짓말처럼 두통이 사라졌다.

이용숙소 만족도 | 샹그릴라-자희랑

시설	가격	위생	친절	위치

* WiFi 가능 / 가족 같은 분위기 속에서 즐거운 시간을 보낸 숙소

샹그릴라 트레킹에서 만난 꼬마 아이들

평균 해발고도가 3,459m나 되는 샹그릴라는 티베트어로 '내 마음속의 해와 달'이란 뜻이다. 영국 소설가 제임스 힐튼(James Hilton)의 〈잃어버린 지평선〉에 나오는 지명으로 유명하다. 이 소설에서 샹그릴라는 지상에 존재하는 평화롭고 영원한 행복을 누릴 수 있는 유토피아로 묘사돼 있다.

1997년 중국 정부는 발 빠르게 중뎬(中甸)이 샹그릴라라고 공식 발표해 버렸다. 그 뒤부터 중뎬은 샹그릴라로 불리게 됐다. 사실 여기가 '잃어버린 지평선'에 나오는 배경인지는 확실치 않다. 누구는 파키스탄 훈자지역을 꼽기도 한다.

샹그릴라에서는 티베트인들이 성스러운 산으로 추앙하는 매리설산에 다녀올 수 있다. 이 산은 6,000m가 넘는 13개의 봉우리가 병풍처럼 펼쳐져 있는 모습이 장관을 이루는 곳이다. 시간과 체력이 있는 트레커라면 매리설산 외선코라에 도전하는 것도 멋진 일이 될 거다. 외선코라는 매리설산 외곽을 한 바퀴 도는 순례길을 말한다. 코라 순례는 티베트인들이 산의 외곽을 시계방향으로 돌며 기원을 드리는 일종의 종교 행위다. 이 코라를 완주하기 위해서는 철저한 준비와 체력이 뒷받침돼야 한다. 해발 4,000m급 고개를 밥 먹듯 넘어야 하고 보름 정도의 시간이 필요하다. 또 가이드가 있어야 하고, 짐을 나를 말도 필요하다. 보통 티베트인들은 이 코스를 10박 11일 일정으로 끝마친다고 한다. 외선코라는 천국으로 가는 꿈의 길로 알려져 있지만, 이 코스가 힘들다면 단기 코스로 내선코라를 선택할 수도 있다.

출근 마지막 날이었다. 책상을 정리하고 텅 빈 자리를 사진으로 남겼다.

빈자리가 주는 허망함과 허전함을 기억하고 싶었던 것 같다.

그간 정도 들었겠지….

세계 일주를 떠나는 사람에게 가장 어려울 것 같은 일을 남들 보기엔 쉽게 마쳤다.

사표를 낸 나는 홀가분했지만 개중에는 눈살을 찌푸리는 사람도 있었다.

그들로서는 여행이란 낯선 목적. 그게 어색한 헤어짐을 만든 것 같다.

모두 날 신기한 눈으로 바라보았다.

회사에선 몇 개월의 휴직을 제안했다.

지금까지 이 직장에서 몇 개월씩 휴직을 쓴 사람이 누가 있었을까. 내 기억에는 없었다.

제안을 받아들인다면 내가 첫 번째 장기휴직자가 되는 셈이다.

몇 개월을 쉬고 난 뒤엔 이 눈치 저 눈치 보며 '워커홀릭'이 돼 있을 게 뻔했다.

쉼표 끝엔 결국 다른 '올무'가 기다리고 있다는 불안감을 떨쳐낼 수가 없었다. 인생의 불확실성을 믿어보는 게 차라리 마음이 편했다.

직장생활을 하면서 그 흔한 연월차도 한 번 못 써봤다. '휴직'은 내게 특별대우였고, 그 느낌이 너무 싫었다. 또 몇 개월의 휴직으로 될 일도 아니었다.

박수는 못 받더라도 웃으며 떠날 수 있길 소망했다. 내가 가진 욕심의 전부였다.

그렇게 2012년 4월 30일 여행이 시작됐다.

그리고 보름의 시간이 흘렀다.

배낭도 등산화도 마음조차도 아직 모든 게 어색했다.

아침에 눈을 뜨면 내게 자연스레 반문했다.

"정말 이렇게 여행을 해도 되는 걸까?"

회사에서 찾는 전화도 없었고, 마감을 맞출 일도 없었다.

난 빈둥거렸고 한량의 삶은 나를 반겨줬다.

기분이 내키지 않으면 꼼짝하지 않고 숙소를 지켰다.

내일의 고민 따윈 존재하지 않았다.

세상을 이렇게 접근해도 된다는 사실을 새삼 깨달았다.

하지만 닭장 같은 서울이 자꾸만 떠올랐다.

그리고 불안했다.

내가 있어야 할 곳은 작은 사무실이 아닐까….

어느 순간, 사표를 쓰고 배낭 하나 달랑 메고 훌쩍 떠나고 있는 내 자신을 발견할지도 모를, 그래서 보고 싶지만 봐
서는 안 될 것 같은 책.

_에지(mirr21c)

Trekking 2. 야딩

8.

샹그릴라에서 따오청으로

중국의 알프스 야딩 트레킹을 위한 고행

샹그릴라에서 다음 목적지인 야딩으로 길을 나섰다.

야딩은 중국의 알프스라 불리는 곳으로, 수려한 풍광으로 트레커들 사이에서 입소문이 자자한 곳이다.

야딩으로 가기 위해서는 일단 따오청에서 1박을 해야 했다. 따오청은 티베트어로 '넓은 산골짜기'란 뜻이다.

샹그릴라에서 따오청까지는 버스로 10시간을 가야 하는 먼 길이었다. 해발 4,000m를 오르락내리락하는 험난한 여정이

기도 했다. 마음의 준비를 하긴 했지만 막상 버스가 출발하자 걱정이 앞섰다.

버스는 포장도로를 미끄러지듯 달렸다. 물론 우리나라의 버스 승차감과는 거리가 멀었다. 3시간 정도 달린 버스는 산간마을의 한 식당 앞에 정차했다. 승객들을 쫓아 화장실로 향했다.

"으악!"

'최악'이란 이런 걸 두고 하는 말이다. 코끝을 찔러대는 악취에 도저히 숨을 쉴 수가 없었다. 사람들은 문 없는 뒷간에 태연하게 앉아 볼일을 보고 있었다. 보고 싶지 않은 광경이요, 듣고 싶지 않은 소리였다. 제대로 조준할 겨를도 없이 숨을 꾹 참고 볼일을 마친 뒤 도망치듯 밖으로 뛰쳐나왔다. '프~아~핫.' 참았던 숨을 급히 들이쉬었다.

잔뜩 인상을 찌푸리고 있는 내게 한 중국인이 말을 걸어왔다. 앞으로 식사할 곳이 없다며 여기서 점심을 먹어야 한다는 조언이었다. 밥알을 넘기기 위해서는 방금 본 화면을 머

릿속에서 깨끗이 지우는 게 급선무였다. 앞으로 7시간을 좁은 버스 안에서 버텨야 했다. 무엇이든 먹어야 했다. 최대한 가벼운 음식인 '미판(밥)'에 감자볶음을 주문했다. 하지만 밥알은 목구멍에 걸리기 일쑤였다.

오전 11시쯤 버스가 다시 산길을 달리기 시작했다. 버스 기사는 바뀌어 있었다. 장거리 여정인 탓에 2명이 교대로 운전대를 잡았다.

버스는 여기서부터 비포장도로를 3시간 넘게 달렸다. 중국

좀처럼 넘길 수 없었던 미판과 감자볶음

여행에서 처음 경험하는 오프로드였다. 버스가 마치 돌 위를 통통 튕겨 산을 오르는 것 같았다. 꼬리뼈가 바스러질 것 같았다. 공포의 텀블링은 계속됐다. 버스의 흔들림에 목뼈가 신기의 춤사위를 펼쳐냈다.

버스가 구불구불 산길로 접어들었다. 급커브에서조차 속도를 줄이는 법이 없었다. 반대편에서 차가 나타나면 그대로 정면충돌하는 아찔한 상황이 수시로 연출됐지만 가볍게 경적을 울리는 게 다였다. 새삼 쿤밍~따리~리장으로 이어지는 버스여행이 떠올랐다. 당시엔 그게 최고로 힘든 줄 알았다. 착각이었다.

다리를 뻗을 수 있는 공간도 없었다. 고정된 자세로 지속적인 충격이 가해지자 고통은 배가됐다.

그나마 대설산의 아름다움이 위안이었다. 생경한 풍광에 정신을 놓고 있노라면 어느새 시간이 훌쩍 흘러가 있곤 했다. 하지만 제대로 된 사진 한 장 찍기가 하늘의 별 따기였다. 카메라의 '흔들림 방지기능'은 무용지물이었다.

버스 기사도 힘들긴 마찬가지였던 모양이다. 줄담배를 피워대는 모습이 안쓰럽기까지 했다. 3시간 넘게 비포장도로를 달린 끝에 버스는 다시 포장길로 접어들었다. 그렇다고 사정이 나아진 건 없었다. 군데군데 파인 도로는 포장길이란 말을 무색케 했다. 차는 다시 산길로 접어들었다. 순토시계의 고도계는 하늘 높은 줄 모르고 치솟았다. 해발 4,000m가 넘는 곳에 휴게소 같지 않은 휴게소가 있었다. 지친 승객들

이 밖으로 쏟아져 나왔다. 그 사이 버스 기사는 차량 내부 물탱크를 채우고 과열된 타이어에 물을 뿌렸다. 냉각수로 부동액을 쓰는 게 아니었다. 제대로 된 냉각장치도 없는 차가 이험한 길을 달려오다니. 운전병으로 군생활을 마친 나에게 버스 기사는 존경의 대상이었다. '기사 아저씨 찌아요~' 그렇게 버스는 4,000m 이상의 고산을 굽이굽이 돌고 넘어 10시간 30분 만에 따오청에 도착했다.

온몸은 몽둥이로 두들겨 맞은 것처럼 쑤셨고, 목근육은 어찌나 딱딱하게 굳었는지 깁스 환자처럼 고개를 못 돌릴 지경이었다. 머릿속은 살인적인 비포장도로의 추억으로 하얗게 질려 있었다. 버스 트렁크가 열렸다. 배낭은 머릿속만큼이나 하얀 순백으로 탈색돼 있었다.

…숙소에 자리를 잡고 누웠다. 힘겨웠던 여정이 하나씩 생생하게 떠올랐다. 입가에 미소가 번졌다. 육체의 고통이 곧 정신적 고통은 아니다. 내일이면 고대하던 야딩을 볼 수 있다는 생각에 금세 행복해졌다.

해발 4,000m 위에서 따오청행 버스가 잠시 멈춰 섰다.

대설산의 아름다움을 제대로 담을 수 없을 정도로 비포장 버스여행은 쉽지 않았다.

* 깨알 정보 *

중국을 자유여행으로 다닌다면 버스나 기차를 꼭 타게 된다. 이 중 버스여행은 이만저만한 고행이 아니다. 버스 자체가 낡은 것은 물론이고, 도심을 벗어나면 길도 대개 비포장이다. 중국에서 현지인들이 이용하는 장거리 노선을 이용할 계획이라면 식수를 충분히 챙기고, 뱃속을 채울 수 있는 음식을 준비하는 게 좋다. 한국처럼 1~2시간마다 휴게소에 정차하는 안락한 여행을 생각한다면 오산이다. 중국에서의 버스 여행은 체력과 용기가 필요하다.

이용숙소 만족도 | 따오청-마마 유스호스텔

시설	가격	위생	친절	위치

* WIFI 가능 / 따오청 터미널에 내리면 마마 유스호스텔 픽업용 차량이 대기하고 있다. 이곳에 머물면 야딩행 빵차 섭외 등이 손쉽다.

야딩 트레킹 중 만난 타르초가 바람에 휘날리고 있다.

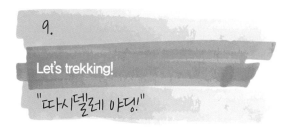

9.

Let's trekking!

"따시델레 야딩!"

야딩풍경구 트레킹 개요

🌿 교통편

투어를 이용하는 게 야딩풍경구에 들어가는 가장 손쉬운 방법이다. 단기여행자라면 투어를 이용하는 편이 여러모로 편하다. 혼자서 여행할 계획이라면 샹그릴라에서 따오청행 버스를 탄다. 하루를 묵고 나서 따오청에서 야딩행 버스를 타면 트레킹의 시작점인 야딩촌에 도착한다. 청두로 입국할 경우 캉딩·리탕 등을 여행하면서 여유 있게 이동하는 일정을 권한다. 비포장도로가 부담스럽다면 최근 문을 연 따오청 공항행 비행편을 알아보는 것도 방법이다.

🌿 트레킹 코스 및 시간

<u>1박 2일 코스</u>

1일차 야딩촌 ~ 진주해(3,960m)

2일차 야딩촌 ~ 충고사 ~ 우유해(4,500m) ~ 오색해(4,600m) ~ 야딩촌

<u>2박 3일 코스(야딩 내선코라)</u>

1일차 야딩촌 ~ 진주해

2일차 야딩촌 ~ 충고사 ~ 우유해 ~ 오색해 ~ 움막

3일차 움막 ~ 지옥 고개(4,900m) ~ 야딩촌

※ 야딩 외선코라는 5~7일 코스다. 투어를 이용하는 게 좋다.

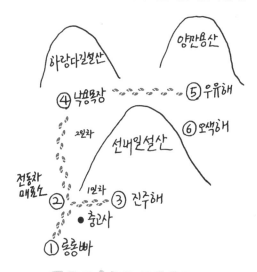

🌿 코스 분석

야딩 트레킹은, 흙길을 걷다 초원이 펼쳐지고 오르막이 시작되다 불쑥 호수가 나타나는 등 다이내믹한 코스가 매력이다. 알프스를 닮은 수려한 풍경을 트레킹 내내 맛볼 수 있는 장소가 바로 야딩이다. 하지만 4,000m가 넘는 고산지대를 장시간 걸어야 하므로 체력이 뒷받침돼야 한다.

🌿 최적시기

봄부터 가을

🌿 난이도

중상

🌿 준비물

갈아입을 옷과 행동식, 식수를 준비한다. 식수와 음식은 게스트하우스에서 구매가 가능하다. 야딩 트레킹은 4,000m가 넘는 고산지역을 걷게 된다. 고산증에 대비해 두통약 등을 챙기는 게 좋다. 특히 개인 보온에 신경 써야 한다. 고산 경험이 처음이라면 리장~샹그릴라 등을 거치면서 고소적응을 하는 게 좋다(나도 그런 케이스다).

🌿 숙소

야딩촌 티엔아이 게스트하우스

🌿 팁

야딩은 눈이 내리기 시작하면 길이 막혀 접근이 불가능할 수 있다. 동계에는 여행 계획을 잡지 않는 편이 좋다.

🌿 전체 평

세계 일주를 하면서 이 정도 풍경을 만나기란 결코 쉽지 않았다. 단 고소적응을 제대로 해야 트레킹을 100% 즐길 수 있다.

하얀 설산이 고원을 뒤덮고 있고, 그 아래로 야크들이 유유히 풀을 뜯고 있는 낙원 같은 모습이 야딩의 첫인상이었다. 야딩을 방문하는 관광객들은 태곳적 풍경 앞에 입을 다물지 못한다.

야딩은 '신선이 사는 땅'으로 불린다. 1928년 3월, 영국인 탐험가 루커에 의해 처음 알려진 이곳은, 그 압도적인 풍경으로 '최후의 샹그릴라'란 별칭을 얻기도 했다.

야딩 주위에는 6,000m급 산이 하나, 5,000m급 산이 10개, 4,500m급 산이 32개 있다. 특히 선내일설산(6,032m), 하랑다길설산(5,958m), 양만용산(5,958m)은 티베트인들이 각각 관세음보살, 금강보살, 문수보살로 섬기는 신성한 곳이다. 이 세 설산을 하늘에서 바라보면 ∴ 모양 혹은 品 자 모양이라고 한다. 이런 까닭에 티베트 불교에서는 '세 주인이 서로 믿고 의지하는 신산'이란 뜻으로 '일송공포(日松貢布)'라고 부른단다. 야딩은 세계 불교 24성지 중 하나다.

티엔아이 게스트하우스에 여장을 풀고, 곧장 롱롱빠로 향했다. 롱롱빠는 야딩 트레킹의 관문 같은 곳이다. 1일차 야딩 트레킹은 롱롱빠에서 진주해(3,960m)까지로 잡았다. 본격적인 트레킹은 고소적응을 마친 다음날로 정했다. 진주해가 야딩에서 가장 낮은 곳이라고 하지만 그래도 4,000m에 육박하는 높이다. 이번 세계 일주에서 목표로 삼은 곳을 둘러볼 능력이 있는지 시험해 볼 수 있는 최적의 장소였다.

진주해를 보려면 일단 충고사까지 가야 했다. 롱롱빠에서 충고사까지는 1시간~1시간 30분 정도 걸린다. 길에 들어서자 소나무 가지에 송라(소나무겨우살이)가 을씨년스럽게 붙어 있다. 누구는 원시림 같다고 했지만 내겐 공포영화에 나오는 세트장을 방불케 하는 괴기스러운 광경이었다. 야간 트레킹이었다면

트레킹은 송라 지대를 걷는 것으로 시작된다.

분명히 줄행랑을 쳤을지 모른다.

송라 지대가 끝나자 길옆으로 '마니퇴'가 보였다. '옴마니반메훔'과 같은 진언을 조각한 돌을 마니석이라 하고 그 무더기를 마니퇴라고 부른다. 가던 길을 멈추고 작은 돌을 주워 심호흡을 크게 한 번 했다. 그리곤 합장한 뒤 주운 돌을 마니퇴 한쪽에 살며시 올렸다. '무사히 이 여행을 마치길…' 참고로 난 가톨릭신자다.

충고사에서 진주해로 가는 길

걸음을 옮길수록 호흡이 가빠왔다. 숨을 쌕쌕 몰아쉬며 걷다 보니 어느 틈에 하늘이 파랗게 열렸다. 왼쪽으로 선내일설산(6,032m)이 시야에 들어왔다. 믿기지 않는 비경이었다. 충고사 옆 쉼터에서 바라본 풍경은 알프스에 견주어도 절대 뒤지지 않았다. "아!" 입이 떡 벌어졌다.

흔히 여자의 마음을 갈대에 비유한다. 그런데 내겐 고산의 날씨가 딱 여자 마음 같았다. 선내일설산은 부끄러운 듯 그 웅장하고 아름다운 모습을 한 번에 허락하지 않았다. 아쉬운 마음으로 구름이 걷히길 기다렸지만, 관세음보살의 마음을 돌리기에는 역부족이었다.

충고사로 방향을 잡고 다시 길을 나섰다. 여기서부터는 잘 닦인 길을 살방살방 걸으면 됐다. 길은 선내일설산으로 이어져 있었다. 자석에 이끌리듯 산의 손짓을 따라 천천히 걸음을 옮겼다. 충고사에서 진주해까지는 한 시간이 채 걸리지 않는 거리였다.

잠시 뒤 비취빛 진주해가 아름다운 자태를 드러냈다. 세계

진주해를 배경으로 점프샷!

일주 공부를 하면서 알게 된 크로아티아의 플리트비체가 연상되는 황홀한 색이었다.

먼저 도착해 있던 중국인 관광객들이 진주해를 배경으로 점프샷을 찍고 있었다. 나도 꼭 한 번 찍어보고 싶던 사진이었다.

"하나, 둘, 셋! 점프!" 단 한 번의 점프는 내 폐 기능을 한계치에 도달하게 했다. "헉~ 헉~" 심장이 미친 듯 펌프질을 해대기 시작했다. 가만히 가부좌를 틀고 호수를 바라봤다.

다음날 아침 일찍 숙소를 나섰다. 어제 다녀왔던 길을 다시 걸어 쉼터에 도착했다. 전동차를 타고 낙용목장(4,100m)으로 향했다. 2일차 일정은 낙용목장에서 우유해(4,500m)와 오색해(4,600m)를 왕복하는 코스였다. 5~6시간 걸리는 거리였다.

낙용목장에 도착하자 양만용산 등의 5,000m급 고산이 파노라마처럼 펼쳐졌다. 잠시도 눈을 뗄 수 없었다.

관광객들 사이로 티베트 순례자들이 마니차(불교 경전을 넣어 돌릴 수 있도록 둥글게 만든 통. 마니차는 티베트인들의 신앙도구로, 한 번 돌릴 때마다 경문을 한 번 읽는 것과 같다고 여긴다. 오체투지와 함께 대표 수행방식 중 하나다.)를 돌리며 마니퇴 앞에서 멈춰 섰다. 그리고 절을 시작했다.

야딩의 풍경만큼이나 관심을 끄는 모습이었다. 순례자들은, 종교를 떠나 충분히 존경의 대상이었다. 절을 마친 순례자들을 좇아 길을 나섰다. 낙용목장부터 펼쳐지는 푸른 초원은 내가 세계 일주에서 보고자 하는 걸 그대로 응축해 놓은 듯했다. 샹그릴라에서 매리설산을 포기하고 야딩을 선택하길 잘했다는 말을 속으로 몇 번이나 되뇌었는지 모른다.

그 사이 순례자들은 점점 시야에서 사라졌다. 그들은 빨랐고 난 느렸다. 고도가 높아질수록 내 다리는 모래주머니를 단 것처럼 갈수록 무거워졌다. 순례자들을 따라가고 싶었지만 몸이 말을 듣지 않았다. 장족 아저씨 한 명이 성큼성큼 내 옆을 스쳐 지나가며 말했다.

"따시델레!"

티베트인들은 '따시델레'가 세상에서 가장 아름다운 말이라고 믿는 사람들이다. 그는 생면부지의 날 위해 고맙게도 행운을 기원해 주고 갔다. 나도 그의 앞길에 행복을 빌어주었다.

평지가 끝나고 오르막이 시작됐다. 호도협에서 그랬던 것처럼 말몰이꾼들의 무대가 펼쳐졌다. 주머니 사정이 넉넉한 여행자들이 여유로운 표정으로 말 위에서 날 내려다 봤다. 당장에라도 마부를 세워 흥정을 하고 싶었다. 하지만 입이

떨어지지 않았다. 트레커의 마지막 자존심이었다. 쓴웃음으로 그들과 눈인사를 나누는 걸로 자존심의 마지노선을 꾸역꾸역 지켜내며 떨어지지 않는 발걸음을 옮겼다.

오색 타르초(티베트 불교 경전을 적은 색색깔 천)가 바람에 나부끼고 있었다. 순례자들은 그곳에 있었다. 그들은 바람에 일렁이는 타르초에 소박한 소망을 담아 야딩의 하늘로 날려보냈다. 먼발치서 그들은 합장을 한 채 절을 하고 있었다.

작은 봇짐 하나, 형편없는 신발 한 켤레가 그들이 가진 전부였다. 값비싼 등산장비가 이 순간 무슨 소용이란 말인가.

그들은 다시 길을 나섰다. 난 숨을 헐떡일 뿐 그들을 따라나서지 못했다. 남루한 신발만도 못한 처지였다. 걷는 게 걷는 게 아니었다. 발을 땅에 질질 끄는 수준이었다. 머릿속은 멍했고, 고통스러웠다. 고산증이었다. 능선을 오르자 내 기대와는 달리 길은 또 다른 능선으로 이어졌다.

'휴~' 긴 한숨을 토해냈다. 고개를 들 힘조차 없었다. 그러다 도저히 못 가겠다고 생각될 때쯤 불쑥 우유해 위로 햇빛이

부서지며 은빛 옥구슬을 만들어내는 장관을 만났다. 눈이 부셨다. 얼마 못 가 얄미운 구름이 해를 가렸다. 꼭 비가 올 것만 같았다. 검게 그을린 티베트 순례자들의 얼굴이 떠올랐다.

"따시델레!"

* 깨알 정보 *

"야딩 트레킹 혼자도 한다!"
야딩 트레킹은 개인적으로 움직이는 것보다 현지에서 가이드를 대동하고 전용차량을 이용하는 편이 여러모로 편하다. 하지만 나 같은 여행자를 위해 혼자서 야딩을 품에 안을 수 있는 방법을 정리했다.

1-1. 상그릴라에서 오전 7시 30분 따오청행 버스를 예매한다.

1-2. 따오청터미널에 도착하면 게스트하우스 삐끼들이 여행자를 반긴다. 마마 유스호스텔 팻말을 들고 서 있는 사람을 따라간다. 마마 유스호스텔에서 무료로 픽업을 해준다. 유스호스텔 회원증이 있으면 할인된다.

1-3. 숙소에 도착해 호스텔 관계자에게 다음날 야딩에 가겠다고 말하면 오전 8시쯤 출발하는 빵차를 섭외해 준다. 빵차 가격은 왕복에 중국 돈 100원이다.

1-4. 트레킹 당일, 빵차를 타고 야딩촌 티엔아이 게스트하우스에 도착한다. 시간은 3시간 정도 소요된다. 중간에 150원의 입장료를 받는

다. 가는 길에 좋은 풍경이 나오면 빵차 기사가 차를 세우고 포토타임을 준다. 100원이 절대 아깝지 않다.

1-5. 티엔아이 게스트하우스에 도착하는 시간은 정오쯤이다. 여기서 점심을 먹고 진주해 트레킹을 간다. 게스트하우스에서 롱롱빠(야딩 트레킹 입구)까지 타고 온 빵차를 이용하면 된다(무료).

1-6. 전동차매표소까지 간 다음 오른쪽으로 보이는 충고사 쪽으로 올라가야 진주해가 나온다.

1-7. 진주해를 본 뒤 다시 롱롱빠에 도착하면 타고 온 빵차가 대기하고 있다(무료). 이 차를 타고 다시 게스트하우스로 돌아오면 된다. 타고 온 빵차가 아니어도 아무튼 게스트하우스까지는 픽업을 해준다. 첫날 트레킹은 무조건 천천히 걸어야 한다(천천히 걸어도 4시간이면 충분하다). 고소적응이 안 된 상태면 무리가 올 수 있다. 숙소로 돌아와 저녁을 먹으면 첫날 일정이 마무리된다. 다음날 아침 식사 예약도 가능하다. 꼭 아침을 먹고 출발해야 힘이 덜 든다.

2-1. 다음날 트레킹은 오전 8시쯤 출발하는 게 좋다. 점심은 숙소에 이야기하면 준비해준다.

2-2. 트레킹 당일, 오전 8시 전까지 아침을 먹고 빵차를 타면 롱롱빠까지 다시 간다(무료). 큰 짐은 숙소에 맡겨 놓는다. 불필요한 짐은 따오청 마마 유스호스텔에 맡겨도 된다.

2-3. 롱롱빠에서 첫날 걸었던 길을 다시 올라 전동차매표소까지 간다. 전동차매표소에서 80원에 왕복 티켓을 끊고 낙용목장까지 간다. 여기서부터 넓은 초원을 따라 트레킹이 시작된다. 우유해와 오색해

를 다 갔다 올 경우 전체 트레킹 시간은 대략 6~7시간 정도 소요된다. 해발 4,600m 이상 올라가기 때문에 최대한 천천히 걸어야 한다. 만약 힘이 든다면 말을 타는 것도 방법이다.

2-4. 트레킹을 마쳤으면 무조건 오후 5시 전까지 롱롱빠에 도착해야 빵차를 탈 수 있다(무료).

2-5. 마지막으로 야딩 숙소에서 짐을 찾고 따오청 마마 유스호스텔로 돌아오면 모든 일정이 끝난다.

따오청 숙박은 야딩으로 출발 전 예약해두는 편이 좋다. 만약 다음날 샹그릴라로 돌아간다면 따오청에 도착한 날 차편을 예매해 두어야 한다. 리탕으로 이동할 경우 마마 유스호스텔에서 빵차를 섭외해주며 가격은 60원이다. 캉딩행 차는 따오청터미널에서 오전 6시에 떠난다.

이용숙소 만족도 | 야딩－티엔아이 게스트하우스

시설	가격	위생	친절	위치

* WIFI 불가능 / 야딩의 물가가 워낙 높다 보니 숙소 점수도 좀 짜게 매겼다.

10.

따오청에서 리탕으로

트레킹보다 더 흥미로웠던 리탕의 '천장'

그만 기가 죽었다.

따오청에서 60원을 내고 리탕행 '빵차'에 올랐다. 기사는 장족이었다. 중국을 여행하면서 덩치 때문에 위축이 될 거라고는 생각한 적이 없는데 보기 좋게 예상이 빗나갔다.

장족은 말 그대로 '큰 사람들'이다. 이들은 허리춤에 칼을 차고 다니는 풍습을 갖고 있다. 싸움이 나면 장식용 칼이 흉기로 돌변한다.

토끼 귀를 닮은, 투얼산

장족들은 정치적 이유로 한족을 싫어한다. 한국 사람은 한족으로 오해받을 수 있으니 장족 앞에서는 각별히 조심하라는 당부를 듣기도 했다.

이런 우려와 달리 버스 기사는 "안녕하세요?"란 한국말 인사로 첫 만남을 시작했다. 역시나 허리춤에 칼을 차고 있었지만 푸근한 인상이었고, 무엇보다 날 한국 사람으로 알고 있어 안심이 됐다. 장족 기사와 반갑게 인사를 했지만 빵차는 쉽게 출발하지 못했다. 사람이 차야 떠나는 방식이었다. 1시간 넘

는 기다림 끝에 4명의 동행이 생겼다.

따오청을 빠져나오자 그림 같은 풍경이 펼쳐졌다. 산에 꼭 숲이 있어야 할까? 지금까지는 숲이 있어야 산인 줄 알았다. 하염없이 펼쳐져 있는 광야의 모습은 이런 고정관념을 한순간에 바꿔놓았다. 동티베트의 이국적인 풍경은 야딩과는 또 다른 맛이 있었다.

토끼 귀를 닮았다는 '투얼산(4,696m)'이 먼발치 눈에 들어왔다. 버스 기사는 고갯마루에 차를 세웠다. 거친 바람에 몸을 맡겼다. 티베트의 건조한 바람이었다. 바람 너머로 두 개의 토끼귀가 선명하게 눈에 들어왔다. 걷고 싶어지는 풍경이었다. 리탕까지 가는 길은 무척이나 아름다웠다. 시간 가는 줄 모르고 멍하니 풍경을 감상했다.

그러다 순조로웠던 여행에 제동이 걸렸다. 두 대의 마주 선 트럭이 길 한가운데 멈춰서 있었다. 순간, 더는 이런 일에 조급해하지도 신기해하지도 않는 날 발견했다. 잠시 차에서 내려 여유롭게 셔터를 누르면 그만이었다. 그럼 어느 순간 언

제 그랬냐는 듯 차가 굴러가기 시작한다.

따오청을 출발한 차는 3시간 30분 만에 리탕에 도착했다.

빵차는 리탕에서 여행자 숙소로 유명한 포탈라 게스트하우스 앞에 멈춰 섰다. 그다지 좋은 시설과 착한 가격은 아니었지만, 여행자들이 가장 많이 찾는 곳이어서 믿음이 갔다. 무엇보다 숙소 내에서 영어가 통하는 게 마음에 들었다.

'하늘 위의 도시' 리탕의 해발고도는 4,000m가 넘는다. 이런 고산지대에 5만 명이 넘게 살고 있다고 한다. 고산도시 중 가장 많은 사람이 살고 있는 곳에 와 있는 셈이었다.

리탕의 하늘은 유독 파랬다. 하늘과 땅은 경계를 넘나들면서 애초에 하나인 것처럼 보였다. 그런 하늘 위 도시를 티베트 전통가옥이 꽉 채우고 있었다. 마을 입구에는 우주의 다섯 개 원소(파란색은 하늘, 노란색은 땅, 빨간색은 불, 흰색은 구름, 초록색은 바다를 상징)를 뜻하는 타르초가 바람에 흩날리며 티베트인들의 염원을 담아냈다.

리탕을 찾은 이유는 '천장(티엔장)'을 보기 위해서다. 천장은 티베트의 독특한 장례문화 중 하나로 사체를 독수리의 먹이로 주는 것을 말한다. 운 좋게도 도착한 다음날 천장이 있었다. 천장은 매주 월수금 거행된다.

…다음날 오전 7시 30분쯤 택시를 잡아탔다. 택시기사는 "티엔장"이란 내 어눌한 중국어 발음을 고맙게도 잘 알아들어 주었다. 그리 멀지 않은 곳에 장지가 있었다. 택시기사는 멀찌감치 차를 세웠다.

유난스럽게 파란 하늘 아래 독수리 무리가 날개를 퍼덕이며 좀 더 좋은 자리를 잡기 위해 공방전을 벌이고 있었다. 맹수의 본성에 충실한 독수리들이 날카로운 부리로 망자의 몸을 쪼아댔다.

숨이 멎었다.

아무 말도 할 수 없었다.

한발 한발 독수리들을 향해 걸음을 옮겼다. 인정도 슬픔도 없었다. '생존경쟁'이란 자연의 순리만이 망자 주변을 채우고 있었다. 삼베옷을 입혀 입관하고 땅속에 묻거나 화장을

삶과 죽음의 교차로, 천장

하는 우리의 일반적인 장례문화와는 근본부터 다른 풍경이었다.

상주로 보이는 사람들은 독수리들이 뜯어 먹고 있는 사체 주변에서 여유롭게 이 모습을 지켜봤다. 중간 중간 웃음소리도 새어나왔다. 검은 정장에 흰 봉투를 준비한 조문객들은 보이지 않았다. 삶에서 죽음으로, 그리고 다시 삶으로 이어지는 '윤회'의 광경만 펼쳐질 뿐이었다. 빈손으로 떠나는 것도 모자라 왔던 모습 그대로 온전히 자연에 돌려주는 것, 티베트인들에게 죽음은 끝이 아닌 또 다른 시작이었다.

독수리 몇 마리가 허공을 갈랐다. 배를 채울 만큼 채운 모양이었다. 잠시 뒤 천장을 주관하는 장의사는 독수리들을 물렸다. 그는 남은 뼈와 살점을 추려 잘게 토막을 냈다. 둔탁한 파열음이 허공을 울렸다. 뼈를 내리치는 소리였다. 거북한 울림은 오랫동안 계속됐다. 장의사는 연장으로 계속 사체를 내리찍었다. 그리곤 남은 사체를 추렸다. 독수리들이 다시 달려들기 시작했다. 망자는 온전히 자연으로 돌아갔다.

천장은 분명 충격적인 모습으로 다가왔지만, 자리를 뜨면서 이상하리만큼 마음은 평온하고 고요했다. 그리고 차분했다. 리탕은 삶에서 죽음으로, 죽음에서 삶으로 가는 순리와 이치를 가감 없이 보여주었다.

"내 죽음은 과연 어떤 모습일까?"

이용숙소 만족도 | 리탕-포탈라 게스트하우스				
시설	가격	위생	친절	위치

* WIFI 가능 / 시설 면에서 그리 큰 점수를 줄 수 없는 곳이지만 영어를 할 줄 아는 여사장이 여러 가지를 도와준다.

'거울처럼 평탄한 초원'이란 뜻의 리탕은 여행자들 사이에서 천장을 볼 수 있는 곳으로 잘 알려진 곳이다. 이곳의 해발고도는 4,014m로 세계에서 가장 높은 마을 중 하나다. 5만여 명의 사람들이 살고 있다. 리탕은 티베트 불교에서 매우 중요한 지역으로 손꼽히며, 7대(칼장 가쵸), 10대(출트림 가쵸) 달라이라마를 배출한 곳이다.

리탕에는 캉난 제일 봉우리 거니에성산과 끝없이 넓은 마오야 대초원, 마오허산 온천 등이 있다. 또 세계적으로 유명한 커얼사와 렁구사 등을 둘러볼 수 있다.

한편 1950년대 리탕 주변은 중국 점령군에 저항하는 티베트인들의 주요 활동무대였다. 1956년에는 리탕의 수도원이 중국인민해방군에 의해 폭파되기도 했다.

리탕 전경

II.

리탕에서 캉딩으로

'천장남로'에서 내가 가장 놀란 일

　천장의 충격을 잊을 새도 없이 또 한 번의 지옥 버스가 날 기다리고 있었다. 중국에서 가장 힘들었던 건 비포장도로를 달리는 버스여행이었다.

　오전 6시 30분 리탕 버스터미널은 시장바닥을 방불케 했다. 두 대의 버스가 동시에 캉딩으로 출발하는 모양이었다. 사람들은 어느 차에 타야 할지 갈팡질팡하고 있었다. 불행하게도 버스 트렁크는 이미 군인들의 군장으로 만원이었다. 내 배낭이 비집고 들어갈 틈이 없었다.

  점심 먹을 시간도 없이 버스는 '천장남로'를 따라 동쪽으로 달렸다. 물론 흙먼지 날리는 울퉁불퉁한 비포장도로였다. 뒷좌석 승객들의 머리가 천장까지 치솟았다 곤두박질쳤다. 발군의 체공시간이었다. 마치 정지영상을 보는 것 같았다. 승객들의 입에서는 이구동성으로 "아이야!"란 비명이 터졌다. 버스가 멈춰 섰고 버스 기사는 자리에서 일어나 뒤를 살폈다. 비명이 워낙 컸던지라 다친 사람이 없는지 살피려는 것 같았다. 헉! 그런데… 기사는 비명을 내지른 뒷좌석 승객들을 보며 따발총 같은 중국어를 쏟아냈다. 죄 없는 나까지 움찔 놀랄 정도였다. 그는 도깨비 같은 표정과 성난 몸짓으로 버스 바닥과 창문 밖을 번갈아 가리켰다. 상황을 보니 '도로 사정이 이러니 어쩔 수 없다. 계속 불평할 거면 여기서 내려라!' 정도로 해석할 수 있는 분위기였다.

  버스 기사는 쉬는 법이 없었다. 이 험한 길을 혼자 운전하면서 힘든 기색조차 없었다. 중간에 2번 정도 버스가 정차했는

리탕에서 캉딩으로 이어지는 먼지 자욱한 비포장도로

데, 공사 차량에 막혀 더는 진행할 수 없는 경우였다. 승객들은 이 틈을 놓치지 않고 버스 밖으로 빠져나갔다. 화장실이 급한 사람은 기웃거릴 사이도 없이 숲 속으로 사라졌다. 이것저것 다 귀찮은 승객들은 그냥 차 안에서 담뱃불을 댕겼다.

  중간 중간 승객들이 더 타고 통로는 좌석으로 바뀌어 버렸다. 그렇게 버스는 천장남로를 달려 9시간 만에 휴게소에 도착했다. 승객들은 너나 할 것 없이 휴게소에서 밥을 주문했다. 난 밥알을 넘길 힘조차 없었다. 그대로 텅 빈 버스 안에서 평평해진 엉덩이를 살피는 것으로 식사를 대신했다. 배낭도

중상을 입었다. 사람들이 이리 옮기고 저리 옮기는 통에 레인커버 끈 하나가 떨어져 나가버렸다. 트렁크를 가득 채우고 있는 군인들의 군장이 원망스러웠다.

카리스마와 체력까지 겸비한 버스 기사는 가장 먼저 식사를 마치고는 다시 출발을 재촉했다. 그나마 포장도로가 시작되어 한시름 놓았다. 하지만 매번 그렇듯 이번 이동도 조용히 넘어가지 않았다. 캉딩을 눈앞에 두고 함께 출발한 버스의 타이어가 펑크가 나고 말았다. 우리 차는 그대로 갈 줄 알았는데 버스 기사는 당연하다는 듯 차를 세우고 펑크 난 타이어를 살피기 시작했다. 난 반사적으로 버스에서 내려 관절의 이상 유무를 점검했다.

그런데 이게 무슨 그림이란 말인가. 펑크 난 버스의 기사는 어디론가 전화를 하고 있고, 대신 라마승이 타이어 볼트를 풀고 있었다. 버스 기사는 이 모습을 멀뚱히 지켜볼 뿐이었다. 이 광경이 얼마나 우스꽝스러웠는지 혼자 빵 터진 허파를 부여잡았다. 스님도 장시간 버스여행에 어지간히 마음이

사람이 짐짝인지, 짐짝이 사람인지 분간하기 어려운 캉딩행 버스

라마승이 바퀴를 고치고 있는 문제의 장면!

급했나 보다.

자동차 정비기술까지 갖춘 라마승의 작업이 다 끝날 때까지 모든 승객이 오랜만에 찾아온 휴식을 즐겼다. 혼연일체가 된 승객들의 도움으로 우리 버스는 12시간 만에 캉딩에 도착했다.

이용숙소 만족도 | 캉딩-콩가 유스호스텔 아래층 현지인 숙소

시설 가격 위생 친절 위치

* WIFI 가능 / 콩가 유스호스텔보다 가격이 싸서 한층 아래로 내려와 잡은 숙소. 특별한 게 없다. 100% 현지인이 이용하는 숙소다.

캉딩에서 버스로 5시간 정도 달리면 '단빠'에 이른다. 다시 단빠에서 30분 정도 차를 타고 들어가면 사파촌이란 마을을 만난다. 사파촌은 중국에서 가장 아름다운 마을로 손꼽히는 곳이다.

단빠 지역에는 여인국으로 잘 알려진 동녀국의 흔적이 많이 남아 있는데 지금도 이곳 여성들은 한 집안을 책임지는 가장으로 살아가고 있다.

동녀국과 관련된 기록은 구당서라는 당나라 역사책이 마지막인데 그게 벌써 1,500여 년 전이다. 이후 기록은 찾아볼 수 없다. 그러나 현지인들에 따르면 1950년대까지 여족장이 군림하고 있었다고 한다. 중국군의 티베트 점령 이후 여족장은 권력을 빼앗겼으며 이들의 독특한 혼인제도였던 주혼제를 비롯해 모계사회의 관습들이 바람에 날리는 먼지처럼 흔적도 없이 사라졌다는 증언이다. 주혼제란 따로 결혼식을 치르지 않고 여자가 여러 남자와 자유연애를 하면서 자식을 낳는 혼인 풍습을 말한다. 구당서에서는 동녀국을 다음과 같이 소개한다.

'동녀국은 당과 티베트 사이에 있는 여인의 왕국으로 여왕이 통치한다. 단빠 일대를 도읍지로 정하고 있는데 걸어서 동서로 9일, 남북으로 20일에 달하는 영토를 갖고 있으며 이곳에 80여 개의 크고 작은 성이 있다. 여왕에게는 1만여 명의 군사와 수백 명의 시녀가 따르고 있으며 여귀족과 함께 동녀국을 다스렸다. 남자는 아이를 돌보고 집과 망루를 짓거나 고치고 전투에 참전했다. 대신 여자들은 농사를 짓고, 가장의 역할도 맡았다….'

"가장 중요한 건 눈에 보이지 않아. 오로지 마음으로만 보아야 잘 보인다는 거야."

「어린 왕자」 중

여행은 어쩌면 우리 인생의 축소판이 아닐까 싶다. 예측할 수 없는 날들 속에 길들여지는… 때론 인상 쓰며 때론 웃음 지으며 냄새마저 날 듯한 저자의 생생하고 사실적 표현에 가만히 덜컹이는 버스 한 켠에 앉아본다.

_시옹마(20100301)

Driving 3. 카라코람하이웨이(KKH)

12.

청두에서 시안까지

한국엔 없는 중국 기차의 낭만

리탕을 거쳐 캉딩~청두로 이어지는 머나먼 길을 달려왔다. 산란을 위해 강을 거슬러 오르는 연어도 이 정도로 힘이 들지는 않을 것 같았다.

청두에서 며칠 여독을 풀고 기차를 타고 시안을 거쳐 우루무치로 가야 했다. 여기서 다시 카스를 거쳐 타슈쿠르간까지 가야 국경을 넘을 수 있다. 운남성을 시작으로 동티베트를 거쳐 사천성, 산시성을 지나 신장의 끝까지 이어지는 장도였다.

이동에만 상당한 시간과 체력이 소모되는 루트였지만 세계일주 여행자들이 최고 비경으로 꼽는 카라코람하이웨이(KKH)를 보기 위해서는 어쩔 수 없는 선택이었다.

카라코람하이웨이는 중국 카스에서 파키스탄의 수도 이슬라마바드까지 연결된 도로로, 그림 같은 풍경으로 입소문이 자자한 곳이다. 파키스탄으로 넘어가면 일본 애니메이션 〈바람 계곡의 나우시카〉의 배경이 된 '훈자'가 기다리고 있다. 이번 여행 중 가장 기대가 큰 곳 중 하나였다. 훈자란 두 글자는 엔돌핀과 아드레날린을 동시에 주사하듯 날 기쁨과 흥분으로 몰아넣었다.

미인이 많기로 소문난 청두에서 손짓 발짓에 이어 그림까지 그려가며 200원 남짓한 시안행 기차표를 손에 넣었다. 열차 예매는 날짜 · 시간 · 좌석형태 · 침대위치 등 묻는 게 많았다. 나 같은 벙어리 여행자에겐 고난도 과제였다.

나는 6개의 침대가 3층으로 마주 보고 있는 침대칸 표를 끊었다. 좀 더 비싼 표는 4인실 표였지만 6인실에 만족하기로 했다. 물론 기차를 탄 후에 단박에 4인실 표를 사지 않은 걸 후회했지만…. 6인실 침대칸은 아래 침대를 제외하고는 허리를 제대로 펼 수 없는 구조였다. 4인실은 네 자리 모두 허리가 펴진다. 확실히 공간이 넓었다. 사정이 이렇다 보니 6인실 승객들은 잠들기 전까지 아래 칸을 의자처럼 사용했다. 다행인지 불행인지 내 자리는 중간이었다.

아래 칸에는 중국인 젊은 부부가 갓난아이를 안고 탔다. 부부는 아이만큼이나 애지중지하는 엄청난 양의 부식거리를 들고 열차에 올랐다. 중국 사람들의 먹성은 볼 때마다 놀랍다. 한국 식당에서 제일 돈이 안 되는 손님이 한국 사람들이라고 한다. 중국 사람들은 주문도 통이 크다. 도대체 저걸 어떻게 다 먹을까 싶을 정도로 많은 양의 요리를 시킨다.

이번 기차여행에서도 중국인의 먹성은 여실히 드러났다. 다들 비닐봉지 한가득 간식거리를 들고 열차에 올랐다. 나도 준비를 했지만, 이들에 비하면 '조족지혈'이었다. 열차에서는 무제한으로 온수가 제공됐다. 차와 컵라면을 먹는 데 부족함이 없는 환경이었다.

중국인의 간식 가운데 가장 흥미로웠던 건 닭발이었다. 중국 사람들의 닭발 사랑은 우리와 비교가 되지 않을 정도다. 슈퍼에 가면 포장 닭발 종류만도 엄청나다. 아래 칸 남자는 닭발의 무시무시한 발톱을 이빨로 쏙쏙 뽑아냈다. 그리고 '우지직' 소리를 내며 먹성 좋게 닭발을 씹어 넘겼다. 그 옆에서 여자는 온종일 아이를 토닥였다.

바나나 2개로 버티던 내 인내력이 닭발 뜯는 소리를 듣고는 그만 한계에 다다르고 말았다. 식당칸으로 향했다. 당연히 영어는 안 될 게 뻔했다. "차이딴!" 당당히 메뉴를 달라고 요구했다.

된장! 메뉴에 적힌 글자는 몽땅 한자였다. 그간의 눈썰미로 눈에 익은 요리가 있었지만 90%는 알 수 없는 외계어였다. 다행히 안절부절못하는 내 마음을 눈치 챈 중국인이 유창한 영어로 메뉴를 하나하나 설명해 주는 친절을 베풀어 주었다.

청두발 시안행 기차

중국인들의 먹성을 짐작케 하는
이동식 매점의 박스들

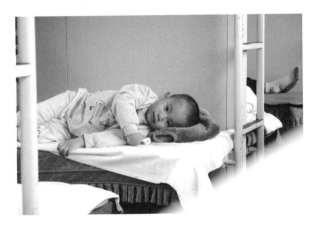

배낭여행자에게 뭐 특별한 게 필요하겠는가. 버스에 팔걸이 하나만 있어도 그날은 정말 편안한 하루다. 헤매지 않고 숙소를 바로 찾으면 수지맞은 날이고 맥주가 1원만 싸도 '와우' 소리가 절로 나온다. 생각 없이 시킨 메뉴가 입맛을 사로잡으면 바로 단골이 된다. 관광지 입장료가 몇 년 전과 같으면 저금을 한 것처럼 마음이 든든해진다.

여행자는 그렇게 소박한 사람들이다. 큰 걸 바란 적이 없다. 연봉을 올려주지 않아도 되고, 승진을 시켜주지 않아도 된다. 좋은 차를 몰고 다닐 필요도 없다. 그냥 메뉴 하나하나를 설명해주는 중국인에게 무한 감사하는 지극히 감성적인 동물일 뿐이다. 여행이 준 변화들이다.

…러닝머신 위를 달리는 것처럼 똑같은 풍경이 계속되었다. 중국은 넓었다.

멍하니 창밖의 단조로운 풍경을 보고 있을 때였다. 할아버지 한 분이 말없이 땅콩을 내밀었다. "씨에 씨에." 날름 손바닥을 오므려 땅콩을 받아들었다.

물에 삶은 짭짤한 중국 땅콩은 영락없는 맥주 안주였다. 지나가던 카트를 세워 맥주 한 캔을 집어 들었다. 삶은 달걀을 대신해 나름 괜찮은 조합이었다. 맥주를 한잔하고 있으니 도시락 카트가 지나갔다.

검지 하나를 펼쳐 보이는 내게 승무원은 10원짜리 한 장과 5원짜리 하나를 내밀었다. 가격이 15원이란 이야기였다. 보통 가격을 알아듣지 못하면 큰돈을 내곤 했는데 센스 있는 승무원 덕에 쉽게 셈을 치렀다.

종일 간식을 입에 달고 있던 사람들도 예외 없이 도시락을 주문했다. 중국 사람들의 젓가락질은 빠르다 못해 초고속으로 느껴진다. DVD 32배속 빨리 감기를 보는 듯하다. 거의 막바지에는 밥그릇까지 씹어 먹을 기세다. 무서운 속도다. 중국 쌀은 찰기가 없어 빠른 손놀림으로 젓가락질을 해야 먹기가 편하다.

난 습관대로 천천히 도시락을 즐겼다. 먹을 만큼 먹고 고개를 들었다. 상당수 시선이 내 '엘레강스'한 모습에 꽂혀 있었다. 한 아저씨의 눈에서는 레이저가 나올 것 같았다. 도시락을 다 먹곤 연결 칸으로 갔다. 우리나라 열차에선 종적을 감춘 흡연실이었다.

…새벽을 깨우는 인기척에 선잠을 깼다. 사람들이 하나둘 내릴 준비를 하고 있었다. 시안에 다 온 모양이었다. 청두를 출발한 지 17시간 만이었다. 일정 속도로 흘러가던 창밖 풍경이 점점 속도를 잃어갔다.

KTX를 타면서 낭만을 느껴 본 적이 있던가?
때론 느려야 제대로 보이는 것들이 있다.
여행은 한없이 느린 걸음을 허락할 만큼 넉넉하다.

달리는 기차보다 멈춰선 기차가 더욱 매력적으로 다가오는 새벽이었다.

중국의 기차여행은 버스여행과 또 다른 재미와 어려움이 있다. 일단 중국 기차는 우리나라보다 종류가 많다. '동처'는 우리나라의 KTX 급이며, '까오수'는 일반 고속열차, '부콰이'는 보통열차를 말한다. 중국에서 열차 티켓을 구매하려면 인터넷이나 여행사를 이용하든지 직접 역사를 찾아야 한다. 중요한 건 세 방법 다 여권이 필요하다는 점. 암표를 막기 위한 조치로 예매 실명제를 시행하고 있기 때문이다. 중국어가 서툴다면 목적지와 날짜 그리고 원하는 좌석 등을 메모지에 적어 매표원에게 보여주는 게 가장 효과적인 소통 방법이다. 침대 기차의 경우 잉워(딱딱한 6인실 침대)와 란워(푹신푹신한 4인실 침대)로 나뉘는데 잉워의 경우 아래칸, 중간칸, 위칸으로 다시 나뉘고 자리마다 가격이 다르다. 제일 비싼 자리는 아래 칸이다. 란워의 경우 네 자리 모두 허리를 펼 수 있을 정도로 공간이 넓고 편하다.

이용숙소 만족도 | 청두—트레픽인

시설	가격	위생	친절	위치

* WIFI 가능 / 외국인 친구들을 많이 사귈 수 있는 국제적인 숙소다. 시설도 깔끔하고 음식도 먹을 만하다.

13.

시안 체류

김용의 「영웅문」보다 더 재미있었던 혈투

차분한 새벽은 허락되지 않았다.

새벽 5시 시안역 앞은 호객꾼으로 장사진을 이루었다. 난 그 엄청난 인파 앞에 그만 기가 질려버렸다. 한국인만 성실하고 부지런한 게 아니었다. 중국인의 기세는 겁이 날 정도였다. 알면 알수록 무서워지는 나라가 중국이었다. 이런 느낌을 주는 나라는 중국이 유일했다.

호객꾼들을 뒤로하고 역에서 그리 멀지 않은 7 sages 유스

호스텔'을 찾았다. 싱글룸이 유스호스텔 회원가로 110원이었다. 여행 중 처음으로 독방을 잡았다. 조용히 쉬다 우루무치행 열차에 오르고 싶었다. 특별히 시안에선 하고 싶은 게 없었다. 병마용과 화산을 가보려고 했으나 무지막지한 중국의 관광지 입장료를 보고선 깔끔히 포기했다. 화산은 김용의 무협지에 등장하는 곳으로 유명하다.

아침을 먹기 위해 거리를 배회하던 중 만둣국과 흡사한 것을 발견했다. 그림을 찬찬히 보니 영락없는 만둣국이었다. 햄버거처럼 생긴 것도 있었다.

'이번에는 제발 성공하길.'

중국식 햄버거와 만둣국을 하나씩 주문했다. 정체를 알 수 없는 빵 사이에 다진 돼지고기와 야채가 들어가 있는 게 식욕을 돋우었다. 기대 반 우려 반으로 한입 깨문 햄버거는 기름진 돼지고기 특유의 식감과 간장 소스 맛이 빵의 고소함과 더해지면서 늘어져 있던 혀를 춤추게 했다. 레시피를 알 수 없는 패티로 무장한 패스트푸드점 햄버거보다 훨씬 담백하

면서 깔끔했다. 절로 고개가 끄덕여지는 맛이었다.

주인아주머니는, 빵가루 묻은 입가를 훔치며 턱관절을 사정없이 움직이는 날 보며 만둣국을 내밀었다. 뽀얀 국물 위에 마치 돛단배처럼 둥둥 떠 있는 만두는 날 또 한 번 격정으로 몰아넣었다. '후루룩~' 출렁이는 만두를 진정시켜 숟가락 위에 안착시키고 뜨끈한 국물과 함께 한입 먹어보니 한국에서 먹던 딱 그맛이 아닌가!

"유레카!"

호들갑스럽게 국물을 들이켜는 날 주인아주머니는 '므훗'하게 바라봤다. 만둣국 4원, 햄버거 4원 도합 '8원의 행복'이었다.

다음날 아침에도 이 집을 찾았다. 주인아주머니는 만둣국처럼 따뜻한 눈인사로 날 반겨주었다. 티베트와 사천성 음식은 입에 잘 맞지 않았다. 그런데 산시성의 음식은 대부분 내 입맛과 환상궁합이었다.

예매해둔 우루무치행 기차를 기다리며 시안에 머문 지 사홀째 날이었다.

여느 때처럼 만둣국을 게 눈 감추듯 해치운 뒤 과일 한 봉지를 사들고 숙소로 향했다. 오후 시간이어서 그런지 숙소 주변이 인산인해였다. 숙소 앞 사거리는 차량으로 마비돼 있었고 공안들이 도로 주변에 쫙 깔려 있었다. 교통사고가 난 줄 알았지만, 막상 사람들이 모인 곳에는 초등학교가 있었다. '헐~' 중국인은 자녀를 황태자로 키운다더니, 딱 그런 느낌이었다.

"우라질 놈!"

시간은 새벽 4시를 넘어가고 있었다. 한 중국 남자가 고래고래 소리를 질러대는 통에 깜짝 놀라 잠에서 깼다.

'술을 마셨으면 곱게 잠이나 잘 것이지. 아놔!'

이불을 뒤집어쓰고 다시 잠을 청했다. 그러나 악에 받친 남자의 목소리는 점점 커졌다. 잠시 뒤 여자의 비명이 들렸다. 뭔가 상황이 심상치 않게 돌아가고 있었다. 궁금증에 이불을 박차고 일어나 커튼 사이로 빼꼼 내다보니 웃통을 벗은 젊은 남자가 한 여자의 머리끄덩이를 잡고 마른 장작 패듯 막무가내로 주먹을 휘두르고 있었다. 세상에서 제일 재미있는 구경 중 하나가 싸움질 아닌가. 잠이 번쩍 깼다.

맞고 있는 여자와 같은 방을 쓰던 한 여성이 이 광경을 보고 다급히 말리러 나왔으나 남자를 막기에는 역부족이었다. 차마 눈 뜨고 볼 수 없는 광경이었다. 남자의 주먹은 어디를 때리겠다는 목표도 없이 마구잡이로 여자의 몸을 가격했다. 그럴수록 여자는 더욱 발악했다. 한 편의 라이브 활극이었다. 보다 못한 서양 할머니가 이들을 말리고 나섰다.

"쏘리."

남자는 이 한마디를 남기고 여자를 데리고 방으로 들어갔다. 숙소 직원이 도착했지만 이미 방문은 잠긴 상태였다.

곧이어 두 번째 라운드가 시작됐다. 나는 커튼 사이로 도둑고양이처럼 잔뜩 웅크린 채 맞은편 창문을 응시했다.

'패대기 치는 소리에 아침잠을 깨는 기분이 이런 거구나.'

10분 정도 치외법권 지역에서 무소불위의 폭력을 휘두르던 남자가 방문을 열고 나왔다. 그리고 내 방문 쪽으로 뚜벅뚜벅 걸어왔다. '설마….' 순간 이성을 상실한 주인공이 또 다

달콤한 새벽잠을 망친 라이브 활극의 주인공

른 범행대상을 찾아 나선 게 아닌가 하는 소심한 생각에 잠가둔 방문을 재차 확인했다.

다행스럽게 남자는 내 방을 스쳐지나가 옆방으로 들어갔다. 그의 숙소였던 모양이다. 가슴을 쓸어내렸다. 잠시 뒤 남자는 방에서 캐리어 하나를 끌고 나와 여자의 방문 앞에 짐들을 쏟아 부었다. 방안에선 여자의 서글픈 울음소리가 애잔하게 새어나왔다.

'저런 진상 오랜만이네.'

상황을 유추해 보면 이랬다. 사랑에 눈이 먼 커플이 시안 여행을 계획한다. 그런데 여자 친구의 눈치 없는 친구가 따라붙은 게 아닌가. 암튼 여기까지는 남자도 이해했을 거다. 커플끼리 한 방을 썼으니 말이다. 그러다 사건이 있던 전날 무슨 이유에선지 대판 싸움을 하고 화가 난 여자 친구는 친구 방에서 하루를 보내기로 했다. 일단 짐을 남자 친구 방에 남겨둔 걸 보면 다시 돌아갈 맘이 있었던 것 같다. 그런데 성격 급한 남자는 여자 친구가 돌아오지 않자 독한 고량주를

밤새 마시고 새벽에 화를 못 참고 일을 저지르고 마는데…. 대략적인 밑그림이 그려지는 사이즈다. 아니면 말고.

잠시 뒤 공안이 들이닥쳤다. 그리고 활극의 주인공은 조용히 공안을 따라나섰다. 웃통을 벗은 채 공안에 끌려가는 남자를 보고 있자니 전날 낮에 본 중국 황태자들의 현실이 떠올랐다.

독재와 독자의 차이는 그리 크지 않았다.

1.5km 떨어진 곳에 있다. 1974년 중국의 한 농부가 우물을 파면서 세상에 모습을 드러냈다. 현재도 발굴이 진행 중이며 현재까지 3개의 갱, 실물 크기의 7000여 도용, 100개가 넘는 전차, 40여 필의 말, 10만여 개의 병기가 발굴됐다. 도용들은 모두 제각기 다른 자세와 표정, 복장, 헤어스타일을 갖고 있어 그 섬세함에 감탄이 절로 나온다.

시안을 방문했다면 양귀비가 살았던 화청지도 가볼 만하다. 양귀비와 현종이 함께 목욕을 즐겼던 목욕탕 등이 그대로 보존돼 있다.

만약 트레킹을 좋아한다면 화산을 추천한다. 화산은 김용 무협지에 등장하는 화산파의 무대가 된 곳이다.

병마용 모형

유서 깊은 도시 시안의 풍경

이용숙소 만족도 | 시안-7sages

시설	가격	위생	친절	위치

* WIFI 가능 / 워낙 큰 규모 때문에 기업형 숙소로 기억되는 곳. 안에서 커피, 술 그리고 밥을 모두 해결할 수 있다.

카스부터는 이슬람 문화의 향기가 물씬 풍긴다.

14.
우루무치를 거쳐 카스로
침대버스 그리고 공포의 그녀,
난 뒷걸음질 쳤다

두 번째 열차여행은 시안을 떠난 지 무려 30시간 만에 실크로드의 중심지 우루무치에 와서 끝이 났다.

카라코람하이웨이의 시작점은 카스다. 카스는 가장 신장다운 모습을 볼 수 있는 곳이기도 하다. '카스를 보지 않고는 신장을 본 게 아니다'라는 말이 회자될 만큼 위구르 족의 전통과 정신이 살아 있는 도시다. 또 카스는 파키스탄과 키르기스스탄으로 넘어가는 관문 역할을 한다. 이런저런 이유로 기대가 큰 곳이었다.

우루무치에서 카스로 가기 위해서는 비행기를 타거나 24시간 동안 버스를 타야 한다. 더 이상 시간을 지체하고 싶지 않았다. 다음날 카스로 떠나는 침대버스에 몸을 실었다.

2층 침대버스의 좌석은 항공기 비즈니스석(?)과 무척이나 닮아 있었다. 버스의 진동이 등으로 그대로 전달되는 승차감이 달랐을 뿐이다. 냄새가 나지 않는 시트에 만족해야 했다. 승객들 대부분은 위구르 족이었다. 한족은 찾아보기 힘들었다.

버스는 4시간 만에 첫 번째 휴게소에 도착했다. 숯가마 중탕 정도의 열기가 온몸을 감쌌다. 열기와 습기를 한껏 머금은 모래바람은 덤이었다. 모자까지 눌러쓰니 건식사우나가 따로 없었다.

다음번 휴식까지 또 얼마나 걸릴지 모르는 일이었다. 화장실에 가야 했다. 가격은 1원이었다. 화장실은 매점 건물 뒤 황야에 덩그러니 세워져 있었다. 샹그릴라에서 야딩으로 가

카라코람하이웨이(KKH)・

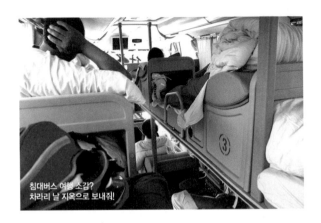

침대버스 여행 소감?
차라리 날 지옥으로 보내줘!

면서 경험한 최악의 화장실이 떠올랐다. 가슴이 두근거리기 시작했다.

화장실 안의 암모니아 냄새는 화생방훈련을 방불케 했다. 라이터를 켜면 불이 붙을 것만 같았다. 화장실에 먼저 들어선 위구르 아저씨들은 문 없는 화장실에서 열심히 볼일을 보고 있었다. 적나라한 모습이다 못해 원초적이었다. 샤론 스톤의 〈원초적 본능〉이라면 얼마든지 환영이지만 이건 차마 똑바로 볼 수 없는 광경이다. 중국의 화장실은 내가 가장 적

응하지 못하는 문화 중 하나였다.

마침 가운데 자리가 비었다. 지퍼를 내리고 참았던 방광의 문을 열었다. 그 순간이었다. 옆 사로에서 볼일을 보던 험상궂은 위구르 아저씨가 날 올려보며 인상을 썼다. 아저씨는 분명 '오줌이 튄다'고 말하고 있었다. 아저씨의 표정을 보곤 자연스레 나오던 오줌이 멈췄다. 자리를 제일 구석으로 옮겼다. 그리곤 잘린 오줌을 마저 방출시켰다. '볼일 한 번 보는데도 이리 기가 죽어야 하나.' 비참하기 짝이 없었다. 화장실을 다녀오고 나니 매점에 가고 싶은 마음이 싹 가셨다.

버스는 그 뒤로 4시간을 더 달려 모래바람이 거세게 부는 이름 모를 마을에 정차했다. 사람들은 이곳에서 저녁 식사를 했다. 난 먹을 엄두가 나지 않았다. 이번 이동에서는 '절대 빈속'을 유지해야 마음이 편했다.

식은땀을 흘리며 괄약근의 마지막 남은 힘까지 쥐어짜는 상황만큼은 피하고 싶었다. 저주받은 장을 가진 나로서는 제일 신경 쓰는 부분이기도 했다. 버스 기사에게 달려가 아랫

배를 움켜잡고 차를 세워달라고 간청하는 모습을 상상해 봤다. 그것도 말도 못하는 벙어리 냉가슴으로 손짓 발짓 써가며 차를 세우는 모습이란… 거기다 나무 한 그루 없는 들판이라면 도대체 어떻게 해야 한다는 말인가. 일어나서는 절대로 안 되는 일이었다. 굶는 편이 여러모로 편했다. 마지노선으로 음료수를 하나 집어 들었다. 그리곤 준비한 맨 빵을 입속에 우겨넣었다.

버스는 자정쯤 다시 한 도시에 정차한 뒤 다음날 새벽 5시쯤 숲이 있는 길가에 승객들을 내려주었다. 승객들은 차가 서기 무섭게 도망치듯 숲 속으로 뛰어 들어갔다. 남녀노소 가리는 분위기가 아니었다. 한 사내는 대나무 정도 굵기의 나무를 위장막 삼아 급히 바지를 내렸다. 흰 엉덩이가 그대로 노출됐다. 다시 머릿속에 금식이란 단어가 떠올랐다.

버스는 그 뒤로 4시간 정도를 더 달려 한 식당 앞에 섰다. 버스 기사는 내 마음을 아는지 모르는지 들어가 뭘 좀 먹으라고 권했다. 화장실을 찾았다. 사람들의 동선을 보니 다들 작은 골목 안으로 들어가고 있었다. 남자들은 골목 깊이, 여자들은 골목 중간에서 나오는 것을 확인했다. 여자 화장실은 골목 중간이고, 남자 화장실은 골목 끝에 있는 듯했다. 사람들을 따라 골목으로 들어섰다.

그…그…런…데… 여자들이 나오던 골목 왼쪽 공간은….

'으~아악~~~!'

순간 난 뒷걸음질 쳤다. 귀신을 본 것처럼 겁에 질려 도망치듯 골목을 뛰쳐나왔다. 얼굴은 하얗게 질려버렸고, 방금 본 오싹한 이미지가 머릿속을 뒤흔들어 댔다.

움푹 들어가 있는 골목 안 왼쪽 공간은 화장실이 아니었다. 아무것도 없는 텅 빈, 말 그대로 공간일 뿐이었다. 그리고 거기서 난 덩어리(?)를 매단 위구르 아줌마와 눈이 마주쳤다. 그 순간 첫눈에 반한 짝사랑을 만난 것처럼 눈앞에선 번개가 번쩍했다.

'오 맙소사, 하느님 왜 저에게 이런 시련을 주시나이까? 절 어디다 쓰시려고… 으흐…'

그런 골목을 남녀가 뒤섞여 그냥 아무 생각 없이 다니고 있었던 거다. 본 척 못 본 척하면서 말이다. 화장실에 가야 했지만 두려웠다. 여자들이 모두 나온 걸 확인하고 골목 깊숙이

이 골목 끝에서 내가 본 게 무엇인지, 절대 상상하지 마시라!

들어갔다. 남자들이 나온 곳도 화장실이 아니긴 마찬가지였다. 여자들이 스쳐 지나간 자리는 덩어리들이 군데군데 흔적을 남겨놓고 있었다. '이런 된장할!'

버스에 들어가 마른침을 삼키고 물을 마셨다. 그리곤 방광 안에서 오줌이 증발하길 기도했다.

우루무치에서 출발한 버스는 꼬박 25시간 만에 카스에 도착했다. 그 긴 시간 동안 먹은 거라곤 빵 2조각, 물 한 병, 아이스티 한 병, 초코바 한 개가 전부였다.

거울을 봤다. 폭탄주와 기름진 안주로 인해 사라져 버린 턱선이 다시 살아날 기미를 보이고 있었다.

• 깨알 정보 •

신장의 성도는 우루무치이지만 대부분의 위구르인은 카스를 정신적 수도로 여긴다. 불과 60년 전만 해도 이 일대는 동투르키스탄이라는 명실상부한 독립국이었고 카스는 바로 이 나라의 수도였다.

카스는 오아시스 도시로 고대 실크로드의 중요한 거점이었으며 동쪽으로 타클라마칸 사막, 남쪽으로 쿤룬산과 맞닿아 있다. 또 타지키스탄, 키르기스스탄, 아프가니스탄, 파키스탄, 인도와 국경을 이룬다. 위구르족이 약 90%이며, 그밖에 한족, 후이족 등의 소수민족이 살고 있다.

생김새부터 중국인과 달라 보이는 카스 사람들

이 일대는 여행자들에게 해가 지지 않는 곳으로 유명하다. 북유럽에서 관찰할 수 있는 자연적인 현상과는 좀 다르다. 중국은 큰 땅덩어리를 가지고 있으면서도 '베이징 타임'이란 단일 시간대를 쓴다. 문제는 베이징과 카스의 거리가 무려 3,000km가 넘게 떨어져 있다는 점이다. 베이징과 파키스탄의 시차는 2시간 30분이다. 이 때문에 카스의 일몰 시각이 저녁 10시를 넘기도 한다. 카스는 파키스탄 시간대를 따르는 것이 실제로는 더 정확하다.

카스에서는 버스·기차 티켓을 구매할 때 베이징 타임으로 표기된 것인지 확인해야 착오가 없다.

이용숙소 만족도 | 우루무치– 맥전 유스호스텔

시설	가격	위생	친절	위치
☺☺☺	☺☺☺	☺☺☺	☺☺	☺☺☺

* WIFI 가능 / 우루무치에서 딱히 갈 만한 곳이 여기밖에 없다. 그래도 한국인이 많아 스쳐 지나간 흔적이 여러 곳에 남아 있다. 여행정보를 얻기 쉽다.

15.

카스 도착

카스는 이슬람의 도시였다

나이 지긋한 트럭 운전기사는 손가락 2개를 펼쳐 보였다. 숙소로 점찍어 두었던 '치와니커빈관'까지 설마 2원이란 이야기는 아니겠지? 그렇다고 200원을 받겠나. 25시간 동안 아무것도 먹은 게 없어 이번엔 그냥 네고를 포기하는 쪽으로 생각을 굳혔다.

숙소를 잡고 어서 뱃속에 뭐든 넣고 싶다는 생각뿐이었다. 거짓말을 조금 보태면 샹차이와 각종 향신료로 무장한 중국의 그 어떤 음식도 다 먹어치울 기세였다. 뱃속이 비면 언제나 신경이 곤두섰다. 이런 상태로 운전기사와 실랑이해봤자 서로 감정만 상할 게 뻔했다.

트럭 운전기사는 한 가족을 더 태우고 느린 속도로 차를 몰았다. 그는 잠시 뒤 터미널에서 멀지 않은 곳에 있는 치와니커빈관 앞에 날 내려주었다. 예상대로 20원을 달라고 했다. 미련 없이 돈을 줬다. 사전정보에 따르면 5원으로 충분한 거리였다.

배낭을 메고 빈관을 향해 걸었다. 지금 상태로는 버거운 무게였다. 빈관은 여행자 숙소치고는 깔끔하고 컸다. 종업원들도 유니폼을 착용하고 있는 게 오랜만에 제대로 된 숙소를 찾아온 것 같았다.

"도미토리 있나요?"

"네?"

"도미토리요?"

"저희는 그런 방은 없습니다."

트레킹으로 지구 한 바퀴

124

혀두에서 시안까지   시안 체류   우루무치를 거쳐 카스로 여행자 숙소에서 도미토리란 단어를 알아듣지 못하다니, 뭔가 분위기가 이상했다.

"도미토리가 없다니요. 그럼 어떤 방이 있죠?"

"싱글룸이 있는데 가격은 하룻밤에 300원입니다."

"여기가 치와니커빈관 아닙니까?"

"그게 어디죠?"

"여기가 치와니커빈관이냐고요?"

"아닌데요."

악성빈혈에 걸린 것처럼 다리가 휘청거렸다. 트럭 운전기사의 얼굴이 떠올랐고 동시에 이루 말할 수 없는 짜증과 황당함이 밀려왔다. 공복의 힘은 컸다. 내 화는 이미 순식간에 한계치를 훌쩍 넘었다.

그렇다고 하룻밤에 300원짜리 방에서 잘 수는 없었다. 이 억울한 사연을 누구에게 하소연한다는 말인가. 움직이고 싶지 않지만 어디로든 가야 했다. 20원을 길바닥에 버린 참담하고 냉혹한 현실을 뒤로하고 다시 배낭을 멨다.

다행히 근처에 택시들이 줄지어 서 있었다. 자포자기 심정으로 택시를 불렀다. 택시기사는 여자였다. 내 경험으로는 여자 택시기사들은 대부분 여행자에게 호의적이었다. 조금은 안심이 됐다. 휴대폰을 꺼내 다시 치와니커빈관이라고 적힌 한자를 보여주었다. 택시기사는 잠시 생각을 하더니 목적지를 알고 있다는 밝은 표정으로 내 무거운 마음을 가볍게 해주었다.

'휴~' 안도의 한숨이 나왔다. 택시를 탄 곳에서 멀지 않은 곳에 목적지가 있었다. 5원을 내고 내렸다.

이번엔 제대로 찾은 것 같았다. 3인실 도미토리가 60원이라고 했다. 운 좋게 3인실 도미토리를 혼자 쓸 수 있었다. 여기도 규모가 제법 크긴 했지만 시설은 그리 좋지 못했다. 거기다 호텔식 건물로 지어져 여행자들 사이의 접촉이 거의 불가능했고, 와이파이가 안 된다는 결정적 단점이 있었다. 인터넷은 본관 1층 비즈니스센터에서 유료로 사용할 수 있었다.

곧장 레스토랑으로 향했다. 가장 무난한 지단차오판(달걀볶음밥)과 맥주 한 병을 주문했다. 허겁지겁 맥주 한 잔을 들이켜고, 밥알을 넘겼다. 정신이 좀 돌아오는 것 같았다.

얼마 먹지 않았지만 쉽게 포만감이 들었다. 그리곤 노곤함이 찾아왔다. 졸음이 몰려왔다. 침대버스의 긴장이 이제야 풀리는 것 같았다.

"마이딴." 계산서를 달라고 했다. 하지만 내 앞에 놓인 계산서는 날 다시 혼란 속으로 몰아넣었다. 계산서에는 서른여섯을 의미하는 '3' 자와 '6' 자가 나란히 적혀 있었다. 지단차오판이 6원이었고, 나머지 30원은 맥주 한 병 가격이란 얘기였다. 말도 안 되는 계산서를 잠시 뚫어져라 바라보며 종업원을 불렀다. 그는 맥주란 한자 옆에 다시 30이란 숫자를 써주었다. '아놔!' 두 번째 뒤통수였다.

카스에 사는 위구르 족들은 대부분 이슬람교 신자들이다. 이들은 거의 술을 입에 대지 않는다. 카스에서는 한족이 운영하는 가게를 찾아야 술을 살 수 있다. 그런 가게가 그리 많은 것도 아니다. 이런 곳에서 술을 주문한 게 실수였다.

황당한 계산서를 한동안 심드렁하게 바라봤다. 여행은 때론 빠져나갈 수 없는 시련을 선사하기도 한다.

* WIFI 1층 여행자안내소에서 유료로 사용 가능 / 규모 때문에 게스트하우스로 볼 수 없는 곳이다. 이곳보다는 유스호스텔로 가는 게 여러모로 여행에 도움이 된다.

카스에 왔다면 양꼬치를 꼭 맛봐야 한다. 숯불에 구운 양꼬치는 세계
일주 중 다섯 손가락 안에 드는 맛이었다.
카스에서 맛봐야 할 음식이 또 있다. 중국어로 라멘이라고 발음하는
'라만'과 '낭'이다. 낭은 위구르 사람들이 밥 대신 먹는 빵을 말한다.
카스의 시장 골목에 가면 낭을 굽는 모습을 흔히 볼 수 있다. 그러나
카스텔라 같은 부드러움을 기대하면 오산이다. 처음에는 프랑스의
바게트보다도 더 딱딱한 식감에 당황하게 된다.
라멘은 국수에 양고기·고추·토마토·가지양파마늘을 섞은 고명을 얹
고 비벼 먹는 면 요리다.

사진만 봐도 군침이 도는 카스의 양꼬치

기록에 따르면 마르코 폴로가 국수 만드는 법을 유럽에 전했다고 하
는데 이게 사실이라면 위구르 사람들이 주장하듯이 스파게티의 원
조는 라멘이 된다. 실제로 라멘을 먹고 나서 충분히 설득력 있는 주
장이라고 느낄 수밖에 없었다. 생김새나 맛이 스파게티와 여러모로
닮아 있다.

스파게티의 어머니, 라멘

16.

Let's driving ①

눈부시도록 아름다운 산맥의 향연 카라코람하이웨이!

모스크(이슬람교 사원) 근처에 새로 생긴 파미르유스호스텔로 숙소를 옮겼다. 여러모로 여행자들이 많은 숙소가 편했다. 당연히 와이파이도 쓸 수 있었다.

하지만 새벽 4시만 되면 모스크의 대형스피커를 통해 사방으로 울려 퍼지는 '아잔'은 군대 기상나팔 소리보다 더 곤욕스러웠다. 아잔은 이슬람교에서 예배 시각을 알리는 리듬 있는 육성을 말한다.

이날도 어김없이 동이 틀 무렵 무지막지한 아잔이 내 잠을 깨웠다. 연이은 이동으로 몸은 지칠 대로 지쳐 있었다. 쉬어갈지 떠날지 결정을 내려야 했다. 인생이 그렇듯 여행의 본질도 선택의 문제이긴 마찬가지다.

우루무치에 이어 다시 카스에서 만난 동갑내기 친구 정훈(가명)이는 전날 나에게 이곳에서 유명한 일요시장을 보고 월요일에 카라쿨 호수에 가자고 제안했다. 이렇게 되면 3~4일은 더 일정이 지체될 수밖에 없었다. 정훈이도 파키스탄으로 가는 길이었다. 카스와 타슈쿠르간 중간에 위치한 카라쿨 호수는 사진작가들이 평생 꼭 한 번 가보고 싶어 하는 곳이다. 살짝 고민이 됐다. 하지만 '도시 불감증' 환자인 나로서는 카스에 며칠을 더 머물러야 하는 상황이 마음에 들지 않았다.

새벽 5시 마음을 정리하며 조용히 샤워를 했다. 그리곤 까치발을 하고 살금살금 짐을 쌌다. 정훈이와의 약속은 더 이상 내 머릿속에 없었다. 막상 '야반도주'를 하려고 보니 미안한 마음이 들었다. 잠시 내 새털 같은 가벼움을 책망했다. 오지에서 만난 친구를 버리고 가는 게 그리 편치는 못했다.

배낭을 메고 20분 정도를 걸어 터미널에 도착했다. 터미널은 아직 굳게 문을 걸어 잠그고 있었다. 요기를 하려고 주변을 돌아다니는데 즉석에서 기름에 튀긴 빵(꽈배기 정도)과 따뜻한 우유를 파는 노점이 있어 한쪽에 자리를 잡았다. 설탕을 한 스푼 넣은 따뜻한 우유는 생각보다 별미였다. 빵 한 조각과 우유를 합해 3원을 지불했다. 노점은 매번 지갑뿐 아니라 마음까지 행복으로 채워준다.

터미널 문이 열리자마자 타슈쿠르간행 버스 티켓을 구매했다. 한동안 날 공포에 떨게 했던 미니버스가 기다리고 있었다. 버스 기사는 트렁크에 짐을 넣으란 말도 하지 않았다. 운전석 옆에 배낭을 놓았다. 조금 있자 한 아저씨가 고함을 지르기 시작했다. 느낌상 내 배낭이 문제인 것 같았다. 놀란 마음에 조용히 배낭을 집어 들었다. 중국인 아저씨는 자신의 가방이 내 배낭 밑에 깔린 게 마음에 들지 않은 모양이었다. 하고 싶은 이야기는 많았지만 모든 메시지를 눈빛에 담아 아

저씨를 빤히 쳐다보았다. 그때 운전석 옆자리에 앉아 있던 아주머니가 날 보고 손짓했다. 아주머니는 검지로 본인의 자리와 나를 번갈아 가리켰다. 자리를 바꾸자는 이야기였다. 두말할 필요가 없었다. 맨 앞자리에 앉아 카라코람하이웨이를 달린다면 이보다 좋을 수는 없었다.

카스를 빠져나온 버스는 가로수가 양쪽으로 길게 뻗어 있는 길을 여유 있게 달리기 시작했다. 카라코람하이웨이의 시작이었다.

한 시간 정도 지나 작은 마을에 버스가 정차했다. 버스 기사는 이곳에서 점심을 먹고 간다고 했다. 양꼬치와 라멘은 카스지역에서 꼭 먹어봐야 할 음식 중 하나다. 카스에서 맛본 양꼬치는 감히 최고라는 찬사를 붙여도 아깝지 않은 맛이었다. 라멘은 스파게티의 원조 격인 면 요리다. 토마토소스를 베이스로 하고 양고기에 피망 등이 함께 들어간 라멘은 스파게티를 그대로 빼닮았다. 역사적으로 따지면 스파게티가 라멘을 닮았다고 말하는 게 맞다. 맛은 좀 더 담백하고 동

① 카스
　（카라코람하이웨이
　　시작점）

② 타슈쿠르간

타지키스탄　　　　　　　중국

③ 쿤자랍 패스

소스트 ④

⑤ 파수 (훈즈밸리)

⑥ 훈자

파키스탄　　　⑦ 길기트

　　　　　⑧ 라이콧브리지

　　　　　⑨ 페리메두

⑩ 이슬라마바드　　　인도
　（KKH 종점）

양적이다. 라멘 한 그릇을 주문했다. 빨간색 소스를 두른 양고기와 각종 야채가 두툼한 면 위에 소담스럽게 담겨 나왔다. 스파게티에 길든 내 혀에 맛의 새 지평을 열어주는 음식이었다.

다시 버스가 뻥 뚫린 길을 달리기 시작했다. 슬슬 카라코람하이웨이의 감춰진 황홀한 실체가 드러나기 시작했다.

저 멀리 만년설산이 내 시야 전체를 채우고 있었다. 대평원이 지평선을 이룰 때쯤 엄청난 규모의 산맥이 불쑥 솟아올랐다. 장관이었다. 180도 와이드버전으로 설산이 굽이쳐 흐르는 모습에 눈을 뗄 수가 없었다. 앞자리에 앉은 건 행운이었다.

카라코람하이웨이의 황량함은 웅장함을 만들어 냈고, 웅장함은 지금까지 접하지 못한 산의 아름다움을 다시 보게 했다. 산 위에 내려앉은 눈은 마치 초코케이크를 덮고 있는 생크림 같았다. 그 아름다운 모습에 바람과 구름도 잠시 쉬어 가는 듯했다.

이곳에 오기 위해 리탕~캉딩 12시간, 캉딩~청두 8시간,

청두~시안 17시간, 시안~우루무치 30시간, 우루무치~카스 25시간 등 버스와 열차에서만 90시간을 보냈다. 집념의 승리였다.

카라코람하이웨이의 풍경은 충분히 그간의 고생을 보상해주고도 남았다. 눈앞에 펼쳐지는 절경에 탄성을 내지르는 사이 버스가 검문소에 도착했다. 모든 승객이 내려 신원을 확인하고 다시 버스에 올랐다. 그리곤 다시 인간의 힘으로 절대 구현할 수 없는 '자연'으로의 여행을 시작했다.

기다리던 카라쿨 호수가 다가왔다. 이 호수는 카라코람하이웨이의 거울이라 해도 과언이 아닌 곳이다. 파키스탄으로 넘어가지 않는 여행자들도 일부러 이 호수를 보기 위해 카스나 타슈쿠르간을 찾는다. 운이 좋으면 버스가 잠시 쉬어가기도 한다.

호숫가 주변에는 사진기를 들고 있는 사람들이 많았다. 호수 안에 담긴 설산 그리고 평화로이 풀을 뜯고 있는 말들… 한 폭의 그림이 따로 없었다.

"내추럴이네 정말. 아~ 내가 찾던 게 이런 건데…."

매일같이 이 구간을 다녀서 더는 감흥을 느끼지 못하는 걸까? 무심하게도 버스 기사는 이곳에서 브레이크를 밟지 않았다. 간간이 버스 기사가 담배를 물면 민첩한 행동으로 라이터를 건네주고 내가 할 수 있는 서비스는 다한 뒤라 실망은 더욱 컸다.

우울했던 기분도 잠시였다. 카라쿨 호수에서 타슈쿠르간까지는 흰색 분칠을 한 설산들이 에스코트를 해주었다. 왼쪽 오른쪽으로 눈길을 옮기기 바빴다. 그럴수록 시간은 빠르게 지나갔다. 버스는 카스를 떠난 지 7시간 만에 목적지에 도착했다. 중국 여정의 마지막 도시였다.

이용숙소 만족도 | 카스-파미르유스호스텔

|시설|가격|위생|친절|위치|

* WIFI 가능 / 모스크 바로 앞이라 소음이 굉장히 심하다. 다국적 여행자들을 많이 만날 수 있다. 투어신청도 가능하다.

이용숙소 만족도 | 타슈쿠르간-교통빈관

|시설|가격|위생|친절|위치|

* WIFI 가능 / 중국에서 최악의 숙소로 꼽는다.

눈이 녹고 따뜻한 날이 온 뒤에도 한참 있어야 열리는 길이 있다. 찬바람이 불기 시작하면 길은 곧 닫혀버린다.

세계 일주를 다녀온 사람들이 최고의 풍경으로 꼽는 '카라코람하이웨이(KKH)' 이야기다. 중국 카스에서 시작해 파키스탄 이슬라마바드까지 이어진 절대 비경을 간직한 이곳은, 보통 5월에서 11월 사이 통행이 가능하다. '카라코람'이란 말은 오고타이한국(汗國)이 수도로 정한 '카라코룸(검은 바위)'으로 통하는 관문이었던 데서 붙여진 이름이라고 한다. 이 길은 예로부터 실크로드의 한 갈래로 동서교역의 통로였으며 혜초가 불경을 가지러 인도로 갈 때 목숨을 걸고 통과했던 길이다.

4,700m의 쿤자랍 패스(일명 피의 고개)는 세계에서 가장 높은 국경으로 중국과 파키스탄을 연결한다.

원래 카라코람하이웨이는 사람이나 말이 간신히 지날 수 있는 좁고 가파른 길이었다. 중국과 파키스탄 정부는 1966년 양국 간의 교역로로 활용하고자 카라코람하이웨이 건설을 시작했고, 총연장 1,200km에 왕복 2차선 규모로 1980년 완공했다. 중국 쪽 길은 대부분 포장이 돼 있지만 파키스탄 쪽은 현재 포장공사가 한창 진행 중이다.

타슈쿠르간의 거리 풍경

17.
Let's driving ②
트레킹 천국 파키스탄을 향해

타슈쿠르간의 양꼬치구이도 일품이었다. 하지만 배를 채우기에는 역부족이었다. 살며시 옆 테이블에서 먹고 있는 걸 물었다. 이름은 '소멘'이라고 했다. 음식이 나온 뒤 보니 면을 얇게 뽑아 파스타처럼 토막을 낸 거였다. 맛은 파스타 이상이었다. 저녁 식사를 하곤 타슈쿠르간에서 숙소로 잡은 교통빈관으로 돌아와 홀로 조촐하게 중국의 마지막 밤을 맥주 한 병으로 자축했다. 집 떠난 지 33일째 되는 날이었다.

오전 9시부터 시작된다는 출국수속에 맞춰 출입국사무소(하이관)로 향했다. 교통빈관 여사장은 길을 묻는 나에게 왼쪽으로 가라는 말뿐이었다. 몇 번이나 다시 길을 물었지만 왼쪽 이상의 대답은 나오지 않았다. '무성의'란 단어밖에는 떠오르지 않았다.

숙소를 나와 길을 묻고 물어 20분을 걸었다. 목적지는 카라코람하이웨이를 따라 도시 외곽에 자리 잡고 있었다. 하이관은 쥐죽은 듯 조용했다. 나보다 먼저 출국수속을 기다리고 있던 사람은 단 한 명뿐이었다.

'앗!'

제대로 속은 느낌이었다. 직감적으로 오전 9시 시작된다는 출국수속은 베이징 타임이 아닌 신장 타임이란 생각이 들었다. 이곳의 공식적인 시간은 베이징 타임을 따르지만, 일상생활에서는 2시간이 늦은 신장 타임을 쓰는 게 일반적이었다.

카스 버스터미널에선 베이징 타임으로 시간을 안내받았기

카라코람하이웨이(KKH) *

중국에서 파키스탄으로 넘어가는 관문

때문에 공무원들도 이 시간에 따라 일을 하는 줄 알았다. 짧은 생각이었다. 업무가 시작되려면 2시간을 기다려야 한다는 얘기였다.

먼저 도착해 있는 사람은 '한잼'이란 파키스탄 사람이었다. 시간이 과하게 남아 간단히 아침을 먹을 겸 캔 커피와 비스킷을 사왔다. 혼자 먹기가 뭐해 한잼에게 비스킷을 좀 갖다 주니 수줍어하면서 건네받는 모습이 나쁜 사람 같지는 않았다.

그런데 이건 또 무슨 하늘의 조화란 말인가! 호기심에 하이관 정문 유리창 너머로 안쪽을 들여다보고 돌아서는데 땅바닥에 거금 50원이 떨어져 있는 게 아닌가!

그래도 이걸 날로 먹을 순 없었다. 최소한의 매너를 지켜야 했다. 한잼에게 50원짜리 지폐를 보여주며 혹시 잃어버린 돈이 없냐고 물었다. 그는 짧게 자신의 돈이 아니라고 했다. 내가 돈을 줍든 말든 별로 관심이 없는 듯했다. 흐뭇하게 50원을 호주머니에 찔러 넣었다. '전화위복'이란 말이 너무나 잘 어울리는 상황이었다.

오전 11시쯤 횡재한 돈 50원을 더해 버스 티켓을 샀다. 파키스탄으로 넘어가는 국제버스의 가격은 255원쯤 했다. 이날 파키스탄 소스트로 넘어가는 사람은 나를 포함해 총 4명뿐이었다. 나를 제외하면 모두 파키스탄 사람들이었다.

출국수속이 시작될 때쯤 중국과 파키스탄을 연결하는 국제버스가 도착했다. 그런데 국제버스라는 말이 무색하게도 내가 타고 가야 할 버스는 낡아빠진 미니 봉고였다. 시트는 해질 대로 해져 있었고, 손으로 시트를 털면 빈대들이 마구 튀

하이관 주변 풍경

어 오를 것만 같았다. 좋건 싫건 파키스탄으로 넘어가는 유일한 교통수단이었다.

출국수속이 시작됐다. 하이관 직원은 내 여권의 속지 한 장 한 장을 자외선검사기에 비춰보는 꼼꼼함으로 날 긴장시켰다. 그 덕에 출국도장을 받는 시간이 무척 길어졌지만, 심사는 순조로웠다.

버스에서 출발을 기다리는 내게 젊은 군인 한 명이 다가왔다. 그는 날 보자마자 앉은 자리에서 비키라고 했다. 카라코람하이웨이의 마지막 중국검문소까지 동행할 군인이었다. 시키는 대로 앞자리로 자리를 옮겨 파키스탄 아저씨 2명 사이에 끼는 신세가 됐다. 사진을 찍기에는 최악의 자리였다.

잠시 뒤 버스는 하이관을 빠져나왔다. 다시 카라코람하이웨이가 시작됐다. 연신 카메라 셔터를 눌러댔다. 푸른 평원 위에 위구르 족의 생활이 그대로 펼쳐졌다. 양 떼와 야크 무리가 평화롭게 풀을 뜯고 있고, 낙타를 타고 어슬렁거리던 목동은 버스를 보고 손을 흔들었다. 마을 아낙네들도 지나가던

차를 보면 인사를 해주었다. 당장 버스에서 내리고 싶은 충동이 솟구쳤다. 우리나라에선 지나가던 차에 손을 흔드는 일이 택시에만 해당하는 일이지 않나. 참 정겨운 모습이었다.

국제버스가 비탈길을 오르기 시작했다. 슬슬 중국 쪽 카라코람하이웨이가 막바지에 다다른 분위기였다. 멀리 빨간색 지붕의 마지막 검문소가 눈에 들어왔다. 버스가 바리케이드에 막혀 멈춰 섰다. 군인 한 명이 잠시 머뭇거리더니 나에게 말했다.

이름만 '국제'인 국제버스

국경을 통과한 뒤에도 카라코람하이웨이의 비경은 계속된다.

"패스포트!"

그는 출국도장과 파키스탄 비자를 확인하곤 아무 말 없이 마지막 검문소를 통과시켜 주었다.

버스가 시커먼 매연을 내뿜으며 해발 4,700m의 '쿤자랍 패스'를 넘고 있었다. 감개무량한 순간이었다. 눈을 감았다. 감상 따위는 없었다.

'고생도 이런 고생이 없네. 이러다 집에 못 가는 건 아닐까? 어쨌건 굿바이~ 차이나~'

• 깨알 정보 •

카라쿨 호수는 해발 3,600m에 있으며 파미르 고원에서 가장 높은 호수다. 이 호수는 1년 내내 만년설로 덮여 있는 마즈타가타 산(7,545m), 콩구르타그 산(7,649m), 콩구르튜베 산(7,530m)이 둘러싸고 있다.
카라쿨 호수는 카스에서 카라코람하이웨이를 따라 타슈쿠르간 방향으로 약 200km 정도 떨어진 곳에 위치한다. 이곳에 방문하기 위해서는 카스나 타슈쿠르간에서 투어를 알아보는 방법이 가장 손쉽다.
한편 타슈쿠르간은 중국과 파키스탄의 국경인 쿤자랍 패스를 지나기 전 마지막 도시로 이곳에서 출국수속을 밟고, 파키스탄과 중국을 연결하는 국제버스를 타야 국경을 넘을 수 있다.

카라코람하이웨이(KKH)

여행이 편할 줄만 알았다.

보고 먹고 자면 되는 줄 알았다.

그러나 이것만으로 여행은 온전치 않았고 만족스럽지 못했다.

여행도 넥타이를 매고 회사에 다니는 것처럼 어렵긴 마찬가지였다.

여행 안에서 자유로웠지만 여행은 또 다른 숙제를 안겨주었다.

직장을 잡고 보통 사람으로 살아가기 위해 몸부림칠 때 여행은 점점 의식 속에서 사라져 갔다.

어쭙잖은 지식과 경험을 믿고 허세를 부리며 자만에 빠져 살던 시절이 있었다.

세계 일주의 시작 중국은 교만한 나를 일깨워주었다.

국경을 넘으며 난 여행을 다시 보고 있었다.

그리고 중얼거렸다.

"여행이 여행이 아니었구나!"

아시아 - 파키스탄

히말라야의 서쪽
그곳엔
파키스탄이 있다

여행 개요

파키스탄에 있는 산 중 K2를 제외하고는 거의 모든 지역이 무료입장을 원칙으로 한다. 트레커에게 이보다 좋은 환경은 아마 없을 것 같다. 물가도 환상적이다.

중국에서 국경을 넘은 사람들은 파키스탄 사람들의 순박함과 친절함에 입을 다물지 못하게 된다.

여행의 시작은 파키스탄 카라코람하이웨이의 국경 마을 소스트에서 시작된다. 구체적인 여행 루트는 소스트~파수~훈자~길기트~페리메도우~이슬라마바드였다.

훈자까지의 길은 멀고 험했다. 홍수와 산사태로 도로가 유실돼 버스~배~버스~스즈키를 타야 하는 복잡한 과정을 거쳐서 훈자에 도착할 수 있었다.

훈자에서 더할 나위 없이 멋진 시간을 보낸 뒤 트레킹의 거점도시인 길기트로 이동해 페리메도우 트레킹을 결정하게 된다. 페리메도우 트레킹을 하려면 지프를 타고 지옥 길을 거슬러 올라야 한다. 그럼 살아 숨 쉬는 진짜 요정(?)을 만날 수 있다.

그리고 평생 못 잊을 50시간 초장거리 버스여행을 시작하는데….

주요 트레킹 지역

파키스탄은 트레킹의 천국 같은 곳이다. 아직 세상에 알려지지 않은 비경이 트레커들을 기다리고 있는 나라다. 내가 파키스탄에서 선택한 트레킹 코스는 파수의 윤즈밸리, 훈자의 울트라메도우, 길기트의 페리메도우였다.

여행지가 몰려 있는 파키스탄 북부지역은 접근이 쉽지 않고, 트레킹 관련 기반이 잘 갖춰져 있지 않다. 특히 도로 사정이 좋지 않기 때문에 다양한 코스를 돌아보기 위해서는 상당한 시간과 체력이 뒷받침돼야 한다. 운이 없으면 도로가 유실돼 접근 자체가 어려울 수도 있다. 이런 이유로 더 많은 트레킹 코스를 접해보지 못한 건 아쉬움으로 남는다.

게이지로 살펴본 파키스탄

영어통용 · 물가 · 음식 · 숙소 · 이동 · 치안 · 사기 · 분노 · 여행 종합난이도

여행은 설렘으로 다가오지만 누군가에게는 모터사이클 다이어리처럼 평생의 사상과 의미가 됩니다. 필자의 '평생 다시 없을 여행'이라는 문구가 제게는 아름다운 삶의 시작으로 다가옵니다.

_**여름날비처럼**(ayrtonsenna)

처음 얼굴을 마주쳤을 때 시니크한 웃음이 너무 매력적이던 작가의 리얼버라이어티 처절 생계형 세계여행 후기… 그래서 더더욱 우리에게 생생하고도 가슴에 확! 와 닿는 그런 이야기다.

_**탈가이**(talguy)

Trekking 4. 윤즈밸리

❶ 소스트 도착 | 이상한 나라 이상한 사람들

❷ Let's trekking | 파수 게스트하우스 뒷산이 주는 풍경

1.

소스트 도착

이상한 나라 이상한 사람들

홀가분했다.

중국의 마지막 검문소를 지나면서 영어가 통하는 나라에 온 게 무엇보다 기뻤다. 중국인들은 으레 날 동포로 취급했다. 내 면전에 자연스럽게 중국어를 난사했고, 그때마다 난 손을 가로저었다. 중국인의 불친절로 인상을 찌푸리는 일도, 터무니없이 비싼 관광지 입장료로 고민하는 일도 더 이상 없을 거라 확신했다. 내 마음속은 새로운 기운으로 충만했다.

쿤자랍 패스를 넘어서자 카펫처럼 폭신한 포장도로는 덜컹거리는 비포장길로 바뀌었다. 디지털이 아날로그로 바뀐 것 같았다. 고대하던 파키스탄 땅이었다. 첫 번째 체크포인트에서 파키스탄 군인들은 나에게 아무것도 묻지 않았다. 그저 눈인사로 날 환영할 뿐이었다. 그들의 편안한 표정에선 권위와 가식을 찾아볼 수 없었다. 외국인에 대한 호기심이 묻어날 뿐이었다.

파키스탄 땅은 중국과는 완전 다른 모습으로 날 흥분시켰다. 중국 쪽 카라코람하이웨이가 여성스러운 곡선으로 표현된다면, 파키스탄 쪽은 남성스러운 굴곡이 특징이었다. 꼭 지리산과 설악산을 보는 듯했다.

국경 마을 소스트에 도착할 때까지 몇 번의 체크포인트를 지났다. 이때마다 검문소에서는 "패스포트"란 말 대신 내 국적을 물을 뿐이었다.

역시나 일본인들의 방문이 잦은 곳답게 처음에는 날 일본인으로 보는 사람이 많았다. 그들은 코리아란 말을 듣고는

남성적 굴곡을 지니고 있는 파키스탄 땅의 풍경(소스트 가는 길)

무척이나 반가워했다.

내가 타고 온 버스에는 3명의 파키스탄 사람이 동승하고 있었다. 물론 운전기사도 파키스탄 사람이었다. 운전스타일은 중국과 비슷했지만 자동차 경적을 시도 때도 없이 눌러대는 중국인들의 몰상식함과는 차이가 있었다. 차가 조금 튀면 버스 기사는 뒤돌아 날 보고 웃어주었다. 차가 잠시 멈춰 있을 때도 강압적으로 차에 올라타라고 말하는 중국 버스 기사와는 극명하게 달랐다. 내가 준비가 될 때까지 기다렸다가 부드럽게 권유하는 스타일이었다. 확실히 여유가 있었다.

같이 국경을 넘은 아민잔과 한잼. 이들은 내게 파키스탄의 첫인상을 심어주는 결정적 잣대가 되는 인물들이었다.

아버지뻘 되는 아민잔은 타슈쿠르간에서부터 날 지극히 챙겼다. 특히 입에 맞지 않는 양고기 만두를 끊임없이 권해 날 곤혹스럽게 했다. 아민잔은 만두를 사양하는 내게 "플리즈~"란 말로 매번 날 무너뜨렸다. 한잼은 묵묵히 내 짐을 챙겨주고 파키스탄에 대해서 이것저것 자세히 설명해 주었다.

버스는 중국을 떠난 지 7시간 만에 소스트에 도착했다. 검역서류를 작성하고, 작은 사무실에서 입국 도장을 받았다. 모든 게 편안한 분위기 속에서 이뤄졌다. 이들의 질문은 "오늘 소스트에 머물 거냐? 파수로 갈 거냐?"가 다였다. "잘 모르겠다"는 내 대답에 그들은 더 이상 질문을 던지지 않았다. 소스트에 괜찮은 숙소를 추천해 달라고 하면 바로 숙소를 알아봐 줄 분위기였다.

본격적으로 트레킹을 즐길 수 있는 파수로 직행할 수도 있었지만 소스트에서 하룻밤을 보내기로 했다. 파키스탄 입국과 동시에 시간의 흐름이 갑자기 느려진 듯했다. 서두를 필요가 없었다.

"오늘 어디서 머무실 건가요?" 아민잔에게 물었다.

"오늘 여기서 자고 내일 아침 일찍 길기트로 갈 거야. 내가 알고 있는 숙소가 있으니 같이 가지."

아민잔은 왜 지금에서야 그걸 물어보냐는 눈빛이었다.

아민잔을 따라나서는 것이 잘하는 짓인지 판단이 서지 않았다. 그가 짐수레에 내 배낭을 실으라고 했다. 하지만 나중에 돈을 내라고 할 것 같아 배낭을 직접 들고 그를 따라 나섰다. 중국과 분위기가 달라졌다고는 하나 아직 긴장을 풀기에는 파키스탄이란 나라에 믿음이 없었다.

출입국사무소에서 멀지 않은 숙소에 여장을 풀었다. 아민잔이 나에게 물었다.

"혼자 잘 거니?"

"네."

"아니야! 하룻밤만 보내면 되는데 같은 방을 쓰지. 숙박비도 절약할 수 있고 말이야."

"그게?"

"플리즈~" 난 또 무너졌다.

아민잔은 한쨈과 내가 같이 쓸 수 있는 3인실 방을 잡았다. 그는 "오늘 넌 내 게스트니 방값으로 100루피(1,300원)만 내면 된다"며 "먹고 싶은 게 있으면 돈 걱정하지 말고 언제든 말하라"고 했다.

당장 환전을 해야 했다. 아민잔은 친절하게 날 작은 상점으로 데려갔다. 생각보다 환율이 괜찮았다. 무슨 생각으로 처음 보는 나에게 이런 호의를 베푸는지 도저히 이해가 가질 않았다. 사람, 풍경, 물가… 모든 게 비정상이었다.

'혹시 남자를 좋아하나? 다음날 만신창이가 된 채 카라코람하이웨이 한가운데 버려지는 건 아니겠지? 혹시 내 짐을 털려고 하나?'

불길한 생각이 엄습했다. 이런 친절이 결코 반갑지만은 않았다. 아민잔이 '짜이(밀크티)'를 주문했다. 아민잔과 한쨈이 먼저 마시는 걸 보고 조심스럽게 찻잔에 입을 댔다. 혹시 약을 타지 않았을까 주저했지만 달달한 걸 좋아하는 내 입맛에는 그만이었다.

아민잔은 차를 한 잔 마시고 나자 저녁을 먹으러 가자고 했다. 이들은 날 숙소 한쪽에 마련된 동네 사랑방 같은 곳으로 데려갔다. 방안은 어두웠다. 전기가 들어오지 않는 모양이었다. 가스램프 하나가 힘겹게 어둠을 밀어내고 있었다. 자리에 앉자 20개의 눈알이 낯선 황인종을 쏘아보기 시작했다. 그 자리에는 십여 명의 파키스탄 사람들이 모여 있었다. 덜컥 겁이 났다. 저녁식사 자리로는 너무 음산한 분위기였다. 한국이었다면 은은한 가스램프 빛이 캠핑장에 와 있는 듯한 느낌을 줬겠지만, 방안의 기운은 무겁기만 했다.

드디어 올 것이 오고 만 건가. 날 어디로 끌고 가려는 거지? 혹 인신매매범들이 아닐까? 불안은 극에 달했다.

극도의 긴장 속에서 아민잔이 날 "한국에서 온 친구"로 소개했다. 그는 북경과 상해 등을 둘러보고 귀국하는 길이었다. 아민잔은 비디오카메라를 꺼내 사람들에게 중국의 모습을 자랑스럽게 보여주었다. 영상은 솔직히 그리 놀라운 게 아니었지만 난 중국이 대단하다며 박자를 맞춰주었다. 살고 싶으면 어쨌건 이들의 비위를 맞춰야 했다. 여기서 경박한 세 치 혀를 잘못 놀렸다가는 쥐도 새도 모르게 카라코람하이웨이 어딘가에 묻혀버릴 수도 있었다.

잠시 뒤 닭고기 수프에 국수가 곁들여진 이름 모를 음식이 나왔다. 종일 먹은 거라곤 비스킷과 입에 맞지 않은 만두가 다였다. 게 눈 감추듯 한 그릇을 해치웠다. 맛은 그만이었다. 한 그릇 더하라고 누군가 권유했다. '이렇게 얻어먹어도 별 탈이 없을까' 하는 불안감에 "배가 찼다"고 마음에도 없는 거짓말을 지껄이고 말았다. 잠시 뒤 10인분 치 계산서를 손에 들고 있을지 모를 일이었다.

식사 뒤 아민잔은 차를 주문했다. 사양하고 또 사양했지만 그는 이번에도 "플리즈"란 말로 내 입에서 "오케이"란 말을 이

식사하는 모습조차 경건해 보이는 한잼

끌어 냈다. 아민잔의 음성에는 거부할 수 없는 오묘한 힘이 있었다.

짜이를 한 잔 마시고 정중히 감사의 인사를 한 뒤 한잼과 먼저 자리에서 일어났다. 한잼은 숙소에 돌아오자마자 기도를 올렸다. 다음날 눈을 뜨자 아민잔과 한잼은 또 기도를 하고 있었다.

다행히 밤사이 걱정했던 일은 없었다. 모든 게 이상할 뿐이었다.

이용숙소 만족도 | 소스트–아민잔이 잡아 준 출입국관리소 인근 게스트하우스

	가격		친절	위치

* WIFI 불가능 / 전체적으로 좋은 시설은 아니지만, 직원들이 친절했다.

중국에서 파키스탄으로 넘어가기 위해서는 사전 준비가 필요하다. 무엇보다 중요한 것이 파키스탄 비자다. 그런데 파키스탄 비자는 제3국에서는 받을 수가 없다. 한마디로 중국에서는 파키스탄 비자 취득이 불가능하다는 이야기다. 카라코람하이웨이를 달려보고 싶다면 서울 이태원에 위치한 파키스탄 대사관을 먼저 방문해야 한다.

제출 서류는 여권사본, 사진 2장, 영문 여행계획서, 영문 재직증명서(직업이 없으면 영문 등본 한 통), 호텔 예약증, 비행기 예약증(중국을 거쳐 입국할 예정이라면 중국행 비행기 티켓 제출)이 필요하고 현장에서 파키스탄 방문 시 트레킹을 하지 않는다는 간단한 서약서를 쓰라고 한다. 내 경우 'I'm not going to trekking and never enter districted areas.'라고 쓰고 무사히 통과했다. 서약서라고 해서 심각한 문서를 요구하는 건 아니다. 파키스탄 정부가 이런 형식적인 서약서를 쓰게 하는 건 트레킹 중 발생하는 사고에 대한 책임소재 때문이라고 한다.

호텔 예약증의 경우 이를 대행해 주는 업체가 있으니 인터넷을 잘 뒤져보면 된다. 간혹 인터뷰를 하는 경우도 있다. 비자를 받고 3개월 이내에 입국해야 비자가 효력을 발휘한다.

파수 전경

2.

Let's trekking!

파수 게스트하우스 뒷산이 주는 풍경

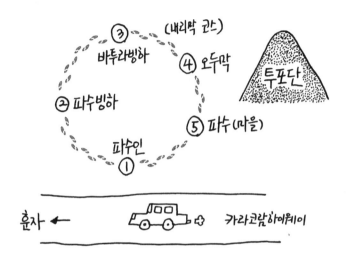

윤즈밸리 트레킹 개요

🌿 교통편

소스트에서 파수로 가는 버스를 이용하면 된다. 첫차는 새벽 5시쯤에 있다. 훈자에서 파수로 이동할 계획이라면 일단 알리아바드에서 후싸이니로 가서 배를 타야 한다.

🌿 트레킹 코스 및 시간

파수인~파수빙하~초원~바투라빙하~오두막~파수인(원점회귀코스), 7시간

🌿 코스 분석

윤즈밸리 트레킹은 파수인 뒤편에 감춰진 파키스탄 히말라야를 감상할 수 있는 코스다. 그러나 모래와 자갈이 뒤덮인 트레킹 초반은 만만치 않다. 조금 더 길을 가면 초원이 펼쳐지고, 엄청난 크

기의 빙하를 감상할 수 있다. 그러나 기본적으로 매우 건조한 모래·자갈길을 걸어야 하는 코스 탓에 등산화는 필수다. 자칫 다리를 삐거나 급경사에서 발이 미끄러질 위험이 있다.

🌿 최적시기
봄부터 가을

🌿 난이도
하

🌿 준비물
물과 행동식, 모자

🌿 숙소
파수인

🌿 팁
들머리(트레킹 시작점)와 날머리를 모르기 때문에 안전한 트레킹을 위해서는 가이드를 쓰는 게 낫다. 가이드 비용은 우리 돈 15,000원 정도다. 트레킹 처음부터 끝까지 그늘이 거의 없는 코스다. 모자와 충분한 식수를 챙기는 게 좋다. 중간에 물을 구할 데가 없다.

🌿 전체 평
카라코람하이웨이의 남성미를 물씬 느낄 수 있는 코스다. 트레킹 끝에 이르면 파수의 상징 투포단과 아름다운 마을을 한눈에 내려다 볼 수 있다. 끝없이 펼쳐지는 웅장한 빙하에 그만 넋을 놓게 된다.

버스정류장을 찾을 필요도 없었고, 버스요금 때문에 실랑이할 필요도 없었다.

다음날 아침 난 모든 걸 아민잔에게 맡겼다. 그가 앉으라는 자리에 앉으면 됐고, 내라는 돈을 내면 그만이었다.

졸고 있던 날 아민잔이 깨웠다. 눈앞에 파수의 상징 '투포단'이 엄청난 위용을 드러내고 있었다. 카라코람하이웨이의 또 다른 절경 중 하나였다.

잠시 뒤 배낭여행자들이 가장 많이 찾는 숙소 '파수인' 앞에 버스가 정차했다. 아민잔과 한잼에게 감사인사를 하고 진한 악수를 나누었다. 하룻밤 동안 경험한 파키스탄은 맑고 순박했다. 중국과는 확연히 달랐다. 모든 게 편안했다. 아민잔과

투포단, 이름만큼 거친 산세가 시선을 사로잡았다.

한잼이 탄 버스가 사라질 때까지 난 흙먼지 속에서 눈을 뗄 수가 없었다.

…파수인 체크인 시간은 오전 7시가 조금 안 된 이른 아침이었다. 온수가 나오지 않는 1인실 방을 400루피를 주고 잡았다. 파키스탄의 물가는 환상적이었다. 1인실 방이 단돈 5,000원에 해결됐다. 짐을 풀고 곧장 '윤즈밸리 트레킹'에 나섰다. 가이드는 파수빙하를 보고 윤즈밸리를 한 바퀴 도는 데 7시간 정도가 걸린다고 했다.

한 시간 정도 산을 오르자 웅장한 파키스탄 히말라야의 비경이 한눈에 들어왔다. 어디다 내놓아도 손색없는 풍경이었다. 거기다 산에 들어가는 까다로운 입산절차도, 여행객을 피곤하게 하는 호객꾼도 없었다. '순수'란 단어와 가장 잘 어울리는 모습이었다.

파키스탄은 진작부터 꼭 와보고 싶었던 나라였다. K2 트레킹, 낭가파르바트를 볼 수 있는 페리메도우 트레킹 등의 유명코스가 아니더라도 무명의 절경이 곳곳에 숨어 있는 나라

가 바로 파키스탄이다. 윤즈밸리 트레킹도 역시 내 기대를 저버리지 않았다. 파수는 그 시작일 뿐이었다.

• 깨알정보 •

파수에 도착했다면 본격적으로 파키스탄 히말라야의 절경을 직접 몸으로 느낄 수 있다. 특히 파수에서 1986년 외부에 개방된 심살마을로 방향을 잡을 수도 있다. 해발 3,000m에 위치한 심살마을에서는 심살 파미르까지 왕복으로 5일짜리 트레킹을 즐길 수 있다. 심살 트레킹의 백미는 파미르 호수 주변이다. 하지만 해발 4,700m 고지를 넘나드는 고산지역을 하루 7~8시간씩 걷는 코스는 초보자에게 무리일 수 있다. 포터 섭외 등의 트레킹 준비는 심살마을에 도착한 뒤에도 할 수 있지만, 파수의 대표적인 여행자 숙소인 파수인 주인에게 부탁해도 된다.

이용숙소 만족도 | 파수-파수인

가격	위생	친절	위치
☺ ☺	☺	☺	☺ ☺

* WIFI 불가능 / 파수에서 가장 잘 알려진 여행자 숙소. 주인장이 돈에 민감하다.

'이상한 나라의 앨리스'가 된 기분이 이럴까?
몸이 커지지도 작아지지도 않았다.
내가 밟고 서 있는 이 땅에 존재하는 모든 것들이
날 어리둥절하게 만들 뿐이었다.
사람이 그랬고, 풍경이 그랬다.
내가 그토록 파키스탄을 열망한 이유였다.
이제야 난 웃을 수 있었다.
그리고 행복했다.

파수빙하

때로는 외롭고, 때로는 긴장되며, 때로는 감동적인… 글을 읽어 내려가는 순간부터, 난 한 권의 여행기를 읽는 것이 아니라, 저자와 함께 여행에 동참하고 있었다.

_안영진(cdma1000)

여행은 자신의 인생에 배워야 할 지식과 희로애락을 아우르는 공부의 시작이다.

_whochu(lgtwins486)

Trekking 5. 울트라메도우

훈자의 상징 발티드성과 설산이 만들어내는 풍경은
세계 일주 제1경으로 꼽을 만큼 아름다웠다.

3.

파수에서 훈자로

'훈자' 블랙홀에 빨려들다

다음날 아침 일찍 짐을 꾸렸다. 궁극의 목적지는 장수마을 훈자였다. 파수에서 훈자로 가려면 일단 '후싸이니' 선착장으로 가서 배를 타야 했다. 배에서 내린 뒤 다시 버스를 타고 알리아바드(뉴훈자)까지 간 다음 이곳에서 '스즈키'라고 불리는 작은 미니버스를 타고 20분 정도 더 가야 흔히 훈자라고 말하는 '카리마바드'에 도착할 수 있다. 버스~배~버스~스즈키를 타야 하는 여정이었다.

버스를 기다리고 있는데 동네 주민이 후싸이니로 간다며 차를 세웠다. 가격을 물으니 200루피를 달라고 했다. 버스는 100루피였지만 시간도 시간이고 편하게 갈 수 있어 오케이를 했다.

후싸이니에 도착해 기다리고 있던 작은 통통배에 몸을 실었다. 현지인 뱃삯은 100루피가 정가다. 그런데 외국인에게는 300~500루피를 부른다고 했다. 하나둘 사람들이 배에 오르고 중국인 여행자(남성) 두 명도 집채만 한 트렁크를 질질 끌며 배에 올랐다. 그들은 날 보더니 중국어를 난사하기 시작했다. "쏘리?" 난 영어로 대답했다. 여기까지 와서 또 중국어 스트레스라니….

잠시 뒤 뱃놀이에 들떠 있는 중국인 트렁크족에게 뱃사공이 다가와 300루피씩 내라고 했다. 난 모른 척 뒤돌아섰다.

'나도 싸잡아 300루피 내라고 할 게 뻔한데, 차라리 나한테 먼저 물어보지….'

운이 좋지 못했다. 예상대로 그들은 별 저항 없이 300루피

씩 헌납했다. '어휴! 도움 안 되는 것들.'

"헤이!"

분명 날 부르는 소리였다. 고개를 돌려 보니 뱃사공은 손가락 3개를 펼쳐 보이고 있었다.

"무슨 300루피! 파키스탄 사람들은 100루피잖아."

"넌 외국인이라 300루피 내야 해."

"이해가 안 되네."

"중국 사람들도 300루피 냈잖아."

"중국 사람들이 300루피 낸 건 내 알 바 아니야."

"어쨌건 넌 300루피야."

"말도 안 돼. 파키스탄 사람은 100루피만 받으면서 왜 외국인에게만 300루피를 받는 건데. 100루피만 낼 거야!"

언쟁이 일자 주변의 시선이 모두 나한테 꽂혔다. 주변은 쥐 죽은 듯 고요했다. 모두 결과에 촉각을 곤두세우는 듯했다. 300루피를 낸 멍청한 중국인들도 벌레 씹은 얼굴로 날 주시하고 있었다. 잠시 뒤 남산만큼 입이 나온 내게 상급자로 보이는 사람이 다가왔다.

"원래 외국인은 300루피를 내야 해. 그런데 네가 300루피를 낼 수 없다면 내가 200루피를 대신 내줄게, 오케이?"

이 무슨 '귀신 씨나락 까먹는 소리'란 말인가. 어안이 벙벙했다. 얼떨결에 난 고개를 끄덕였지만 사실 배에서 내리라고 하면 어쩌나 하고 마음을 졸이던 차였다. 끝까지 300루피를 내라고 하면 그냥 주고 말았을 돈이었다. 가만히 생각해보니 300루피를 낸 중국인들을 의식한 말 같았다.

'푸~아~하.'

표정을 드러낼 수는 없었지만 속으로는 미칠 듯이 좋았다. 배낭여행족과 트렁크족의 현격한 전투력 차이를 보여주는 장면이었다. 여행을 시작하고 가장 큰 쾌감을 맛본 순간이었다.

엔진이 요란한 굉음을 내며 배를 밀어냈다. 배가 에메랄드 빛 강물을 거슬러 오르기 시작했다. 유쾌하고 통쾌한 뱃놀이의 시작이었다.

선착장에 당도하기 직전 중국인들을 제외한 모든 승객은

파수에서 훈자로 가는 길에 한 번은 꼭 타야 하는 배.
선착장이라고 할 만한 시설이 보이지 않는 곳에서 사람들이 배를 기다리고 있다.

뱃사공에게 뱃삯으로 100루피씩을 냈다. 이렇게 싸워 세이브 한 돈은 달랑 2,600원 정도였지만, 기분은 26,000달러짜리였다.

그런데 여기서 끝이 아니었다. 배에서 내리려고 보니 경찰이 검문을 하고 있었다. 경찰은 중국인들에게 트렁크를 열어보라고 한 뒤 꼼꼼히 짐을 검색했다. 다음은 내 차례였다.

"어느 나라 사람인가요?" 경찰이 내 앞길을 막고 물었다.

"한국에서 왔습니다."

"패스."

'크~아아~악~' 코리아의 완승이었다. 형언할 수 없는 기쁨이 밀려들었다. 난 이 순간만큼은 가슴 한쪽에 태극기를 달고 있는 국가대표였다.

배에서 내려 다시 버스에 올랐다. 옆자리에 앉은 파키스탄 청년은 내 여행에 관심이 많았다. 그리고 북한에 대해 많은 걸 물었다. 파키스탄에서 북한의 인지도와 인기는 내 예상을 뛰어넘는 수준이었다. 이명박 이름은 몰라도 김정일과 김정은은 모두 알고 있었다.

뉴훈자(알리아바드)에 내려 올드훈자(카리마바드)로 가는 스즈키를 타기 위해 이곳저곳을 기웃거리고 있을 때였다. 내게 북한 이야기를 한참 묻던 친구가 나타나 모든 걸 해결해주었다. 스즈키를 타고 태국의 카오산, 이집트의 다합과 더불어 배낭여행자들의 세계 3대 '블랙홀'로 손꼽히는 훈자에 도착했다.

"와우!" 사방이 설산으로 둘러싸인 그림 같은 마을이었다. '올드훈자인(Old Hunza Inn)'에 여장을 풀었다. 올드훈자인까지는 스즈키에서 만난 또 다른 청년이 안내해주었다. 그에게 "돈이 필요해서 그러냐"고 물었다. 그는 "자신의 마을을 방문한 외국인에 대한 친절일 뿐"이라며 손사래를 쳤다.

파키스탄 사람들은 낯선 여행자를 그냥 지나치는 법이 없었다. 진실하고, 친절했다. 돈을 요구하는 법도 없었다. 그들의 해맑은 미소는 매번 마음의 문을 쉽게 열게 했다. 난 점점 삶을 대하는 이들의 태도에 매료되고 있었다.

좁다란 훈자의 골목을 걸을 때, 그동안 잊고 살았던 그 무언가가 가슴 깊은 곳으로부터 스멀스멀 흘러나오는 기분이었어.

문장에 몸을 얹혀 말한다면 시간이 머물다 간다. 말의 의미들이 해까지 동행을 멈추고 바람도 꽃지 나무에 머물러 쉬어 가는 곳 훈자...

히말라야 산맥에 둘러싸인 훈자는 파키스탄을 방문하는 여행자들에게 가장 인기 있는 장소다. 특히 이곳은 세계 3대 장수 마을로, 90세 이상의 건강한 노령 인구가 많은 것으로 유명하다. 또 훈자는 일본 애니메이션 〈바람계곡의 나우시카〉의 배경이 되는 곳으로, 일본인 여행자를 쉽게 볼 수 있다.

훈자에 가기 위해서는 2가지 방법이 있다.

하나는 비행기로 이슬라마바드로 가서 750km를 거슬러 올라가는 방법이고, 또 하나는 한국과 중국 우루무치를 연결하는 직항편을 이용한 뒤 카스, 타슈쿠르간을 거쳐 국경을 넘는 방법이다.

만약 이슬라마바드로 입국했다면, 훈자까지 24시간 정도 버스를 타고 비포장도로를 달려야 한다. 훈자까지의 여정은 길고 험하다.

훈자 계곡의 중심은 발티드성이 자리한 카리마바드로 여행자들이 주로 머무는 곳이 바로 여기다. 카리마바드는 해발고도 2,438m에 자리하고 있는데 봄이면 살구·복숭아·자두·사과·앵두나무가 피어오르고 가을이면 빨갛게 익은 사과와 노랗게 물든 포플러 나무가 수를 놓는다.

훈자에서 즐길 수 있는 트레킹 코스는 울트라메도우, 이글네스트, 호퍼 등이 일반적이다. 특히 마을 사이로 미로처럼 형성된 수로를 따라 걷는 하이킹은 훈자에서만 할 수 있는 독특한 여행이 된다.

조금 더 난이도 있는 트레킹을 원한다면 7,000m대 고봉인 라카포시 베이스캠프에 도전할 수 있다.

훈자를 여행하기 가장 좋은 계절은 4월부터 9월이다. 많은 여행자가

살구꽃이 피는 4월을 최고로 꼽기도 한다.

아! 훈자에는 ATM이 없다. 돈을 찾기 위해서는 길기트까지 가야 한다. 훈자에선 현찰이 있어야 한다.

이용숙소 만족도 | 훈자-올드훈자인

시설	가격	위생	친절	위치

* WIFI 불가능 / 백발 사장과 그의 아들은 그리 친절한 편이 아니지만, 조용히 지낼 만한 곳이다. 방값이 싼 게 가장 큰 매력이다.

4.

Let's trekking!

레이디핑거 아래서 황홀했던 백패킹!

스). 가장 한국산과 닮은 코스라고 볼 수 있다. 마찬가지로 이 코스도 모래·자갈길을 걸어야 한다.

울트라메도우 트레킹 개요

🌿 교통편
훈자에서 도보로 이동할 수 있다.

🌿 트레킹 코스 및 시간
훈자~발티드성~울트라메도우(원점회귀), 5~6시간

🌿 코스 분석
발티드성을 기준으로 들머리를 잡아 산으로 들어서면 오르막이 시작되고, 울트라메도우에 당도할 때까지 경사가 이어진다(외길코

🌿 최적시기
봄부터 가을

🌿 난이도
하

🌿 준비물
물과 행동식

🌿 팁
곳곳에 가파른 길이 나온다. 난간이나 안전시설이 없기 때문에 긴장을 늦춰선 안 된다.

🌿 전체 평
장비가 허락된다면 꼭 백패킹(텐트 치고 자는 것)을 해보길 바란다. 장비가 없다면 훈자에서 돈을 주고 빌릴 수 있다. 고요한 아침 구름 한 점 없는 레이디핑거의 모습은 아무나 볼 수 있는 게 아니다. 수로를 따라 하산하면 훈자의 또 다른 모습을 볼 수 있다.

울트라메도우 *

훈자에 온 지 일주일의 시간이 흘렀다.

요일을 따지지 않고, 날짜를 세지 않는 나날이 이어지고 있었다. 여행 시작과 동시에 생겨난 변화이지만 훈자에선 특히 더 시간 개념을 잡기가 힘들었다. 이곳에선 모든 게 느렸다. 밥을 주문하면 사람부터 찾고 쌀을 씻는다. 그럼 어림잡아 한 시간은 족히 흘러간다.

오늘 아침엔 어젯밤에 샤워하고 난 물이 내려가지 않아 배수구를 뚫는다고 부산을 떨었다. 숙소 주인과 종업원 그리고 내가 화장실에 옹기종기 모여 펌프질을 하는 걸로 하루를 시작했다. 전기가 들어오면 밖에 나갔다가도 서둘러 방으로 돌아와야 했다. 충전해야 할 기기가 한둘이 아니었다.

이날은 불행하게도 훈자에 딱 하나밖에 없는 PC방이 문을 닫았다. PC방에서 사용하는 전기는 발전기를 돌려 만든다. 발전기 소리로 영업 중임을 알리는 곳이다. 그것도 매번 가서 발전기 소리를 들어봐야 알 수 있다. 24시간 영업은 먼 나라 이야기다. 인터넷은 연결이 끊기기 일쑤다.

밤에 외로움을 못 참고 이웃 숙소로 마실을 갈 때면 헤드 랜턴을 들고 엉금엉금 돌담길을 걷는다. 훈자에서 할 수 있는 최고의 경험은 '느림'이다.

며칠 전에는 카스에서 야반도주한 뒤 연락이 끊긴 정훈이가 훈자로 왔다. 그도 훈자의 매력에 푹 빠져 지내고 있었다.

하지만 무턱대고 늘어져 있을 수만은 없었다. 내겐 트레커란 본업이 있었다. 울트라메도우는 훈자에서 가장 손쉽게 오를 수 있는 곳이다. 마을 꼭대기에 우뚝 서 있는 발티드성 뒤쪽으로 나 있는 계곡을 따라 올라가면 3~4시간이면 울트라메도우에 닿을 수 있다.

애당초 트레킹은 나와 히로(일본인) 그리곤 훈자에 한 달 넘게 장기체류 중인 '윤'이란 친구가 함께하기로 했다. 그런데 히로는 트레킹 당일 배탈이 났다. 그 바람에 윤과 둘이 울트라메도우 트레킹에 나서게 됐다. 길을 모르는 나를 위해 윤이 일일가이드를 해주고 그 대신 난 샌드위치를 사기로 했다. 윤이 묵고 있는 카리마바드인에서 샌드위치와 김치볶음

울트라메도우 전경

밥을 챙겨 트레킹을 시작했다(참고로 카리마바드인에서는 간단한 한식을 주문할 수 있다).

말수가 적은 윤에 대해서는 집이 인천이란 것 말고는 아무것도 아는 것이 없었다. 우린 서로에 대해서 묻지 않았다. 훈자에선 그래도 이상할 것이 없었다. 사람도 풍경도 모두 비현실적이었다.

울트라메도우로 향하는 길은 전혀 쉽지 않았다. 발이 푹푹 빠지는 자갈과 모래가 섞인 길은 체력 소모가 심했다. 딱 설악산의 오색~대청 코스 수준의 난이도였다. 거기다 곳곳이 절벽이라 조금만 발을 헛디뎌도 바로 객사할 수 있는 위험이 도처에 도사리고 있었다.

윤은 바로 하산할 계획이었지만 난 울트라메도우에서 하룻밤을 보내기로 했다. 세끼 식사와 텐트·버너·매트리스·침낭 등을 챙기고 밤을 즐겁게 해 줄 '훈자워터'로 불리는 밀주도 배낭 깊숙이 넣어 두었다. 이슬람교에서는 술을 마시거나 제조하는 걸 금지하고 있지만 훈자지역에선 로컬증류주

가 암암리에 유통되고 있었다.

배낭이 생각만큼 무거웠던 건 아니지만 만만치 않은 경사가 발걸음을 무겁게 했다. 가벼운 배낭을 멘 윤에 비해 자꾸만 뒤처지는 게 신경이 쓰였다.

'얼마나 멋진 풍경이기에… 젠장.'

마지막 오르막이었다. 낑낑거리며 마지막 한 발을 내디뎠다. 숙소를 출발한 지 3시간 15분 만이었다. 순식간에 시야가 열렸다. 울트라메도우의 상징 레이디핑거가 구름 사이로 수줍게 얼굴을 내밀었다. 그 아래로는 푸른 목초지가 펼쳐졌다. 순토시계는 해발 3,100m를 찍었다.

소와 양들이 유유자적 풀을 뜯고 있는 풍경은 '에덴동산'이라도 되는 것처럼 평화롭고 한가로웠다. 올라오면서 수십 번도 더 되뇌던 '내가 이 짓을 왜 하지?'란 반문이 한순간에 사라졌다.

초원 한쪽에 텐트를 치기 시작했다. 목동과 수로 공사를 하는 마을 사람들이 신기한지 인사를 건네 왔고, 소와 양들도

구름 사이로 울트라메도우를 상징하는 레이디핑거의 모습이 흐릿하게 보인다.

내 주위에 몰려들었다. 겁 없는 양 한 마리는 음식 냄새를 맡고는 텐트 안을 뒤졌다.

이번 여행에서 첫 번째 야영이 주는 느낌은 남달랐다. 그간 애지중지한 장비들이 빛을 발휘하는 순간이기도 했다.

물을 끓였다. 그리고 아끼고 아끼던 커피믹스를 꺼냈다. 달콤한 커피 향이 코끝을 간질였다. 지금 기분에 커피 한 잔은 여러모로 부족했다. 훈자워터를 꺼내 이른 주안상을 차렸다.

잠시 뒤 큰 울림이 계곡을 때렸다.

"저기 폭포 같은 거 보이시죠. 눈사태가 나서 눈이 흘러내리는 거예요." 윤이 말했다.

"눈사태요?"

멀리서 하얀 눈이 큰 폭포를 만들며 흘러내리고 있었다. 눈사태가 아름다울 수 있다는 걸 처음 알았다.

…다음날, '휘~ 후두둑! 후두둑! 휘~잉.' 텐트가 심하게 요동쳤다. 비를 동반한 바람이 텐트를 이리저리 할퀴고 있었다. 시계는 오전 7시를 가리켰다. 비가 멈추길 기다렸다 텐트

문을 열고 나갔다.

'이런 맙소사!'

구름 한 점 없이 청명한 하늘 아래 레이디핑거의 모습이 온전히 드러나 있었다. 푸른 초원은 금세 황금빛으로 물들었다. 이런 황홀한 절경을 아는지 모르는지 한쪽에선 소와 양들이 사이좋게 풀을 뜯고 있었다. 레이디핑거를 반찬 삼아 아침을 먹고 있자니 수로 공사를 위해 마을 사람들이 하나둘 모여들었다. 그들은 내게 짜이 한 잔을 내밀었다. 생각지도 못한 후식이었다.

백패킹에서 빠지면 안 될 바비큐를 하지도 못했고, 말벗이 있는 것도 아니었다.

하지만 혼자라서 더욱 좋은 아침이었다.

이날만큼은….

백패킹 다음날, 맑은 하늘 아래 자태를 드러낸 여인의 손가락, 레이디핑거

훈자에서는 비교적 손쉽게 '훈자워터'로 불리는 로컬증류주를 구할
수 있다. 몇몇 상점에서는 맥주를 팔기도 하지만 현지 물가에 비해서
엄청나게 비싼 가격이다.

훈자는 다른 지역에 비해서 상대적으로 외국인과 타 문화에 대한 거
부감이 적은 곳이다. 술에 대한 이들의 생각도 어느 정도 융통성이
있는 듯했다. 그렇다고 처음 보는 이방인에게 처음부터 술을 내미는
곳은 절대 아니다. 일단 현지인과 친해져라. 그리고 이렇게 살짝 부
탁해보자.

"오늘 밤 한잔할 수 있을까요?"

5.

훈자 온천 탐방

무시무시한 언덕을 기어 내려가 발견한 온천

훈자를 떠나기 전 정훈이, 히로와 함께 근처 온천에 다녀오
기로 했다. 셋이서 왕복 1,500루피를 주고 지프를 대절했다.
지프를 운전하는 아민은 온천에 한 번도 가본 적이 없다고
했다. 온천으로 향하는 네 명의 남자 모두 초행길을 달리고
있었다. 비포장도로의 먼지가 여과 없이 온몸을 뒤덮는 지프
여행은 생각보다 이색적이었다. 아프리카에서 사파리를 하
면 이런 느낌일까?

훈자에서 한 시간 정도를 달려 어렵사리 온천으로 이어지는 아담한 마을을 찾았다. 마을 주민이 말하길, 마을 안쪽으로 들어가야 온천으로 이어지는 길이 나온다고 했다.

잠시 뒤 내 얼굴은 사색이 됐다. 온천으로 이어지는 길은 성인 한 명이 겨우 통과할 수 있는 가파른 절벽이었다. 이런 길을 걸어야 하는 줄 알았으면 절대로 슬리퍼를 신고 오지 않았다.

난 아민에게 "이 길이 맞냐?"고 수차례 물었다. 그럴 때마다 아민은 자신 있게 "맞다!"는 말을 되풀이했다.

미끄러운 슬리퍼를 신고 깎아지른 듯한 절벽을 내려가다 보니 머리카락이 쭈뼛 섰다. 겁이 났다. 나름 산을 많이 탔다고 생각했지만 이 정도 공포감을 주는 길은 어디에도 없었다. 되돌아가고 싶었다. '차에서 기다릴게'라는 찌질한 말을 내뱉고 싶었다.

하지만 정훈이와 히로는 이런 상황을 즐기는 듯했다. 후들거리는 다리에 바짝 힘을 주며 아민의 뒤를 쫓았다. 한 발

누가 이 길을 온천 가는 길이라고 상상할 수 있단 말인가?

한 발 옮길 때마다 다리가 후들거리는 건 어쩔 수 없었다.

절벽 길은 돌멩이가 하나만 빠져도 그대로 무너질 것 같이 위태위태해 보였다. 온천을 가는 길인지 황천을 가는 길인지 분간이 되질 않았다. 밑을 내려다보지 않으려고 해도 자꾸만 시선이 아래로 향했다. 왔던 길을 다시 올라가고 싶은 생각뿐이었다.

난간도 없는 벽에 손을 대고 몸을 최대한 바짝 안쪽으로 붙여 조심스럽게 절벽을 내려왔다. 어떻게 내려왔는지 정신이

울트라 메도우

하나도 없었다. 손에 땀이 흥건했다.

아민을 쫓아 왼쪽으로 꺾어진 길을 따라가 보니 이번에는 산사태로 길이 끊겨 있었다.

"진짜 이 길 맞아?" 다시 아민에게 물었다. 의구심이 사라지지 않았다. 가만 보니 한쪽에 희미하게 길이 나 있었고 작은 폭포가 나왔다. 폭포는 폭포인데 마을의 생활용수가 그대로 쏟아지는 개운치 않은 곳이었다. 폭포수가 튀지 않길 기대했지만, 폭포의 물줄기는 우악스러웠다. 머리 위로 물이 쏟아지지 않는 걸 다행으로 여겼다.

폭포를 지나자 드디어 온천이 등장했다.

"뭐야 이게!"

"뭐긴, 여기가 온천이야."

"어디서 목욕해?"

"저기 보이는 돌담."

"헐~"

약간 유황 냄새가 나는 것이 온천이 맞긴 했는데 기존에 내

가 갖고 있던 온천의 개념으로는 설명이 안 되는 모습이었다.

강변 한쪽 온천수가 솟아나는 곳에 동네 사람들이 돌담을 만들어 수시로 목욕을 하는 장소였다. 탕은 고사하고 온천이란 푯말조차 없었다.

온천수는 24시간 365일 그대로 강으로 흘러들고 있었다. 목욕을 하고 싶으면 입장료 대신 목숨을 담보로 맡기면 됐다. 그 대가로 온천수를 무제한 공급받을 수 있었다.

다행인 것은 몸을 가릴 수 있는 돌담이 세워져 있어 볼품없

는 나체가 자연과 하나 되는 일은 없을 것 같았다. 돌담 안에는 각종 일회용 샴푸 껍질이 나뒹굴고 있었다. 확실히 온천이 맞긴 한 것 같았다.

그런데 이상하게 파키스탄의 온천은 목욕하고 싶은 마음을 순식간에 앗아갔다. 작렬하는 햇빛으로도 열은 충분했다. 이런 날씨에 펄펄 끓어오르는 물에 샤워라니 일사병 내지는 열사병에 걸릴 것만 같았다.

"난 목욕 안 할래!"

결국, 참고 있던 한마디를 입 밖으로 내뱉고 말았다. 모두 날 이해한다는 표정이었다. 강렬한 햇빛 아래 모두 말이 없었다. 그늘 한 평 없는 이곳이 싫었다. 어서 빨리 혼자로 돌아가고 싶었다. 정훈이도 나와 비슷한 생각인 듯했지만 여기까지 온 게 아깝다고 했다.

정훈이는 대충 몸에 물을 찍어 바르고 서둘러 목욕을 끝내 버렸다. 다음은 히로였다. 깔끔한 성격의 히로는 예상과 달리 입고 있던 옷을 다 벗고 샤워를 시작했다. 온천의 나라 일본 출신다웠다.

"오호! 베리~굿!"

"히로! 진짜 좋아?"

"응. 최고야!"

히로의 한마디는 내 우유부단한 마음에 불을 지폈다. 새털 같은 가벼움을 주체하지 못하고 난 히로가 목욕을 다 끝낼 즈음 신발을 벗고 있었다. "나 목욕할래." 아민은 날 이상한 눈으로 쳐다봤다.

기왕 하는 거 제대로 하고 싶었다. 옷을 다 벗고 파이프에서 쏟아져 나오는 온천수에 몸을 적셨다. 따끈한 물이 그런대로 괜찮았다. 챙겨온 미니 거울을 꺼내 면도부터 하고 머리를 감고 제대로 온천욕을 즐겼다. 온천수는 생각보다 몸을 개운하게 해주었다. 그 사이 정훈이는 원탕에 넣어 둔 날달걀을 이리저리 만지작거렸다. 뜨겁게 데워져 껍질을 벗기기조차 힘들었다. 달걀 하나를 꺼내보니 제대로 완숙이 돼 있었다. 흰자위에 준비해 간 소금을 뿌려 한입 먹어보니 별미

중에 별미였다.

일단 목욕을 했으면 개운한 맛이 좀 오래가야 하는데 다시 생활용수 폭포를 지나 '헉헉'거리며 절벽을 올라야 했다. 목욕을 하자마자 땀이 흐르기 시작했다. 어디 그뿐인가. 다시 창문 없는 지프에 오르자 이번에는 흙먼지로 온몸이 뒤범벅 됐다. 숙소에 도착해 다시 샤워를 해야 할지 말아야 할지 깊은 고민에 빠졌다.

…12일간 훈자에서 스포츠카를 탄 거북이처럼 시간을 보냈다. 훈자는 이번 여행 중 가장 안락하고 편안한 휴식처였다. 성격 급한 내가 이곳에 열흘을 넘게 있었다.

훈자의 돌담길을 걷고 있으면 동네 꼬마들이 몰려들었다. 그리고 한 손 가득 자기 집 마당에 열린 체리를 따다 주었다. 그리곤 내 손을 잡고 살구나무를 향해 달려갔다. 아이들의 미소가 좋았다. 고향에 온 듯 따뜻했다. 저녁을 먹곤 쏟아지는 별빛 아래 누워 이야기꽃을 피웠다. 다시 올 것 같지 않은 마법 같은 하루가 훈자에서 일상처럼 흘러오고 흘러갔다.

2013년 6월 탈레반이 낭가파르바트 베이스캠프에서 등산객 11명을 살해하는 사건이 발생했다.

페리메도우는 파키스탄에서 빼놓을 수 없는 여행지다. 세계 9위 봉 낭가파르바트 베이스캠프로 가는 길목이자. 아름다운 풍광으로 잘 알려진 곳이다. 페리메도우에 머물던 시간이 너무나 인상 깊어 다시 한 번 가보고 싶은 장소이기도 하다. 그런데 이곳과 가까운 베이스캠프에서 총기 난사 사건이 발생하다니…. 사실 처음에 이 기사를 접하고 입을 다물 수가 없었다. 이 사건이 꽤 유명해진 모양이다.

파키스탄 여행을 계획하고 있는 분들 가운데 "정말 파키스탄이 위험하나?"고 질문하는 사람이 많았다. 하지만 훈자·페리메도우가 위치한 길기트 지역은 여행자들에게 위험한 곳이 아니다. 탈레반의 활동 거점은 더더욱 아니다.

내게 파키스탄 훈자 등은 위험이 비껴가는 마술과도 같은 장소였다. 여행을 계획했다면 나로서는 취소해야 할 이유를 찾지 못하겠다.

"그러다 파키스탄 가서 사고 나면 책임질 건가요?"

"책임 못 집니다! 낯선 여행지에서 길 가던 아주머니를 붙들고 길을 물었죠. 그 아주머니가 가르쳐준 곳으로 걸어가다 넘어져 다치면 아주머니에게 치료비를 내라고 하나요?"

선택은 자기 몫이다. 용기 있는 자만이 남이 못 본 걸 볼 수 있다. 이 글을 쓰면서도 다시 자문해 본다. "내게 훈자가 위험한 곳이었나?"

저 멀리 마을 아래 훈자 강이 굽이쳐 흐른다.
체리나무가 붉은색으로 물들어 간다.
길을 가다 탐스러운 체리를 입속에 넣으면 그만이다.
나뭇가지들은 바람을 벗 삼아 그들만의 소리로 대화한다.
눈길이 닿는 곳마다 설산이 여행자들을 반겨준다.
옆방에 두 달째 머물고 있는 파키스탄 청년 조헵은 매일 감미로운 기타 소리로 아침을 깨운다.
저녁이면 그의 방은 '사랑방'이 된다.
음악 소리에 맞춰 난 노트북을 연다.
그리곤 담배 한 대를 물고 그의 방문을 두드린다.
답례로 박수 이상 좋은 선물은 없었다.
검은색 도화지를 가득 채운 별들이 음악에 맞춰 초롱초롱한 빛으로 화답한다.
이 시간만큼은 감상에 빠져도 좋다.
전기는 하루에 채 한 시간이 안 들어온다.
방안 곳곳에 초가 타오른다.
숙소 방명록 한 구석에 한글로 적힌 '앉으나 서나 전기 생각'이란 문구가 무척 반갑다.
빙그레 웃음이 나온다.
마을 사람들과 친근한 인사로 하루를 시작한다.
뒷짐을 지고 느린 걸음으로 마을 산책에 나선다.
빨리 걸을 이유가 없다.
가지각색의 표정들이 날 반긴다.
하루 사이 바뀐 건 아무것도 없다.

여인네의 웃음소리가 담을 타고 넘어온다.
호기심이 발동한다.
담장 너머로 시선을 옮긴다.
한 아이가 나를 보곤 눈을 떼지 못한다.
아이들이 펜을 달라며 쫓아온다.
그 뒤로 수줍은 듯 설산이 구름으로 장막을 친다.
걷다 힘들면 찻집에 들어가 '짜이' 한 잔으로 여유를 부려도 좋다.
카메라 렌즈 안의 훈자는 동화 속 작은 왕국 같다.
매일 마법 같은 일상이 흐른다.
평화롭고, 조용하게 그리고 따뜻하게….
오늘 하루 아무것도 한 것이 없다.
내일의 계획도 없다.
마음이 내키면 길을 따라 산을 오르면 그뿐이다.
이 모든 게 훈자에선 가능하다.
단 하나 아쉬운 게 있다.
아니 안타까움이다. 혼자인 것이.

인샬라~

내 속에 잠자고 있던 여행이라는 마약을 다시금 자극한다. 한 장 한 장 여행기가 아닌 저자의 열정과 땀이 어우러진 삶을 느낄 수 있다.
_김순영(ksy5978)

누구나 한 번쯤 해보고 싶지만, 누구도 쉽게 도전할 수 없는… 어떤 이들에게는 미친 짓이라고 욕도 먹고, 어떤 이들에게는 선망의 대상이 되기도 했던 한 트레커의 지구 탐방기가 지친 삶에 활력이 된다.
_soki79(soki79)

Trekking 6. 페리메도우

페리메도우에는 요정이 살았다는 전설이 전해진다.

6.

Let's trekking!

요정이 살았다는 페리메도우 트레킹과
내 앞에 나타난 진짜 요정들

페리메도우 트레킹 개요

🌲 **교통편**

길기트 버스터미널에서 라이콧브리지행 버스를 타면 된다. 라이콧브리지에서 다시 지프를 렌트해 젤까지 가면 본격적인 트레킹이 시작된다.

🌲 **트레킹 코스 및 시간**

젤~페리메도우(원점회귀), 5시간

이슬라마바드 ← 카라코람 하이웨이 → 길기트

① 라이콧브리지
⋮ 지프 이동
② 젤
⋮ 3시간 코스
③ 페리메도우
⋮ 베이스캠프까지
⋮ 트레킹 가능(왕복 8시간)
④ 낭가파르바트 베이스캠프

낭가파르바트

코스 분석

지프에서 내려 페리메도우까지는 3시간이면 도착할 수 있다. 하지만 오르막이 계속되고 파키스탄 특유의 건조한 길이 계속된다.

최적시기

봄부터 가을

난이도

하

준비물

물과 행동식

숙소

브로드 뷰, 라이콧 사라이

팁

라이콧브리지에서 지프를 대절할 경우 현지 주민들이 가격을 담합하고 있어 협상이 쉽지 않다. 단체로 이동하는 편이 훨씬 경제적이다. 또 페리메도우까지는 혼자서도 충분히 해낼 만한 코스다. 그러나 페리메도우에서 낭가파르바트 베이스캠프까지 다녀올 생각이라면 가이드를 고용하는 게 안전하다.

전체 평

요정이 살았다는 페리메도우와 낭가파르바트의 모습은 평생 잊지 못할 추억을 만드는 데 충분해 보인다.

길기트에서 며칠 정비를 한 뒤 낭가파르바트를 볼 수 있는 페리메도우 트레킹을 위해 버스에 올랐다. 페리메도우 트레킹을 위해서는 3시간 정도 버스를 타고 길기트 남쪽에 자리 잡은 라이콧브리지까지 가는 게 먼저였다.

라이콧브리지에서 내리는 승객은 나뿐이었다. 손님 맞이라도 하듯 모래바람이 휘몰아쳤다. 고약한 날이었다. 다리 앞에는 지프 기사들이 모여 있었다. 그들이 나를 발견하고 지프를 대절할 거냐고 물었다. 가격은 6,000루피였다. 혼자 감당하기에는 버거운 가격이었다. 페리메우도 트레킹을 하려면 라이콧브리지에서 트레킹 시작점까지 차량을 이용해야 한다. 물론 걸어가도 되지만 앞뒤로 배낭을 메고 산길을 몇 시간 동안 걷는 건 무리였다.

이 지역 주민들은 지프 대절비용을 담합하고 있어 협상은 불가능했다. 지프 기사들이 흥정을 걸어왔지만 깎으려는 나와 협상이 될 턱이 없었다. 기다림의 시간이 시작됐다. 다른 여행자가 나타나 지프를 조인해야만 트레킹이 가능한 상황이었다.

모래바람 속에서 한 시간 정도 기다렸을 때쯤 5명의 파키스탄 여행자들이 나타났다. 모두 남자들이었다. 천운이었다. 그들에게 다가가 정중히 지프를 같이 빌릴 수 있느냐고 물었다. 그들은 편도에 700루피만 내라고 했다. 손쉽게 딜이 됐다.

지프를 타고 오르는 길은 아찔했다. 지프 한 대가 간신히 다닐 수 있는 길은 간담을 서늘케 했다. 타이어가 50cm만 밖으로 밀려나도 그대로 이승과는 생이별이었다. 깎아지른 절벽 밑은 천 길 낭떠러지였다. 간이 콩알만 해졌지만 지프 기사는 능수능란했다. 절벽을 깎아 만든 길 위에 지프가 위태

로운 모습으로 멈춰 섰다. 지프 기사는 보닛을 열고 물을 채워 넣기 시작했다. 잠시 내려 낭떠러지 밑을 바라봤다. 오금이 저려왔다. 제대로 눈을 뜨고 볼 수 있는 광경이 아니었다.

무시무시한 길을 한 시간 정도 오르자 길이 끊겼다. 지프가 갈 수 있는 한계점이었다. 이곳에서부터 페리메도우까지는 보통 2시간 30분 정도 오르막을 올라야 한다.

지프를 같이 타고 온 친구들을 따라 나섰다. 필요한 짐만 챙기고 배낭 하나는 근처 게스트하우스에 맡겨 놓을 심산이었다. 점심도 먹어야 했다. 그런데 어쩌다 보니 아무 생각 없이 계속 이 친구들을 쫓아가고 있었다.

"너희들 어디까지 가니?"

"너 페리메도우 간다며?"

"중간에 게스트하우스 없니?"

"지나왔는데… (게스트하우스는) 밑에 있던 게 전부야."

"진짜?"

아침, 점심을 거르고 내가 가진 짐을 모두 메고 산길을 오

트레킹으로 지구한 바퀴

차 바퀴에 튕겨나간 돌멩이가 끝도 없이 굴러 떨어지는 곳,
페리메도우 가는 '죽음의 절벽길'

르고 있었다. 이건 내가 계획했던 일이 결코 아니었다. 다리가 후들거리며 눈이 빙빙 돌기 시작했다. 금방이라도 하늘이 노랗게 변할 것만 같았다. 더 이상 산을 오르지 못하고 털썩 그 자리에 주저앉고 말았다. 산은 먹은 만큼 오를 수 있다. 그래서 정직하다. 계속 가든지 내려가든지 결정해야 했다.

이 길을 내려갔다 다시 올라오는 건 상상하기도 싫었다. 신발 끈을 고쳐 묶었다. 어찌 됐건 가야 했다. 각오를 다시 새롭게 하고 배낭을 메려고 할 때였다. 보다 못한 파키스탄 친구 하나가 내 큰 배낭을 자기가 메겠다고 나섰다. 괜찮다고 했지만, 그는 막무가내였다.

"오늘 너는 내 게스트야." 이 친구는 중국에서 파키스탄으로 넘어올 때 아민잔이 했던 말을 토씨 하나 틀리지 않고 내뱉었다.

가는 길에 몇 번이나 배낭을 바꾸자고 했지만, 그는 기어코 페리메도우까지 내 배낭을 들어주었다. 한순간에 '민폐남'이 되었다. 고맙기 그지없었다. 산에서 남에게 내 배낭을 맡겨

본 건 난생처음이었다.

해발 3,300m까지 올라가야 하는데 배낭 속에는 입지도 않는 옷·빨래·넷북 등이 잔뜩 들어 있었다. 이건 말도 안 되는 상황이었다. 산을 좀 아는 사람이 봤으면 혀를 찼을 일이다. 무식하면 용감하다고 했다.

"아!"

3시간 뒤 페리메도우에서 하룻밤만 보내려고 했던 생각을 단숨에 바꿔주는 비경이 눈앞에 펼쳐졌다. 낭가파르바트의 웅장한 위용과 페리메도우의 아기자기한 아름다움이 동시에 눈에 들어왔다. 페리메도우에는 요정이 살았다는 전설이 내려온다. 진짜라고 믿고 싶을 만한 장관이었다. 탄성이 절로 흘렀다.

초원 한쪽에는 시냇물이 흐르고 작은 웅덩이엔 낭가파르바트가 그대로 담겨 있었다. 예쁜 엽서그림이 따로 없었다. 여기까지 그 생고생을 하고 왔는데 하룻밤은 예의가 아니었다. 하루에 150루피를 내고 텐트를 치기로 했다. 서둘러 잠자

리를 만들고 버너를 꺼내 마지막 남은 신라면을 끓였다. 오늘 나를 구원해준 진짜 요정들을 불러 한 젓가락씩 나눠 먹으니 냄비는 순식간에 바닥을 드러냈다. 어느새 친구가 돼버린 이들에게 라면을 더 대접하지 못하는 손이 미안하기만 했다.

페리메도우에 어둠이 내려앉았다. 한쪽에선 모닥불이 피어올랐다. 양 한 마리가 지글거리며 통째로 익어갔다. 통구이 바비큐 주변으로 사람들이 하나둘 몰려들었다. 입맛만 다시고 있는 내게 누군가 양고기 한 점을 내밀었다. 체면을 차릴 새도 없이 날름 고기를 받아 게걸스럽게 입에 물었다. 입안으로 양고기 육즙이 진하게 퍼졌다. 그는 환하게 웃는 내게 다시 양고기를 썰어 내밀었다. 고기를 씹으며 하늘을 올려다봤다. 페리메도우의 밤하늘은 검은 도화지 위에 은빛 가루를 뿌려 놓은 것처럼 반짝였다.

'양고기를 썰고 있는 사람이 설마, 요정은 아니겠지?'

낭가파르바트는 세계에서 9번째로 높은 산이다. 파키스탄에서 K2에 이어 2번째로 높은 산이기도 하다. 낭가파르바트는 우르두어로 '벌거벗은 산'을 의미한다. 셰르파어로는 '악마의 산'이라 불린다. 이 산의 남쪽은 4,500m의 루팔 벽이 버티고 있다. 히말라야를 오르는 등반가들에게 안나푸르나 남벽·마칼루 남서벽과 더불어 가장 어려운 코스로 꼽히는 곳이다.
루팔 벽은 1970년 이탈리아인 라인홀트 메스너가 첫 등정에 성공했고, 우리나라에서는 1999년 엄홍길이 등정에 성공했다.
만약 페리메도우 트레킹을 하지 않았다면 나도 엄청난 거벽을 한눈에 볼 수 있는 루팔 코스를 선택했을 것 같다. 특히 루팔마을은 파키스탄에서도 아름답기로 소문이 난 곳이다.
루팔 벽을 보기 위해서는 우선 길기트에서 지프를 대절해 타라싱까지 7시간 정도를 달려야 한다. 트레킹은 타라싱을 시작으로 헤르리히코퍼베이스캠프(3,550m)~샤이기리(3,655m)~타라싱으로 이어지며 2박 3일이 소요된다.

이용숙소 만족도 | 길기트-마디나 게스트하우스

시설	가격	위생	친절	위치

* WIFI·PC방이 따로 있음. / 배낭여행자들의 집결지다. 트레킹 동
  행을 구하기 손쉽다.

페리메도우에서의 하루

"눈물이 날 것 같았어!"

페리메도우에서 백패킹을 한다면
아마도 이 숙소에 돈을 지불하고 앞마당을 빌려야 할 것이다.
사진은 숙소의 주방 풍경으로, 아줌이와 그 옆의 남자가 인상적이어서
나도 모르게 셔터를 눌렀다.

"똑, 똑, 똑." 빗방울 떨어지는 소리에 잠을 깼다. 텐트를 나
서니 낭가파르바트가 흰 구름 모자를 쓰고 있었다.

피톤치드를 듬뿍 머금은 상쾌한 공기가 폐 속의 더운 공기
를 밀어냈다. 기지개를 켜고 주변을 둘러봤다. 싱그러운 아
침이었다.

전날 내 배낭을 들어 준 파키스탄 친구들이 낭가파르바트
베이스캠프에 다녀올 계획이라며 인사를 건네 왔다. 이들은

날 보고 같이 트레킹을 하자고 했다. 못해도 왕복 6~7시간은 걸리는 거리였다. 이런 오지 트레킹에서 가장 힘든 부분은 음식 조달이었다. 기껏해야 비스킷 조각으로 허기를 달래야 하는 처지에 베이스캠프까지 다녀오는 건 무리였다.

친구들을 배웅하고 혼자서 페리메도우 근처를 산책했다. 동네 아이들이 드넓은 초원에서 크리켓을 하고 있었다. 내가 다가가자 같이 게임을 하자고 했다. 크리켓 방식으로 팔을 돌려 공을 한번 던져봤다. 땅을 한 번 바운드시켜야 하는데 공이 야구공처럼 직선으로 날아갔다. 혼자 '피식' 웃고는 산책을 즐겼다. 몇몇 동네 꼬마아이들이 날 따라나섰다. 아이들에게 스프라이트를 내밀었다. 가장 키가 큰 꼬마가 고양이처럼 잽싸게 음료수 캔을 낚아채 갔다. 물질 결핍에서 오는 갈망과 욕구가 엿보였다.

페리메도우 한쪽에 현지인들이 사는 마을이 궁금해 그쪽으로 발길을 돌렸다. 원초적인 그네들의 삶이 먼발치서 눈에 들어왔다. 멀리서 이방인을 발견한 동네주민이, 가까이 오지 말라며 손을 저었다. 이방인의 접근이 그리 반갑지만은 않은 듯했다.

산책 뒤에는 어제 저녁 수줍게 양고기를 나눠주던 친구들과 이야기를 나누었다. 이슬라마바드에서 방학을 즐기러 온 10명 정도 되는 대학생들은 모두 건축디자인을 전공한다고 했다. 피부가 좀 검고 수염을 덥수룩하게 기른 학생에게 물었다.

"너 탈레반이니?"

"뭐!"

"ㅋㅋㅋ."

이들은 극동에서 온 내게 관심이 많았다. 이것저것 질문이 많았고 난 성심성의껏 대답을 해주었다. 한 친구가 나무껍질에 손수 페리메도우를 그려 나에게 선물로 주었다. 여행 중 받아보는 첫 번째 선물이었다.

대학생들과 짧은 인사를 하고 오수를 즐겼다. 베이스캠프로 떠난 친구들이 오후 늦게 돌아왔다. 다들 지친 기색이 역력했다. 역시 쉽지 않은 코스인 듯했다. 이들은 도착과 동시에 곧장 숙소로 들어가 나올 생각을 안 했다.

낮에 만난 학생들과 저녁을 함께했다. 난 식사를 하며 대통령 후보 검증수준과 맞먹는 엄청난 양의 질문을 받아내야 했다. 10명은 계속 질문만 했고, 한 명은 계속 답변만 해야 하는 즐거우면서 피곤한 시간이 밤늦게까지 계속됐다.

다음날 아침 이슬라마바드로 가기 위해 다시 지프에 몸을 실었다. 밤사이 내린 비와 우박으로 지옥 길은 더욱 위험천만해 보였다. 악몽 같은 길이 다시 시작됐다. 앞자리에 앉은 난 안전장치 없는 롤러코스터에 탄 것처럼 얼굴이 하얗게 질려 있었다.

천신만고 끝에 라이콧브리지에 도착했다. "휴~" 안도의 한숨이 나왔다. 헤어질 시간이었다. 나머지 지프 비용을 내밀었다. 첫날 같이 지프를 타고 온 친구들은 그새 정이 들었는지 한사코 돈을 받지 않겠다고 했다. 그런 그들의 마음이 무척이나 고마웠다. 그래도 줄 돈은 줘야 마음이 편했다. 안 받

겠다는 돈을 한국식으로 호주머니에 찔러 넣었다. 3일이란 짧은 시간이었지만 그들과 만든 추억은 30년이 지나도 잊지 못할 것 같다.

이제 내가 해야 할 일은 언제 올지 모를 이슬라마바드행 버스를 기다리는 것이었다. 한 시간 정도 망연히 버스를 기다렸을까. 텅 빈 25인승 버스 한 대가 먼지를 날리며 라이콧브리지 앞에 정차했다. 놀란 마음에 승객이 하나도 없는 텅 빈 버스에 올랐다. 파키스탄에서 본 가장 좋은 버스였다. 구세주를 만난 느낌이었다. 하지만 기쁨도 잠시. 본능적으로 불안감이 찾아들었다. 이런 좋은 차가 빈 차로 운행할 이유가 없지 않은가.

"왜 승객이 아무도 없죠?"

"근처 호텔로 학생들을 태우러 가는 길이에요."

"네? 학생들이라니요?"

"페리메도우에서 내려온 학생들에게 전화가 왔어요. 라이콧브리지에서 외국인 한 명을 태우고 오라고…."

낭가파르바트 정상이 구름 사이로 희미하게 모습을 드러냈다

"정말요? 이슬라마바드에서 온 학생들인가요?"

"맞아요!"

이날 아침 먼저 라이콧브리지로 내려간 10여 명의 대학생들이었다. 전날 학생 중 한 명이 버스를 같이 타고 가자는 말을 하긴 했지만, 지프를 타고 하산하는 시간이 달라 만날 수 있을 거라고는 확신을 못했다.

버스 기사는 학생들이 라이콧브리지 근처 호텔에서 짐을 찾은 뒤 쉬고 있다고 말했다. 얼마 가지 않아 호텔 앞에 버스가 섰다. 텅 빈 버스 안에 혼자 앉아 있는 나를 향해 하나둘 손을 흔들기 시작했다.

기적 같은 일이었다.

"슈크리아(감사합니다)."

눈물이 날 것 같았다.

파키스탄에서 물보다 더 많이 마신 짜이는 이 나라뿐 아니라 인도를 비롯해 남아시아권 국가에서 차를 의미하는 말로 통용된다.

짜이의 원조는 인도다. 인도인의 홍차 문화는 영국이 인도를 지배할 때 생겨난 것이다. 이 때문에 컵의 내용물을 접시받침에 옮겨 마시는 등 낡은 영국풍의 차 문화가 남아 있는 곳이 일부 있다.

짜이는 매우 서민적인 음료로 홍차를 끓여낸 후 많은 양의 우유를 더해 장시간 우려내면 완성된다. 거기다 기호에 맞게 설탕을 첨가하면 나만의 짜이가 완성된다.

파키스탄을 떠난 뒤에도 짜이는 내 기억 속에 오랫동안 남았다. 가만히 의자에 앉아 한가로이 시간을 보내는 데 없어선 안 될 짜이. 파키스탄을 방문했다면 그 여유와 맛을 꼭 즐겨보길 바란다.

8.

라이콧브리지에서 이슬라마바드로

트레킹보다 힘든 '절대 버스' 여정

이슬라마바드로 가는 16시간 동안은 평생 잊지 못할 순간의 연속이었다.

이동 중 두 번의 식사를 했고, 2~3시간마다 차를 마시며 휴식을 취했다. 또 버스는 기도시간마다 정확히 모스크 앞에 멈춰 섰다. 그런데 내가 쓴 돈은 차비밖에 없었다. 밥과 차, 음료수 등 모든 게 무료서비스로 제공됐다. 열 살도 더 어린 파키스탄 대학생들은 호주머니에서 돈을 빼낼 틈조차 주지 않았다. 현지음식을 맛있게 먹으면 도리어 고마워하는 사람

들이었다. 아무리 없어 보이는 여행자라고는 하지만 이건 인간 대 인간으로 도리가 아니었다.

무엇으로든 답례를 하고 싶었다. 버스가 휴게소에 정차했다. 조용히 음료수를 꺼내와 가게 주인장 앞에 섰다. 행동이 커지면 학생들이 분명 날 막아설 게 뻔했다. 도둑고양이처럼 살금살금 음료수를 품에 안고 값을 치르려고 했다. 그런데 가게 주인은 내게 돈을 받을 수 없다고 했다. 그는 내 뒤를 가리켰다. 고개를 돌려보니 언제 왔는지 학생 한 명이 내 뒤에 서 있었다.

'된장! 걸렸다!'

저녁을 먹기 전 버스가 하얀 먼지를 날리며 모스크 앞에 정차했다.

"무엇을 위해 기도를 하니?"

"킴, 네 종교는 뭐야?"

"가톨릭."

"오! 그래. 그럼 우리 형제네. 우리는 너의 행복과 평안 그

이슬라마바드까지 버스여행을 함께한 학생들

리고 지구와 우주의 평화를 위해서 기도해."

"진짜? 네가 개인적으로 바라는 것을 위해서는 기도하지 않니?"

"그럴 때도 있지만, 보통은 주위 사람들의 행복을 위해서 기도해."

짧은 대화였지만 이슬람교에 대한 선입견이 한순간에 무너져 내렸다. 여행은 관점이 바뀔 때 가장 가치 있다. 우리의 종교는 분명 달랐지만, 너와 내가 평화롭고 행복했으면 하는 마음은 같았다. 사실 따지고 보면 이슬람교와 기독교의 뿌리는 하나 아닌가.

…새벽 4시 30분쯤 이슬라마바드에 도착했다. 학생들은 내 행선지를 묻고는 택시기사와 가격협상까지 해주었다. 개중에는 전화번호를 적어주면서 무슨 일이 생기면 꼭 전화하라는 당부도 잊지 않았다.

'한국에 가면 나도 이렇게 살 수 있을까.'

…이슬라마바드 근처 라왈핀디 대우 버스터미널.

파키스탄에서는 '대우 버스'란 이름으로 우리 기업이 운수업을 하고 있다. 이 나라에서 최고급형 버스를 보유하고 있는 회사이기도 했다. 우리가 잘 알고 있는 45인승 버스가 파키스탄에서는 가장 좋은 버스인 셈이다.

곧장 파키스탄의 남쪽 끝 도시 카라치로 가는 버스를 타야 했다. 24시간이 걸리는 이동이었다. 이른 시간이었지만 터미널은 사람들로 북적였다. 카라치행 버스는 9시부터 티켓을 판매한다고 했다. 4시간을 기다려야 했다. 별수 없이 자리를 잡고 기다렸다. 지루한 기다림이었다. 말벗이라도 있으면 좋으련만….

혼자 남겨지면 화장실에 가는 게 가장 큰 고민거리다. 마땅히 짐을 맡겨 놓을 곳도 없고, 배낭을 메고 화장실에 들어가는 것도 여의치 않다. 이리저리 눈치를 보다 마음씨 좋은 아저씨에게 배낭을 좀 봐달라고 했다. 그는 영어를 알아듣지 못했지만, 손짓으로 내 배낭을 만지며 고개를 끄덕였다.

오전 9시가 다 돼서야 탑승대기자 명단에 이름을 올렸다.

승무원은 30분 뒤 첫차가 출발하니 그때 이름을 부르면 오라고 했다.

현지어로 안내방송이 나왔다. 티켓부스에선 '미스터 킴'을 찾고 있었다.

"버스 요금이 얼마죠?"

"3,750루피입니다."

"잠… 잠깐만요…. 뭐라고요?"

"3,750루피."

"이럴 리가 없는데." 지갑을 탈탈 털어보니 3,200루피밖에 없었다. 사전 정보에 따르면 버스가격이 이렇게 비싸지 않았다. 그새 버스요금이 오른 건가 아니면 내가 정보를 잘못 찾은 건가, 난감한 상황이었다. 승무원은 어이가 없다는 듯 나를 쳐다봤다. 분명 다른 사람도 똑같이 3,750루피를 내고 있었다. 사기를 치는 건 아니었다. 승무원은 돈이 없다는 날 황당한 눈으로 쳐다봤다. 그는 ATM이 있는 곳을 가르쳐 주었다. 그런데 카드가 먹질 않았다.

"아뇨!" 급히 배낭 둘러메고 밖으로 나갔다. 상점에 들어가 근처에 ATM이나 환전할 곳이 있느냐고 물으니 시내로 들어가야 한다고 했다. 순식간에 택시기사들이 날 둘러쌌다. 다들 라왈핀디 시내에 있는 시티은행까지 왕복으로 400루피를 내라고 했다. 급한 마음에 일단 300루피에 네고를 하고 택시를 잡아탔다.

택시기사는 은행들이 모여 있는 뱅크스트리스에서 한참을 헤매다가 물어물어 시티은행을 찾았다.

그런데 이게 무슨 운명의 장난인지 때마침 ATM이 수리를 하고 있었다. 시트콤을 찍는 것도 아니고 인생이 이렇게 한 순간에 꼬일 수 있다는 말인가. 시티은행의 초저가 1달러 수수료를 포기하고 옆에 있는 은행으로 발걸음을 옮겼다.

'맙소사!' 여기 ATM도 고장이었다. 제대로 황당 시추에이션이었다. 망연자실한 표정으로 다시 시티은행으로 발길을 돌렸다. 왠지 시티은행에는 방법이 있을 것 같았다. 터벅터벅 힘없이 다시 은행 문을 열고 들어섰다. 은행직원이 날 보고

함박웃음을 지었다. 그는 15분 뒤면 수리가 다 된다고 했다.

"헐~"

서둘러 돈을 찾아 터미널로 돌아왔다. 요금을 내기 전 택시기사는 '씨익' 웃으며 내게 물었다.

"얼마 줄래?"

"300루피 준다고 했잖아."

"알지. 그런데 내가 너를 위해서 모르는 길을 열심히 찾아주었잖아."

"(결국, 이거였지) 알았어, 알았어, 400루피."

오전 10시 30분 카라치행 버스에 올라타니 어여쁜 안내양이 음료수를 내밀었다. 중간에 간식을 챙겨주는 것도 잊지 않았다. 버스는 24시간 동안 달려 다음날 오전 카라치 대우버스터미널에 도착했다. 페리메도우에서 시작한 50시간이 넘는 긴 여정이 끝나는 순간이었다.

그리고 이번 여정에서 하나는 분명해졌다. 앞으로 여행이 끝날 때까지 이런 초장거리 이동은 절대로 하지 않으리라.

파키스탄의 가장 남쪽 도시 카라치는 보통 여행자들이 잘 찾지 않는 곳이다. 그래서 여행 정보를 찾는 데 애를 먹은 곳 중 하나다. 이곳을 찾는 여행자들은 비행스케줄 때문에 어쩔 수 없이 머무는 경우가 종종 있다.

여행자 숙소는 사다르 바자르에 몰려 있다. 현지에서 '사다르'라고 하면 알아듣지 못하고 '사달~'이라고 하면 더 잘 이해한다. 사실 카라치에는 마땅한 여행자 숙소가 없다. 그나마 갈 수 있는 곳은 바자르 안쪽에 걸프호텔, 유나이트호텔, 릴리안스호텔 등이다.

난 걸프호텔에 묵었다. 하룻밤에 2,200루피짜리 방을 2,000루피에 투숙했다. 여행 중 가장 비싼 방이었다. 에어컨이 있고, 화장실이 딸려 있는 시설에 만족했다. 걸프호텔에서 공항까지는 30~40분 걸린다. 호텔밴은 공항까지 800루피를 달라고 했다. 주변 상인들에게 물어보니 택시를 타면 500~700루피 사이라고 했다. 하지만 실제로 공항까지 택시를 타고 지불한 돈은 350루피였다.

이용숙소 만족도 | 카라치–걸프호텔

| 시설 | 가격 | 위생 | 친절 | 위치 |

* WIFI 로비에서 가능 / 우리나라 모텔 수준의 숙소다. 가성비는 무척 떨어진다. 오래 있을 곳이 못 된다.

이슬라마바드에서 카라치까지는 파키스탄의 시골 풍경이 펼쳐진다.

그들이 말했다.
"넌 네가 사랑하는 그 사람 때문에 미친 거야."
나는 대답했다.
"미친 사람만이 생의 맛을 알 수 있어."
— 야피, 라우드 알 라야힌
난 점점 여행에 미쳐가고 있었다.

아시아 - 아랍에미리트 (UAE)

트레커에게
너무 잔인했던 나라

여행 개요

파키스탄에서 제일 고민스러웠던 건 이란으로 넘어가는 일이었다. 파키스탄에서 이란으로 넘어가기 위해서는 언제 나올지 모르는 이란 비자를 기다려야 하고 비자가 나온다고 쳐도 육로이동의 경우 탈레반 활동지역을 지나야 하는 등의 위험이 따랐다.

이런 현실적 어려움 앞에 아랍에미리트란 대안을 떠올렸다. 애당초 트레킹과는 거리가 먼 나라였기 때문에 루트 제안에 있던 나라는 아니었다.

하지만 중국에서 파키스탄으로 이어지는 초장거리 이동과 트레킹으로 체력이 조금 떨어진 느낌이었다. 여기다 저주받은 혀 탓에 한식에 대한 갈증이 서서히 극에 달하고 있었다.

그래서 선택한 나라가 바로 아랍에미리트였다. 특히 이 나라에는 운 좋게도 고급레지던스호텔에 머물며 외화벌이를 하는 든든한 선배가 있었다. 구미가 당길 수밖에 없는 상황이었다.

사실 아랍에미리트에서 계획한 건 하나도 없었다. 그냥 며칠 쉬다 다음 행선지를 정하자는 정도였다. 그러다 선배가 오만 여행을 제안했고, 그 과정에서 세계 일주 중 최고의 광분을 맛보게 되는데….

주요 트레킹 지역

없음.

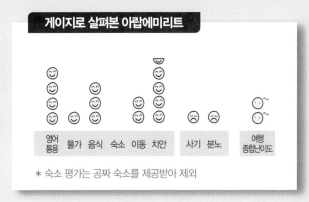

게이지로 살펴본 아랍에미리트

영어
통용 물가 음식 숙소 이동 치안   사기 분노   여행
종합난이도

＊ 숙소 평가는 공짜 숙소를 제공받아 제외

혼자 힘으로 여행하는 사람들에게는 더할 나위 없이 생생한 정보를 제공한다. 교과서적 이야기가 아니라 근성과 태도에 대해서 말이다.

_강가딘(carebone)

초행자가 알아둬야 할 점을 염두에 두고 쓴 필자의 세심한 배려가 돋보이는 글이다. 여행의 지침서가 될 것으로 믿어 의심치 않는다.

_카리브(yullim01)

PASS BY!

1.

두바이 도착

예쁜 그녀가 내게 내뱉은 한마디

아랍에미리트 입국수속은 간단했다.

귀티가 좔좔 흐르는 아랍 전통의상을 차려입은 입국심사관은 한국 여권을 보고 아무 말 없이 30일 동안 체류할 수 있는 도장을 찍어주었다. 옆줄에서 입국심사를 받던 한 아랍인이 공항경찰에 끌려가고 있었다. 가끔은 한국인이라서 여행이 편할 때가 있다.

심사대를 통과해 수화물 찾는 곳으로 갔다. 첫눈에 하이네

켄 맥주를 박스째 판매하는 매장이 보였다. 비즈니스 도시 두바이의 이중적인 면모였다.

짐을 찾고 환전을 한 뒤 공항을 빠져나왔다. 두바이는 시작부터 '억' 소리를 지르게 했다. 오일머니의 향기가 물씬 풍기는 공항 외관은 세련미가 넘쳐흘렀다. 중국과 파키스탄에서는 느낄 수 없는 초현대적 감각의 건축미가 돋보였다. 그 누구도 나에게 관심을 두지 않았다. 소매치기나 호객행위를 겁낼 필요도 없었다. 두바이는 편안함 그대로였다.

택시를 탔다. 택시기사는 부드러운 목소리로 목적지를 묻고는 자연스럽게 미터기를 켰다. 깔끔한 제복 차림의 택시기사와 뻥 뚫린 도로는 사악하기 짝이 없는 두바이의 택시요금만큼이나 내 마음을 놀라게 했다.

네팔 출신 택시기사는 친절했다. 그는 내 국적을 묻고는 형과 동생이 한국에서 일하고 있다고 했다. 두바이에서 일하고 있는 대부분의 노동자는 파키스탄, 네팔, 인도, 필리핀 등에서 온 외국인이다. 현지인들은 펑펑 솟는 기름 덕분에 허드

렛일을 하지 않는다고 했다.

택시가 도심 한복판에 들어섰다. 세계에서 가장 높은 빌딩 '부르즈 할리파'(828m)가 가장 먼저 눈에 띄었다. 이 빌딩은 우리 기업이 시공을 맡아 건설한 것으로 잘 알려져 있다. 그제서야 두바이에 왔다는 게 실감이 났다. 멋들어진 빌딩 숲에서 눈을 떼지 못하는 사이 택시기사는 기름이 없다며 주유소에 가야 한다고 했다.

'맙소사! 리터당 500원.'

분명 두바이에선 물보다 기름이 쌌다. 중형자동차의 연료통을 가득 채워도 3만 원이면 해결되는 수준이었다. 택시 연료로 LPG를 쓰는 건 사치였다. 연비를 따질 필요도 없었다.

택시가 고속도로에 진입했다. 매혹적인 빨간색 페라리가 묵직한 엔진음을 발산하며 총알처럼 도로를 내달리고 있었다. 고속도로는 최고급 자동차들의 경연장이나 다름없었다.

시원하게 뚫린 고속도로 위에서 맵시 좋은 자동차를 감상하며 도착한 곳은 두바이 마리나 베이 근처의 JLT. 이곳은 고

21세기 바벨탑으로 불리는 부르즈 할리파

급 레지던스가 몰려 있는 동네로 두바이에서 내 '꽁숙소'가 위치한 곳이기도 했다.

북유럽 못지않은 살인적인 물가를 자랑하는 두바이에선 선배 잘 둔 덕분에 꽁숙식을 제공받게 됐다. 그것도 수억 원을 호가하는 수영장 딸린 레지던스가 내 숙소였다. 배낭여행자에게는 너무나 사치스러운 숙소였다. 금방이라도 살을 태워버릴 것 같은 두바이의 열기는 레지던스의 성능 좋은 에어컨 앞에선 추풍낙엽이었다.

선배는 나를 위해 냉장고와 찬장에 각종 음식을 빵빵하게 채워주었다. 선배는 아침 일찍 회사에 갔다가 저녁 늦게 돌아왔다. 난 그동안 그간의 여행을 정리하고, 몸을 추스르며 시간을 보냈다. 쉬어가는 타이밍으로는 안성맞춤인 환경이었다.

무엇보다 카라치에서부터 슬슬 좋지 않았던 속을 다스릴 시간이 필요했다. 두바이에 도착한 뒤부터 설사가 시작됐다. 장염 증세가 있는 것 같았다. 분명 이런 상태라면 죽을 먹어야 마땅했지만 난 도저히 참을 수 없는 식탐에 이끌려 인스턴트식품을 폭풍 흡입했다. 여기다 중동 최고의 비즈니스 도시답게 손쉽게 알코올을 들이켤 수도 있었다. 더없이 좋은 나날이 계속되고 있었다.

두바이 도착 나흘째 날 처음으로 여행을 위해서 레지던스를 나섰다. 두바이의 여름 더위는 상상을 초월했다. 도시 전체가 벌겋게 달아오른 숯가마 같았다. 태양은 이글거리다 못해 모든 걸 말려버릴 기세였다.

숙소에서 그리 멀지 않은 메트로까지 걷는 것도 쉬운 일이 아니었다. 숙소를 나서자마자 순식간에 온몸이 땀으로 범벅이 됐다. 연신 손수건으로 땀을 닦아냈다. 애써 바른 선크림은 무용지물이 되었다. 몸을 던지듯 메트로 안으로 뛰어 들었다. 한국 같으면 필시 과냉방으로 단속 대상이었을 엄동설한의 북풍한설이 순식간에 열기를 식혀주었다. 두바이는 이런 과냉방이 생활인 곳이다. 원유생산국의 부러운 현실 중 하나다.

두바이 도착

무인운전으로 움직이는 열차 내부의 냉방도 흠잡을 데 없이 훌륭했고, 시설은 쾌적했다. 목적지에 가려면 환승을 해야 했다. 환승 거리도 짧고, 표지판도 알아보기 쉬웠다. 환승을 하고 다시 열차에 올라 자리를 잡았다.

"저, 실례합니다."

옆자리에 앉은 어여쁜 중동의 미녀가 말을 걸어왔다. 여행 중 제대로 로맨스가 시작되려는 모양이었다. 그녀는 하늘에서 온 천사처럼 자체발광하며 영롱한 광채를 내뿜고 있었다. 그녀는 분명 예뻤다.

"네~에?"

목소리가 약간 떨리기까지 했다. 그녀와 눈이 마주쳤다. 그녀는 도도한 눈으로 나를 바라봤다. 그녀가 다음 말을 이어갔다. 난 귀를 쫑긋 세웠다. 그리고 현실 속의 그녀는 순식간에 내 환상을 갈기갈기 찢어놓았다. 인정이라고는 찾아볼 수 없는 매서운 한마디였다.

"이 열차 칸은 여성전용 칸이에욧!"

"읍! 읍! 읍스!"

가만 보니 모든 승객이 날 바라보고 있었다. 모두 여자였다. 잠시 두바이의 세련미에 얼이 빠져 이슬람국가라는 걸 망각한 참담한 결과였다. 날 보고 재미있다는 듯 '키득'거리는 웃음도 들렸다. 순간 얼굴이 빨갛게 달아올랐다.

"진짜! 몰랐어요. 죄송합니다욧! 절대로 고의가 아니랍니다!"

얼굴이 화끈 달아오른 채 그녀에게 목례를 하고 옆 칸으로 자리를 옮겼다. 남녀칠세부동석만큼은 확실한 것이 이슬람국가다. 공항에서 하이네켄을 박스째 파는 두바이라고 예외는 아니었다. 파키스탄에서는 미니버스를 타면 한 줄에 여자들이 몰려 앉는 식이었다. 여성전용 칸이 있는 줄은 생각지도 못했다.

여행 중 로맨스는 절대 쉽게 찾아오지 않는 법이다.

• 깨알 정보 •

할리파는 아랍에미리트 대통령의 이름인 할리파 빈 자이드 알나하얀에서 따온 말이다. 부르즈는 아랍어로 '탑'이란 뜻이다. 세계에서 가장 높은 빌딩 부르즈 할리파는 개장되기 전까지 버즈 두바이(Burj Dubai)로 불렸다.

부르즈 할리파는 두바이 신도심 지역에 건설된 초고층 건물로 전체 높이가 828m다. 2004년 9월 21일 착공해 38개월 만인 2008년 4월 8일 지상 높이 630m에 도달함으로써 세계에서 가장 높은 인공 구조물로 등극했다.

시행사는 두바이의 에마르이고, 한국의 삼성물산 건설부문이 시공사로 참여해 3일에 1층씩 올리는 최단 공기 수행으로 세계적인 관심을 끌었다. 총 공사비는 15억 달러가 소요됐으며 2009년 10월 완공됐다.

부르즈 할리파 전망대에 올라가기 위해서는 공식 홈페이지(www.burjkhalifa.ae/en)에서 꼭 예약을 해야 한다. 만약 예약을 하지 않고 현장에서 티켓을 살 경우 3배가 넘는 금액을 지불해야 한다. 특히 가장 인기 있는 일몰 시간대는 수주 전에 예약이 마감된다.

2.

올드쑥 가는 길

카타르 월드컵을 반대하기로 마음먹은 날

'올드쑥'은 단군신화에 나올 법한 오래된 쑥을 말하는 게 아니다. '쑥'은 '시장'을 뜻한다. 올드쑥에 가기 위해선 앨 구바이바 마린역에서 내려 1디르함짜리 배를 타고 반대편 선착장에 내리면 된다.

메트로에서 빠져나와 선착장으로 가기 위해 작은 상점골목에 들어섰다. 기념품 가게들이 줄지어 있는 곳이었다.

골목을 어슬렁거리며 잠시 기념품을 구경하고 있을 때였

다. 정체불명의 남자가 다가와 순식간에 내 모자를 벗겨 상점 안으로 사라져버렸다. 잠시 멍하니 허전해진 머리를 쓰다듬었다. 모자를 찾기 위해서는 어쩔 수 없이 상점 안으로 들어가야 하는 상황이었다. 난생처음 당해 보는 고도(?)의 호객기법이었다.

상점 주인은 당연히 여기로 올 줄 알았다는 듯 의기양양한 웃음으로 날 반겨주었다. 그는 내게 아랍 사람들이 머리에 두르고 다니는 터번을 250디르함에 사라고 했다. 기가 막혔다. 250디르함이면 7만 원이 넘는 돈이었다.

난 모자를 돌려달라고 했다. 상점 주인은 요지부동이었다. 모자도 주지 않았고, 날 보내 주지도 않았다. 배짱도 이런 똥배짱이 없었다.

상점 주인은 파키스탄 사람이었다. 내가 만난 파키스탄 사람은 이런 식으로 여행자를 괴롭히지 않았다. 아무리 봐도 파키스탄인이라 게 의심쩍어 출신 도시를 물었다. 상점 주인은 카라치가 고향이라고 했다. 불길한 육감이 정확히 맞아떨어졌다.

카라치는 파키스탄에서도 가장 범죄가 빈번하게 발생하고 치안이 불안하기로 정평이 난 곳이다. 또 갱들이 지역 정치에 깊숙이 관여하고 있어 불법·편법이 판을 치는 도시다. 두바이로 넘어오기 전 카라치에서 며칠을 보냈기 때문에 이런 사정을 잘 알고 있었다.

몇 번의 협상 끝에 터번 가격은 30디르함까지 떨어졌다. 상점 주인은 더는 값을 싸게 부르지 못했다. 마지노선인 듯했다. 아무리 싸도 필요 없는 물건을 살 필요는 없었다. 그런데 물건을 사지 않으면 날 보내 줄 것 같지 않았다. 핑계를 찾아야 했다. ATM에서 돈을 찾아 오겠다는 거짓 멘트를 날렸다. 주인도 돈이 없다는 날 보고 더 할 말을 찾지 못하는 눈치였다. 무사히 땀 냄새 나는 모자를 돌려받고 상점을 나왔다. 그리곤 빠른 걸음으로 앨 구바이 마린역으로 향했다.

…배 위에는 몇 명의 손님들이 자리를 잡고 출발을 기다리고 있었다. 한쪽에 자리를 잡고 주변을 둘러봤다. 그때 한 50

모자를 빼앗긴 문제의 상점 골목

대 남자와 눈이 마주쳐 눈인사를 건넸다. 남자는 내 눈인사에 반응이 없었다. 잠시 뒤 그늘 쪽에 앉아 있던 이 남자가 내 옆으로 자리를 옮겼다. 남자는 두바이의 열기가 성에 차지 않는지 큰 엉덩이를 내게 바짝 붙이며 끈끈한 체온으로 내 몸을 후끈 달아오르게 했다. 타죽을 것 같은 더위도 모자라 내 체온까지 느껴보려는 냉기 가득한 이 남자는 누구란 말인가. 난 반대편으로 엉덩이를 움직여 수족냉증에 걸렸을지 모를 이 남자와 거리를 두었다. 이런 내 마음을 아는지 모르는지 이 남자는 다시 내 엉덩이를 쫓아 한 번 더 엉덩이를 들썩였다. 나도 한 번 더 엉덩이를 움직였다. 예감이 좋지 못했다.

배가 물살을 가르기 시작했다. 시원한 바닷바람과 두바이 베이의 모습이 절묘한 조화를 이루어냈다. 카메라를 꺼내 셔터를 누르고 있을 때였다. 순간 바지 건빵주머니의 지퍼가 열려 있는 걸 발견했다. 지갑이 들어 있는 주머니였다.

'이상하네. 분명 지갑을 넣고 지퍼를 닫았는데…'

건빵주머니에 물건을 넣고 지퍼를 채우는 건 내가 여행 중

가장 신경 쓰는 부분이었다. 절대로 지갑을 넣은 주머니를 열어둘 리가 없었다. 다시 지퍼를 잠그고 옆에 앉은 남자를 슬쩍 쳐다봤다. 행색으로 봐서는 두바이 사람은 아닌 것 같았다. 그는 내 시선을 피해 동행과 열심히 수다를 떨고 있었다.

온 신경이 허벅지에 쏠렸다. 검은 선글라스 안에 감춰둔 두 눈으로 유심히 남자를 주시하기 시작했다. 남자의 왼쪽 새끼손가락이 건빵주머니 지퍼를 까닥거리고 있는 걸 포착하기까지는 긴 시간이 필요치 않았다. '참 애쓴다.'

남자는 고개를 오른쪽으로 돌려 동행과 이야기하는 척하며 왼쪽 새끼손가락으로는 딴짓을 하는 삼류 페인팅모션을 구사 중이었다. 놀라기도 했고, 어처구니가 없기도 했다.

순간 허벅지를 한 번 들썩거려 봤다. 지퍼를 내리려고 안간힘을 쓰던 새끼손가락이 아무 일 없었다는 듯 슬그머니 제자리로 돌아갔다. 남자는 내 행동에는 신경을 쓰지 않는 것처럼 동행과 이야기 삼매경에 빠져 있었다. 그러다 한 번씩 날 보고 거짓 웃음을 날려주는 앙증맞은 애교도 잊지 않았다.

소매치기나 도난분실은 언제 어디서나 일어날 수 있지만 여긴 두바이 아닌가. 아랍에미리트는 범죄에 대한 형량이 무척 센 나라다. 이 때문에 치안도 매우 좋은 편에 속한다. 그래서 두바이에서는 약간 마음을 놓고 있었다. 그런데 불길한 기운이 여지없이 그 틈을 놓치지 않고 파고들었다.

난 계속 딴청을 부렸다. 그러다 순간 고개를 돌려 한 번씩 옆자리 남자를 노려봤다. 먼저 장난을 걸었으니 나도 좀 재미를 봐야겠다는 생각이 들었다. 그런데 이쯤 되면 포기할 만도 한데 이번에는 허벅지가 아니라 내 등 뒤로 손을 뻗어 내 배낭을 노리는 게 아닌가. 손에 들고 있던 카메라를 배낭에 넣고, 다리를 꼬고 그 위에 배낭을 올려놓았다.

배가 반대편 선착장에 닿았다. 고질적인 장트러블 덕에 한껏 가벼워진 몸을 날려 육지에 착지했다. 주변을 두리번거리며 경찰을 찾았지만, 개똥도 약에 쓰려면 없는 법이다. 주객이 바뀐 것 같았지만 죄 없는 난 올드쑥을 향해 줄행랑을 쳤다.

그리고 얼마 못 가 더위 먹은 강아지처럼 숨을 헐떡이며 과냉방 카페를 찾기 시작했다. 두바이 날씨는 미쳤다는 말로밖에는 표현이 안 됐다.

"2022년 카타르 월드컵을 결사반대한다!"

★ 깨알 정보

배낭여행자들에게 두바이는 정말 쉽지 않은 도시다. 무엇보다 살인적인 물가가 문제다. 사정이 이렇다 보니 길게 있을 곳이 못 되는 여행지이기도 하다.

배낭여행자들이 흔히 이용하는 싸구려 게스트하우스 자체가 없는 나라이기도 하다. 그래서 두바이를 방문하는 여행자 중에는 유스호스텔을 찾는 경우가 많은데 이도 다른 나라에 비하면 호텔비용에 해당하는 금액을 지불해야 잠자리를 구할 수 있다.

두바이유스호스텔은 스타디움 역에서 도보로 5분 거리에 위치한 곳으로 도미토리와 싱글룸 2가지 형태의 방이 있다. 도미토리는 회원가 90디르함, 비회원가 100디르함이다. 100디르함은 한국 돈으로 3만 원 정도다. 싱글룸은 회원가 200디르함, 비회원가 220디르함이다. 예약은 필수다. 데이라 지역의 호텔 밀집지역의 값싼 호텔도 최하 200디르함은 줘야 한다.

3.

오만 가는 길

오만에서의 해변 백패킹 계획과 절규

아랍에미리트에서 비교적 국경이 가깝고 무비자 입국이 가능한 오만 여행을 계획했다. 두바이에서 버스를 타면 오만의 수도 무스카트까지 갈 수 있지만 난 걸프만의 꼭짓점 카삽(Khasab)으로 목적지를 잡았다.

여행 전날 숙소 근처 인디고란 렌터카 업체를 찾아가 오만 여행에 대해 문의했는데 여기 직원들은 한국인이 비자 없이도 오만에 입국할 수 있다는 사실을 모르고 있었다. 일단 렌터카 업체에서 사실을 확인한 후 다음날 오전 차량을 빌리기로 했다.

오만 카삽에서는 따로 숙소를 잡지 않고 해변에서 야영을 할 생각이었다. 야영 준비를 위해 두바이의 더위를 무릅쓰고 한인슈퍼를 찾아가 소고기 · 고추장 · 라면 등을 챙기고 맥주를 얼려 놓았다.

다음날 오전 국제운전면허증 등을 제시하고 차량을 인수했다. 렌트한 차량은 도요타 야리스(1,800cc)였고, 24시간 사용 비용은 120디르함이었다. 우리 돈으로 4만 원이 좀 안 되는 가격이었다. 그런데 한국과 달리 운행거리가 170km를 넘으면 4km당 1디르함의 추가비용을 물어야 했다. 오만 카삽까지 왕복을 하려면 추가비용이 불가피했다. 이런 계약조건이 썩 마음에 들진 않았지만 렌트비용이 그리 비싸지 않았고 기름값이 싼 나라여서 오케이를 했다. 그런데 나중에 추가 요금까지 정산을 하고 보니 그리 싼 것도 아니었다.

"혹시 렌트카로 오만에 입국할 때 필요한 서류가 있나요?"

오만 여행을 위해 비싼 돈 주고 자동차를 렌트했는데…

오만 가는 길

내 질문에 '노만'이란 직원이 잠시 생각을 하더니 대답했다.

"그냥 가세요. 괜찮을 거예요. 하지만 문제가 생기면 우린 책임 못 져요." 이 한마디가 헛발질 오만 여행의 단초가 될 줄은 꿈에도 몰랐다.

값비싼 차량이 즐비한 두바이에서의 운전은 고도의 집중력을 요구했다. 자칫 한 번의 실수가 내 세계 일주를 끝내버릴 수도 있었다. 페라리 같은 차와 사고라도 나면 평생 일을 해서 돈을 갚아야 할 위험성도 있었다. 생각하기조차 싫은 끔찍한 일이었다.

고속도로에 진입했다. 덩치 큰 고급 차들이 보기 좋게 날 앞질러 나갔다. 순간 노란색 람보르기니 한 대가 미끄러지듯 내 옆을 스치고 지나갔다.

"오웃!"

규정 속도를 지키며 방어운전·안전운전모드를 유지했다. E11 고속도로를 타고 가면 오만까지 다이렉트로 연결된다. 물론 어디까지나 지도상으로 말이다. 두바이의 널찍한 도로

에 적응하자 오랜만에 운전대를 잡은 기분이 그리 나쁘지 않았다. 그간 미니버스에 너무 시달린 탓에 나만의 공간에서 시원한 에어컨 바람을 맞으며 운전하는 맛은 남달랐다.

두바이를 빠져나오자 '샤르자 국제공항'이 보였다. 북동쪽으로 올라가야 하는데 동쪽으로 길을 잘못 들어선 거였다. 30분을 헤맨 끝에 약간 둘러가는 고속도로를 다시 잡아탔다. 도로 양옆으로 끝없이 사막이 펼쳐졌다. 중간 중간 낙타들이 사막 한가운데 듬성듬성 나 있는 풀을 뜯고 있었다. 창문을 내리자 끓어오를 듯한 사막의 열기가 순식간에 에어컨 바람을 집어삼켰다.

오만 국경이 얼마 남지 않았다는 안내판이 보였다. 잠시 뒤 아랍에미리트 출입국관리사무소가 나왔다. 여권과 차량등록증을 내밀었다.

"렌터카?!"

"넵!"

"렌터카는 오만을 다녀와도 된다는 회사의 증빙서류가 있

어야 국경을 넘을 수 있습니다."

"서류라니요?"

"회사 직인이 들어가 있는 서류가 있어야 해요."

'책임이 없다는 게 결국 이거였구나! 지금 이걸 어떻게 구하나. 된장.'

난처함을 숨기지 못하자 출입국사무소 직원은 렌터카 회사에 전화해 팩스로 서류를 받으면 된다고 조언해 주었다. 초조한 눈으로 렌터카 계약서류에서 회사 전화번호를 찾아냈

다. 하지만 내겐 결정적으로 전화가 없었다. 출입국사무소 직원은 전화를 쓰라며 친절하게 안내해 주었다.

그런데 이게 무슨 조화란 말인가. 회사 전화번호로는 통화가 되질 않았다. 몇 번씩이나 출입국사무소 직원이 연결을 시도했지만, 그때마다 없는 번호라는 메시지가 나온다고 했다. 대략 난감이었다.

다시 서류를 천천히 훑어보는데 차량을 인수할 때 차량검사를 담당했던 직원의 휴대폰 번호가 적혀 있다. 다시 이

오만 가는 길

번호로 전화해달라고 부탁을 했다. 그런데 출입국사무소 전화기는 휴대폰 발신은 불가능하다고 했다. 난감함의 연속이었다.

어쩔 수 없이 휴대폰 앵벌이에 나섰다. 한국에서 나고 자란 내게 전화를 빌리는 일은 어색하기 짝이 없었다.

전화가 있는 사람들에게 한 통화만 하자고 부탁하길 네 차례. 어렵게 직원과 통화가 됐다.

"오만에 가려고 보니 회사 서류가 필요하다고 하네요?"

"나는 지금 밖이고, 지금은 런치타임이어서 사무실에 아무도 없어요. 통화하고 싶으면 한 시간 뒤에 사무실로 해주세요."

무슨 놈의 런치타임이 오후 2시 30분부터 3시 30분까지인지 납득이 안 됐다. 순간 울화가 치밀었지만, 수화기 너머에서 불러주는 사무실 번호를 받아 적기 바빴다. 그런데 막상 받아 적은 번호는 서류에 적혀 있는 번호와 똑같았다.

한 시간을 기다린 뒤 출입국사무소 직원의 도움으로 다시 전화를 시도했다. 회사 전화번호는 역시나 먹통이었다.

'젠장! 아 진짜!'

또 한 번 휴대폰 앵벌이를 시작했다. 남자·여자·애·어른 할 거 없이 휴대폰을 들고 있는 사람이면 보는 족족 부탁을 했다. 심지어는 청소를 하는 방글라데시 청년에게까지 한 통화만 쓰자며 애걸을 해야 했다. IT세계 최강국 코리아에서 온 휴대폰 없는 여행자의 암담한 현실이었다. 그렇게 전화를 빌려 어렵사리 노만이란 직원과 통화를 했다.

"내가 말했잖아요. 문제 있으면 우리 책임 없다고욧!"

"그건 알겠는데, 여기서 서류 한 장만 있으면 된다고 하니까. 직인이 들어가 있는 서류 한 장만 보내주면 안 될까요?"

"매니저와 통화해 볼 테니 10분 뒤 다시 전화하세요."

'이런 게맛살! 지금 어떻게 통화가 된 줄 알고 다시 전화하라 그래!'

참고 있던 욕이 가슴을 뚫고 나올 것만 같았다. 하지만 내 혀는 별일 아니라는 듯 "오케이"라고 나불대고 있었다. 약자의 비애였다. 10분 뒤 어렵사리 다시 통화가 됐다. 그는 "그런 서류가 없다"는 무심하기 짝이 없는 답변을 늘어놓았다. 구걸한 휴대폰으로 길게 통화할 수 있는 상황도 아니었다.

'아~ 내가 돈 좀 아끼고, 몸 좀 편하겠다고 쥐꼬리만 한 회사에서 렌트한 죄다! 100m만 가면 오만인데 못 넘어가는 심정을 누가 알겠는가.'

그런데 오만으로 넘어갈 수 있는 방법이 있긴 했다. 내 두 발로 걸어가면 간단히 문제가 해결되는 거였다. 게다가 한국인은 무비자 입국 아닌가. 여길 넘어가는 차들은 거의 다 카삽으로 가는 차들이기도 했다. 그냥 돌아간다는 건 무의미했다. 출입국사무소 직원은 걸어가는 건 언제든 오케이라고 했다.

'걷자, 걸어. 누구 하나 태워주는 사람이 없겠어?'

수속을 하고 배낭을 챙겨 오만 출입국사무소를 향해 걷기 시작했다. 이미 오만 땅이었다. 오만 출입국사무소에 닿기 직전이었다.

작렬하는 태양 아래 나온 지 몇 분 만에 심경에 변화가 일어났다. 살인적인 중동의 열기는 삽시간에 날 태워죽일 것만 같았다. 여행에 대한 투지도 좋지만 일단 살고 봐야겠다는 생존욕이 발동했다. 순식간에 오만 여행에 대한 열정은 재가 돼 타들어 가고 있었다. 렌터카 회사를 뒤집어 놓고 싶었지만 살아 돌아가야 싸울 수 있었다. 뒤도 안 돌아 보고 발길을 돌렸다.

두바이를 출발한 지 8시간 만에 다시 숙소의 안락한 에어컨 바람 앞에 섰다. 그리곤 이를 갈며 잠자리에 들었다.

다음날 렌터카회사를 찾았다. 나는 내가 극도로 흥분해야 영어가 잘되는 사람이라는 걸 그때 깨달았다.

"게맛살들!"

* 깨알 정보 *

두바이에서 오만 여행을 계획했다면 버스를 타고 오만의 수도 무스카트로 바로 갈 수 있다. 오만은 다행히 한국인에게는 무비자 입국을 허용하고 있다. 무스카트 지역에선 재래시장과 돌고래 투어 및 스노클링, 알 알람 왕궁, 오만 박물관, 그랜드 모스크 등이 볼 만하다. 또 수르 지역의 거북이 산란장, 와디 계곡, 쟈발 샴스 정상(3,000m), 쟈발 악다르, 와히바 사막 등이 가볼 만하다.

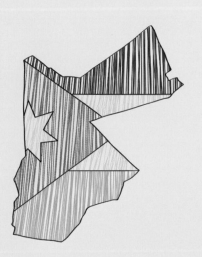

아시아 - 요르단

중동의 보물 같은
트레킹 코스를
발견하다

여행 개요

아랍에미리트에서 이란을 놓고 심각한 고민에 빠졌다. 내가 이란을 방문하고자 하는 이유는 이란 최고봉 다마반드 산(5,670m)에 오르기 위해서였다. 여기다 이란에서 육로로 터키 국경을 넘으면 노아의 방주가 숨겨져 있다는 아라랏 산(5,137m)이 자리 잡고 있기도 했다.

그런데 아랍에미리트에서도 이란 비자를 받기 위해서는 무척 까다로운 절차를 거쳐야 했다. 또 이란으로 들어가는 항공료가 만만치 않았다. 대신 아랍에미리트에서 이란으로 입국할 경우 바닷길을 이용해 이란 남부부터 여행을 시작할 수 있다는 장점이 있었다. 하지만 이도 썩 내치지 않는 루트였다. 다마반드 산은 이란 북부에 위치한 테헤란에서 가까웠다.

이란으로 갈 것인가 아니면 다른 곳으로 이동할 것인가? 결정을 내려야 했다. 그러던 중 요르단으로 가는 최저가 비행기 표가 눈에 들어왔다. 요르단은 도착 비자를 받을 수 있는 곳이었다. 여기다 유적지 중 유일하게 내 구미를 당기는 '페트라'가 있었다.

결과적으로 이란을 포기한 이유는 세 가지 의문을 떨쳐낼 수가 없었기 때문이다.

첫 번째 현재 능력으로 5,670m의 고산을 혼자서 등정할 수 있나?

두 번째 여행 초반 엄청난 에너지가 소모되는 고산등정에 도전할 필요가 있나?

세 번째 이란을 방문하면서 다마반드 산에 오르려고 하는 사람이 몇 명이나 될까? 모든 걸 혼자 해내야 할지 모른다.

자신이 없었다. 그렇게 난 요르단이란 난이도 하의 여행지를 선택했다. 여행정보를 많이 모아놓았던 이란과 터키에 비해 요르단에 대해선 상대적으로 아는 것이 없었다. 그런데 그곳에서 뜻하지 않게 엄청난 여행지를 발견하게 되는데….

주요 트레킹 지역

와디 무지브는 보이는 풍경에서부터 트레킹 스타일까지 기존의 상식을 완전히 파괴하는 곳이다. 협곡 사이로 강이 흐르고 그 물길을 거슬러 올라가는 전혀 생각지 못한 환상적인 트레킹 코스는 내게 요르단을 상징하는 이미지로 자리 잡고 있다.

페트라는 해발 600~700m 지대에 세워진 어마어마한 규모의 고대 도시다. 난 이곳에서 6시간 정도를 걷고 더위를 먹었다. 여름에 페트라를 방문했다면 체력은 필수다. 산악 지역에 세워진 도시답게 페트라를 제대로 보기 위해서는 거친 산을 올라야 하는 경우도 있다. 페트라를 완전히 다 보고 싶다면 이틀 이상의 시간이 필요하다.

게이지로 살펴본 요르단

영어 통용	물가	음식	숙소	이동	치안	사기	분노	여행 종합난이도

세계는 넓고 산들은 많다. 하지만 다 가 볼 수 있는 사람이 몇이나 될까. 그때 우리에게 위로가 될 트레킹 이야기. 물론 염장이 될 수도 있겠지만 소박한 나에겐 위로가 된다. 넥타이 풀고 배낭을 둘러멘 그가 풀어놓는 트레킹 이야기는 산행 후 백미라는 뒤풀이에 버금간다.

_쌩이(netsune)

여행마저 스펙이 되어가는 시대의 흐름을 거스르며 세상을 온몸으로 맛보려는 저자의 용기와 무모함은 독자인 나에게 좋은 귀감이며 자극제다.

_이준섭(yellowboy777)

Trekking 7. 와디 무지브 협곡

❶ 암만으로 | '물똥'을 영어로 하면?

❷ 암만다운타운 투어 | 여행 중 공부한 자와 안 한 자의 좋은 예

❸ Let's trekking | '와디 무지브' 넌 감동이었어! 내 생애 최고의 협곡 트레킹

진원이와 함께한 와디 무지브 트레킹은
요르단 여행 중 최고의 추억이 됐다.

암만으로

'물똥'을 영어로 하면?

두바이에서 요르단 암만으로 떠나는 날 내 컨디션은 최악이었다. 속이 울렁거리는 게 몸에 이상이 생긴 것 같았다. 설사도 다시 시작됐다. 명치를 지그시 눌러 보니 뭔가 딱딱한 게 느껴졌다.

왠지 두바이가 나랑 안 맞는 것 같다는 생각이 들었다. 갖고 있던 수지침으로 열 손가락을 다 따봤지만 그때뿐이었다. 설사약도 다 떨어졌고, 체할 때 먹는 약은 가진 게 없었다.

두바이~암만 이동은 '플라이 두바이'를 이용했다. 카라치~두바이 구간에서도 이 항공사 비행기를 탔었다. 친절함을 기대하긴 무리였다. 저가항공은 불친절해야 한다는 사내방침을 세워 놓은 것처럼 승무원의 표정은 하나같이 우울했고 일 처리는 기계적이었다.

보딩이 시작됐다. 비행기에 오르니 예약한 창가 자리에 다른 남자가 앉아 있었다. 그 남자의 자리는 반대편 중간 자리였다. 중간에 끼는 게 싫어 내 자리에 앉겠다며 의사 표시를 확실히 했다. 평소 같으면 그냥 자리를 바꿔주고 말았겠지만 그럴 심신의 여유가 없었다. 그런 내게 이 남자는 뻔뻔하게 자기 자리에 가서 앉으라고 했다. 속병으로 몸은 쇠약해져 있었고 신경은 날카로웠다. 또박또박 다시 한 번 말했다.

"비켜!"

그 사이 승무원이 날 보며 말했다.

"아 유 오케이?"

'뭔! 오케이! 이거 네 일이거든~'이라고 한마디하고 싶었지만 만사가 귀찮아 고개를 한 번 끄덕이는 걸로 상황을 종료했다. 중국의 미니버스 안내양보다도 못한 서비스였다.

3시간 뒤 비행기는 요르단 암만 국제공항에 안착했다. 요르단은 공항에서 도착 비자를 손쉽게 받을 수 있는 나라다. 비자 비용은 20디나르(10디나르는 우리 돈 16,000원 정도)였고 한 달짜리 비자를 준다.

공항은 우리나라 지방공항을 연상케 하는 아담한 크기였다. 여기서 암만다운타운까지 택시를 타면 20~30디나르 사이에서 흥정이 된다. 암만에 도착하니 속이 좀 편해진 것 같아 원래 계획대로 도심까지 버스를 타기로 했다. 버스 요금은 3디나르. 공항버스를 타고 종점에서 내려 택시를 타면 멀지 않은 곳이 암만다운타운이다.

버스 안에서 몇 명의 현지인이 내 국적과 목적지를 물어주었다. 짧은 영어로 목적지까지 가는 방법도 설명해주었다. 물론 파키스탄 정도의 친절은 아니었지만 감사하고 고마웠다.

버스 종점은 택시기사들로 우글거렸다. 다운타운까지 최초

홍정가는 5디나르였다. 콧방귀를 한 번 뀌니 가격은 4디나르로 깎였다. 그래도 만족스럽지 않은 가격이었다. 다른 기사를 찾아 나섰다. 3디나르까지 가격이 내려갔다. 길가에 나가 다른 택시를 잡겠다고 했더니 여긴 택시가 잘 다니지 않는 곳이란 대답이 돌아왔다. 요르단부터는 거짓말이 난무한다. 절대 택시기사의 말을 믿으면 안 되는 동네다.

잠시 뒤 미터로 간다는 기사가 나타났다. 다운타운까지 2.5 디나르가 나왔다. 800원 아끼려고 그 신경전을 한 거였다. '된장.'

다운타운에 내려 어렵지 않게 클리프호텔을 찾았다. 한국 여행자들이 많이 간다는 숙소였다. 싱글룸이 9디나르였고 아침 식사는 없었다. 방에 들어가니 바로 직전 이 방을 썼던 숙박객의 체취가 향긋(?)하게 남아 있었다. 전형적인 암내였다. 벌써 밤 11시를 지나고 있었다. 다른 숙소를 찾을 시간도 아니었고 기력도 없었다.

숙소를 잡고 나니 잠잠하던 배가 다시 말썽을 부리기 시작

했다. 당장 약이 필요했다. 숙소 주인은 24시간 문을 여는 약국이 근처에 있다고 했다. 약국으로 가기 전 증상을 설명할 수 있게 영어사전을 뒤적거려 적당한 단어를 찾아놓았다.

약국은 멀지 않은 곳에 있었다. 약사는 언어장애가 있었다. 말을 심하게 더듬는 편이었는데, 영어로 인사하는 걸 봐서는 말이 통할 것 같았다. 휴대폰에 저장해놓은 영어 문장을 그에게 보여주었다. 불행하게도 약사는 체했다는 뜻을 이해하지 못했다. 어쩔 수 없이 연기력을 발휘해야 했다. 명치끝을 누르며 오만상을 찌푸렸다. 약사는 그제야 얼굴이 밝아지며 약을 꺼내왔다.

그런데 다음이 문제였다. 그는 설사란 단어 또한 이해하지 못했다. 도대체 이걸 어떻게 표현한다는 말인가. 팬터마임의 최고봉이 와도 설사를 표현하는 건 불가능해 보였다. 잠시 생각에 잠겼다.

리액션이 중요했다. 중국어 한마디 못해도 한 달 넘게 중국을 돌아다녔다. 여기서 기죽을 내가 아니다.

일단 초딩 수준의 영어단어는 알고 있는 약사였다. 그렇다면 설사를 연상할 수 있는 과한 액션으로 그의 이해를 도와야 한다. 쉽게 가야 한다. 일단 설사는 쉽게 '물똥'이다. 거기다 '스토마크 에이크'란 표현을 덧붙이면 된다. 생각이 여기까지 미치자 말문이 쉽게 열렸다.

"워터 쉣트. 스토마크 에이크!"

현란한 내 오른손은 엉덩이 뒤쪽에서 물똥이라는 표현을 도왔고, 다시 아랫배를 잡으며 아프다는 표정을 지었다.

한 편의 팬터마임을 관람한 약사는 쇳덩어리가 금덩어리로 바뀐 것처럼 기뻐했다. 내 증상을 알아차려서 좋은 건지 내 행동이 재미난 건지 분간이 되지는 않았지만, 그는 걱정하지 말라는 인자한 표정으로 날 바라봤다. 약사는 내게 꼼꼼하게 복용법을 두 번이나 설명해주었다.

난 암만의 으슥한 밤거리에서 내 연기에 심취한 채 빵 터진 웃음을 참지 못했다.

"정녕, 뜻이 있는 곳에 길이 있구나."

암만에 갔다면 하심 레스토랑에 꼭 가봐야 한다. 이곳에서는 병아리 콩 또는 잠두로 만드는 중동의 크로켓 '팔라펠'을 맛봐야 한다. 또 '호무스'도 우리 입맛에 잘 맞다. 병아리 콩을 갈아서 참깨소스·올리브오일·레몬즙·소금·마늘을 넣고 만든 호무스에 빵을 찍어 먹으면 그 고소함이 오랫동안 입안을 즐겁게 한다. 호무스는 거의 모든 중동 사람들이 먹는 기본 요리 중 하나다.

2.

암만다운타운 투어

여행 중 공부한 자와 안 한 자의 좋은 예

이용숙소 만족도 | 암만-클리프호텔

시설	가격	위생	친절	위치

* WIFI 가능 / 위생상태가 그리 썩 좋아 보이지 않는다. 가격 때문에 여행자들이 몰리는 곳이다. 아침을 주지 않는 게 가장 큰 흠이다.

약을 사 들고 숙소로 돌아와 침대에 누워보니 해먹이 따로 없었다. 침대 한가운데가 움푹 들어간 덕분에 자연스럽게 인체공학적(?) 자세로 잠을 청해야 했다. 해먹 같은 침대에서 잠을 청하는 것도 곤욕이었지만 다운타운에서 뿜어져 나오는 열기와 소음도 문제였다.

웬만하면 처음 잡은 숙소를 잘 옮기지 않는 편이지만 이번에는 도저히 참을 수가 없었다. 다음날 아침 일본 여행자들이 많이 찾는 만수르호텔로 향했다. 이 숙소는 암만다운타운에서 가격 · 시설로 클리프호텔과 쌍벽을 이루는 곳이다. 그나마 만수르호텔이 조금 더 마음에 들었던 건 소음이 덜한 것뿐이었다. 일명 '걸레빵'이 아침으로 제공되는 것도 클리프호텔과 차별화된 부분이었다. 싱글룸은 하룻밤에 10디나르로 생각보다 높았다. 더 이상의 대안도 없었다. 클리프호텔 사장은 무척 친절한 편이었지만 만수르호텔의 직원 로하이의 살가움은 또 다른 재미가 있었다.

…짐을 옮기고 시티투어에 나섰다. 두바이의 열기가 숯가마의 꽃탕 정도였다면 암만은 중탕 정도 되는 느낌이었다. 견딜 만한 온도였다.

처음 찾아간 곳은 숙소에서 멀지 않은 로만극장. 이번 여행 첫 번째 유적 탐방이었다. 대학 시절 배낭여행으로 찾은 이탈리아 로마의 콜로세움 앞에서 입장료가 아까워 문틈으로 안을 들여다보던 옛 기억이 떠올랐다. 로만극장은 6,000명을 수용할 수 있는 제법 큰 규모로 음악당 · 박물관 · 신전 등

이 자리 잡고 있다. 이 원형극장은 AD 2세기 안토니우스 황제 시절 건립돼 1957년 복원되면서 현재 모습을 갖추게 됐다. 역시나 유적지는 내게 그리 큰 감흥을 주지 못했다.

원형극장을 보고 바로 앞 언덕에 위치한 시타델로 향했다. 좁은 골목길을 한 20분쯤 따라 올라가면 시타델에 닿을 수 있다. 이곳은 암만 시내에서 가장 높은 곳(해발 850m)에 있으며, 1.7km에 이르는 성벽 안에는 청동기시대부터 철기 · 로마 · 비잔틴 · 우마이야 왕조에 이르는 다양한 유적이 보존돼 있다.

특히 시타델에서는 암만의 구시가지를 조망할 수 있으며 세계에서 가장 크다는 요르단의 대형 국기 게양대도 볼 수 있다.

…시타델을 둘러보고 어렵지 않게 미터로 다운타운까지 간다는 택시기사가 있어 뒷좌석에 오르려는 순간이었다. 두꺼운 안경을 낀 덩치 큰 사내가 내 쪽을 향해 헐레벌떡 뛰어오며 손을 흔들어 댔다. 그는 다짜고짜 다운타운으로 가자며

암만다운타운 투어

시타델에서 바라본 암만 시내 전경

내가 잡아놓은 택시에 타려고 했다. 합승이야 문제가 아니었지만, 사내의 입에서 흘러나온 말 한마디는 내 머리털을 곤두서게 할 만큼 충격적이었다.

"암만다운타운, 나인틴 달러."

'뭐야 얘!'

1디나르면 되는 거리를 미화 19달러에 가자는 미친놈이 있다니…. 그것도 먼저 가격을 제시하는 이런 한심한 짓거리는 내 상식으로 감당이 안 되는 일이었다. 택시기사의 눈은 눈알이 튀어나올 정도로 커져 있었다. 세상 물정 모르는 이 친구는 암만의 독사 같은 택시기사에게 더없이 좋은 먹잇감이었다. 아니 이건 먹잇감도 아니었다. 만취한 채 지갑을 손에 쥐고 길거리에서 잠을 청하는 것보다 못한 짓이었다.

택시기사의 얼굴은 차마 눈뜨고 못 볼 정도로 상기돼 있었다. 어떻게 사람 얼굴이 저토록 한순간에 바뀔 수 있는지 신기할 따름이었다. 택시기사는 이슬만 먹고 살 것 같은 천사의 얼굴을 하고선 "오케이"를 연발했다.

택시기사는 지도를 찾아 목적지를 보여주려고 하는 사내를 어서 차에 타라며 앞자리에 밀어 넣었다. 그리곤 룸미러로 어이없어하는 날 보며 조용히 검지를 입술 한가운데 갖다 댔다. 제발 가만히 있어 달라는 사인이었다. 이런 상황을 아는지 모르는지 앞자리에 앉은 친구는 암만이 아주 아름답다며 감탄사를 난발했다. 난 한숨을 토하며 머리를 쓸어 올렸다.

택시기사는 초등학교 동창이라도 만난 것처럼 과도한 미소와 호탕한 웃음으로 옆자리 친구의 비위를 맞추는 데 여념이 없었다. 차마 눈뜨고 못 볼 광경이었다. 둘의 웃음소리가 어찌나 크던지 귀가 아플 지경이었다.

세상물정 모르는 이 친구는 폴란드에서 온 대학생으로 역사를 전공하고 있다고 했다. 친구들과 단체관광을 왔는데 시간이 남아 자기만 시타델을 보러 왔다고 했다. 사이즈가 딱 나오는 상황이었다.

보다 못한 내가 한마디를 하려고 하자 택시기사는 번개같이 고개를 돌려 제발 가만히 있어 달라는 애절한 눈빛을 보내왔다.

'이걸 도와줘야 하나 말아야 하나.' 고민에 빠졌다. 택시기사의 행동은 갈수록 가관이었다. 택시기사들이 손님들을 이렇게만 대해준다면 여행이 한결 편안해질 것 같았다. 돌아가신 테레사 수녀가 환생한다고 해도 저렇게 손님을 사랑하지는 못할 것 같았다. 이 순간만큼은 이 택시기사를 암만의 천사로 불러도 나무랄 데가 없었다.

결국, 나는 택시기사의 오버를 보며 꾹 참고 있던 실소를 터뜨리고 말았다. 각자 이유는 달랐지만 택시 안의 세 남자는 모두 박장대소를 하고 있었다.

다운타운에 도착한 뒤 택시기사는 뒤쪽으로 몸을 돌려 내게 손가락 하나를 펴 보였다. 1디나르란 얘기였다. 할 말은 해야 직성이 풀리는 고약한 성격 탓에 그냥 내릴 수가 없었다.

"원 디나르! 원!"

택시기사의 얼굴이 순식간에 흙빛으로 변했다. 그는 내 손에서 돈을 빼앗듯 가져가며 큰 소리로 웃음을 이어갔다. 어

찌나 거짓 웃음이 힘들었는지 택시기사는 토끼눈이 돼 있었다. 역시 내 성격상 이 정도로는 성미가 풀리지 않았다.

"이 친구, 학생이야. 암만에 대해서 잘 모르잖아." 택시기사에게 당부를,

"암만에 대해서 공부 좀 해!" 얼빠진 폴란드 친구에게는 충고를 남겼다.

하지만 내 말을 들은 둘은 다시 서로를 바라보며 '껄껄'거리기 시작했다. 소심한 반전을 노렸지만 역부족이었다. 그렇다고 영업을 방해할 수도 없는 노릇이고 참 난감한 상황이었다. 분명 얼뜨기 친구는 19달러를 헌납하고 기분 좋게 택시에서 내렸을 거다. 택시기사에게는 분명 수지맞은 날이었을 거고.

배낭여행자들의 숙명 '네고', 이것만 지켜라!

▶ 당당해라. 돈을 내는 건 나다.
▶ 아니다 싶으면 뒤돌아보지 마라. 네고의 상대들은 차고 넘친다.
▶ 절대로 택시기사들의 말을 믿지 마라.
▶ 적정선이라고 판단되면 미련 없이 줘라. 결국, 깎는 가격은 많지 않다. 뭐든 적당히 하자.
▶ 최저가에 목메지 마라. 여행 전체의 분위기를 다운시킨다.
▶ 모르면 당한다. 알아야 협상이 된다.
▶ 단체라면 최대한 인원이 많은 걸 활용해라. 협상은 혼자일 때가 가장 힘들다.

3.

Let's trekking!

'와디 무지브' 넌 감동이었어!
내 생애 최고의 협곡 트레킹

이용숙소 만족도 | 암만–만수르호텔

| 시설 | 가격 | 위생 | 친절 | 위치 |

* WIFI 가능 / 클리프호텔과 별 차이가 없는 곳이다. 단 아주 질 낮은 아침식사가 제공된다.

와디 무지브 트레킹 개요

🌿 **교통편**

암만에서 택시를 대절하는 게 일반적이다. 혼자보다는 단체가 경제적이다.

🌿 **트레킹 코스 및 시간**

와디 무지브 매표소~폭포(원점회귀), 3시간

킹스하이웨이

폭포 ②
(반환점)

① 매표소(와디 무지브
브리지)

암만 ←   사해고속도로

사 해

Lee's trekking

🌿 **코스 분석**

물길을 거슬러 올라가는 계곡 트레킹 코스로 거센 물살을 이겨낼
힘이 필요하다. 중간 중간 설치된 철제 계단이 물기 때문에 무척
미끄럽다. 아이와 동행한다면 각별히 주의를 기울여야 한다.

🌿 **최적시기**

여름 시즌

🌿 **난이도**

하

🌿 **준비물**

수영복, 여벌 옷, 식수와 행동식

🌿 **팁**

발목 부분에서 시작한 물길이 어느새 목까지 차오른다. 카메라를
가져가고 싶다면 꼭 방수 주머니를 준비해야 한다.

🌿 **전체 평**

이런 이색적인 트레킹 코스를 만나는 건 쉽지 않은 일이다. 요르
단 최고 여행지 중 하나로 손색이 없다. 코스가 짧은 게 아쉽다.

와디 무지브 협곡 •

체육을 전공하고 있는 22살의 건강한 처자 진원이를 만난 건 만수르호텔에서다.

1년 넘게 해외를 떠돌고 있는 진원이는 당차고 솔직했다. 거침없지만 신중했다. 불확실한 미래에 대해 걱정이 많은 나이답게 진원이의 질문 중에는 진로에 대한 것이 많았다. 난 좋아하는 걸 먼저 찾으라고 했고, 진원이는 뭘 좋아하는지 잘 모르겠다고 했다. 그런데 어릴 적 꿈을 잃어버린 내가 이런 조언을 해도 될까 싶었다. 나도 날 찾으러 여행을 떠나지 않았던가. 어찌 보면 진원이와 난 같은 고민을 하고 있었다.

시티투어를 마치고 진원이와 저녁 식사를 함께했다. 진원이는 나의 경험을 궁금해했고 난 그런 모습을 통해 15년 전 나를 돌아볼 수 있었다. 하지만 세월이 느껴지는 건 어쩔 수 없었다.

진원이와 난 의기투합해 다음날 '와디 무지브(Wadi Mujib)'로 협곡 트레킹을 가기로 했다. 사해를 보고 암만을 떠나야겠다고 생각하던 중 와디 무지브를 알게 됐고, 사진을 찾아 보니 내 눈을 단박에 사로잡는 곳이었다. 나중에 알고 보니 와디 무지브는 요르단에서 자연경관이 가장 잘 보존된 곳 중 하나였다. 암만에서 1시간 30분 정도의 거리로 이동에 대한 부담도 적었다. 가는 길에 사해를 볼 수 있다는 장점도 있었다. 최상의 조합은 택시 대절 비용을 가장 절약할 수 있는 4명이다. 일본 친구들은 4명을 맞춰 다음날 와디 무지브와 사해를 보고 온다고 했다.

떠나든지 기다리든지 선택을 해야 했다. 쪽수에서 밀렸지만, 더 고민하는 건 시간 낭비였다. 우리는 떠나는 쪽으로 방향을 잡았다. 와디 무지브까지 택시 대절비용은 25디나르였고, 입장료가 15.5디나르였다.

오전 10시 30분 택시기사가 숙소로 찾아왔다. 시골 아저씨처럼 생긴 팔레스타인 사람이었다. 출발하자마자 택시기사는 나에게 담배를 권하며 이것저것 질문을 이어갔다. 어제 경험한 택시기사의 연기력이 오버랩됐다.

암만을 벗어나자 성경에 나오는 '광야'란 표현이 딱 어울릴

법한 황량한 구릉지대가 펼쳐졌다. 조금 더 가자 'Dead Sea' 란 표지판이 눈에 들어왔다. 물속에 들어가면 몸이 둥둥 뜨는 것으로 유명한 사해였다. 염분의 농도가 높아 어떤 생명체도 살 수 없다는 곳. 여기선 이곳을 '암만 비치'라고 부른다.

물이 증발하면서 남은 소금이 해안선을 따라 하얗게 선을 그리고 있었다. 건너편은 이스라엘 땅이었다. 암만에서 만난 많은 여행자는 요르단에서 이스라엘로 넘어간다고 했다.

사해의 풍경을 감상하며 조금 더 달리자 와디 무지브 매표소가 나왔다. 수영복과 구명재킷을 입었다.

계곡에 들어서자 자연스레 탄성이 흘러나왔다. 양쪽으로 갈라져 있는 협곡은 마치 사포로 밀어놓은 듯 매끄러웠다.

"여기 오길 진짜 잘한 것 같아요!"

진원이가 벌어진 입을 다물지 못했다.

"기대 이상인데, 정말!"

협곡을 거슬러 올라갈수록 물살은 점점 거세졌다. 장대한 협곡의 깊이는 햇빛이 비집고 들어올 틈조차 허락하지 않았

갈라진 **틈으로 협곡 트레킹이 시작됐다.**

와디 무지브 협곡

따로 안전시설이 없어 겁을 먹게 했던 천연 미끄럼틀

사포로 밀어놓은 것 같은 바위가
마치 외계행성에 온 것 같은 착각을 불러일으켰다.

다. 이렇게 깊고 웅장한 협곡은 난생처음이었다. 카메라 앵글로는 협곡의 크기를 감당할 수가 없었다. 협곡의 폭이 좁아졌다 넓어졌다 하는 변화무쌍한 코스는 외계행성에 와 있는 듯한 착각을 불러일으켰다.

물살을 가르며 걷는 속도는 그리 빠르지 않았다. 빨리 걸을 필요도 없었다. 하늘을 향해 고개를 젖히고 자연이 만든 경이로움을 감상하며 한발 한발 내딛으면 그걸로 족했다. 협곡 안으로 들어갈수록 벌어진 입은 점점 커져갔다.

그러다 작은 폭포가 앞길을 막아섰다. 로프를 잡고 다리를 최대한 찢어 바위에 올라타야 하는 난코스였다. 경사면을 타고 거센 물살을 맞으며, 목까지 차오르는 수심을 이겨내는 일이 녹록치 않았다.

먼저 진원이가 시도했다. 체대생이라 내심 기대를 했지만 역부족이었다. 밧줄을 잡고 몇 번이나 시도해봤지만 진원이는 목까지 차오르는 물속에서 허우적대기 바빴다.

그렇다고 내가 젊은 처자의 엉덩이를 밀어 올릴 수도 없는 난감한 상황이었다. 보다 못한 요르단 여성이 우리를 도와주겠다며 다가왔다. 그녀는 이슬람 여성답게 입고 쓰고 가리고, 격식 있는 복장으로 협곡 트레킹을 즐기고 있었다. 와디 무지브보다 더 대단해 보이는 광경이었다. 그녀는 과감하고 힘차게 진원이의 엉덩이를 밀어 올렸다. 몇 번의 실패 끝에 바위에 올라서는 데 성공했다.

이번엔 내 차례였지만 나도 어렵기는 마찬가지였다. 결국 히잡을 곱게 쓰고 있는 그녀에게 내 엉덩이를 조건 없이 맡긴 뒤에야 험난한 코스를 통과할 수 있었다.

난코스가 나올 때마다 저길 어떻게 올라가나 싶었는데 요르단 사람들은 그때마다 우리에게 도움의 손길을 내밀었다.

무지막지한 협곡의 스케일 앞에서 우리는 즐겁기만 했다. 물속에 앉아 있으니 물고기들이 내 살을 쪼아대기 시작했다. '닥터 피쉬'였다. 그간의 여행으로 제대로 제거하지 못한 각질이 좋은 먹잇감이 됐다.

한 시간 넘게 협곡을 거슬러 오르자 드디어 종착점인 폭포가

나왔다(20명 이상의 단체라면 폭포 위까지 올라갈 수 있다).

물이 목까지 차오르는 폭포 밑으로 들어가니 천연 두피 마사지가 따로 없었다. 가장자리로 더 들어가자 고개가 덜덜 떨릴 정도로 물살이 거셌다.

시원하게 두피마사지를 하곤 방수기능이 있는 등산용 드라이색에 넣어둔 카메라를 꺼냈다. 두 손 두 발을 다 사용해야 하는 난코스가 많고, 물이 목까지 잠기는 수심 깊은 곳도 있어서 와디 무지브에 카메라를 가져오는 건 위험부담이 크다.

나도 출발 전 카메라를 챙겨야 할지 고민이 많았다. 그런데 이런 곳에 어찌 카메라를 안 가져올 수가 있단 말인가. 욕심을 좀 냈다.

다행히 드라이색이 톡톡히 자기 역할을 해냈다. 카메라를 꺼내자 주변에 있던 사람들이 하나둘 몰려들었다. 이 순간만큼은 와디 무지브 최고 인기남으로 손색이 없었다. 다들 내 이메일주소를 물어보기 바빴다.

올라가는 길이 온몸을 다 써야 하는 난코스였다면 내려가는

길은 공포심과의 싸움이었다. 하지만 약간의 용기만 있으면 매끈한 바위를 미끄럼틀 삼아 최고의 스릴을 느낄 수 있는 장소이기도 했다. 지그시 두 눈을 감고 바위에 몸을 맡겼다.

"풍덩."

워터파크 부럽지 않은 짜릿함이 온몸을 휘감았다.

…여행은 가끔 생각지도 않은 장소와 상황에서 우연을 필연으로 만들며 기쁨과 행복을 안겨준다. 우린 그걸 '인연'이라 부른다.

• 깨알 정보 •

요르단에서 이스라엘을 다녀올 때 여행자들이 주의할 점이 하나 있다.
이스라엘은 우리나라와 비자면제협정을 체결한 국가로 여권만 있으면 90일간 체류할 수 있다. 그러나 여권에 이스라엘 입국 도장이 있으면, 다른 이슬람권 국가에서 입국이 거부될 가능성이 크다. 이스라엘 입국 시 별도의 종이에 입국도장을 찍어달라고 요청하는 이유가 이 때문이다. 여행 루트를 짤 때 꼭 고려하자.

담배를 물고 라이터를 찾기 시작했다.
외투 오른쪽 호주머니와 왼쪽 호주머니를 더듬었다.
"어디 있지?"
똑같은 방향으로 바지 오른쪽 호주머니에서 왼쪽 호주머니로 손을 뻗어 갔다.
"어!"
물고 있던 담배를 다시 거둬들이고 한 번 더 호주머니를 확인했다.
"분명 있었는데…."
아무리 찾아봐도 라이터가 나오지 않았다.
편의점에서 600원짜리 라이터를 사 담뱃불을 붙였다.
외출을 마치고 집에 돌아오니 그렇게 찾던 라이터가 셔츠 가슴주머니에서 나왔다.

와디 무지브, 아니 요르단은, 내게 있었지만 잘 보이지 않던 곳이었다.

어느 여행책자에서도 볼 수 없는 생생한 여행기와 알찬 정보가 가득하다! 진격의 역마살이 있는 분들은 특히 이 책을 멀리할 것!

_봄블리(ellenkwon)

생생한 현장의 이야기와 당시의 땀방울이 하나로 응집된 여행기! 도전해 보고자 하는 의욕을 불러일으키는 책!

_비전트래블러(vsmaker)

Trekking 8. 페트라

❹ Let's trekking | 세계 7대 불가사의 페트라! 인류 최고 걸작 앞에 서다

❺ 와디 무사에서 아카바로 | 코발트 빛 홍해를 건너 황토 빛 이집트로

페트라 알데이르 전경

4.

Let's trekking!

세계 7대 불가사의 페트라!
인류 최고 걸작 앞에 서다

페트라 트레킹 개요

🌿 교통편
와디 무사에서 택시를 이용하거나 숙소에서 제공하는 버스 편을
이용하면 된다.

🌿 트레킹 코스 및 시간
페트라 전체를 꼼꼼히 둘러보기 위해서는 이틀 정도의 시간이 필
요하다.

🌿 코스 분석
페트라는 바위 지대에 세워진 도시로, 방대한 면적을 자랑한다. 하
루 만에 이곳을 다 둘러본다는 건 물리적으로 불가능하다. 사전에
지도를 보고 핵심지역을 찾아다니며 골라 보는 게 여러모로 도움
이 된다. 알카즈네에서 알데이르 방향으로 코스를 잡는 게 일반적
이다.

🌿 최적시기
봄과 가을

🌿 난이도
하

🌿 준비물
식수와 행동식, 선크림 및 모자

🌿 팁
페트라 내부 매점은 모든 게 다 비싸다. 충분한 식수와 간식을 준
비하면 좋다. 페트라에 대해 상세한 내용을 알고 싶다면 매표소에
서 개인 가이드를 구할 수 있다. 비용은 100달러 정도 한다.

✿ 전체 평

말이 필요 없는 곳이다!

애초 요르단을 찾은 건 페트라 때문이었다.

암만에서 출발한 버스가 사막 한가운데 놓인 '킹스하이웨이'를 3시간 남짓 달려 페트라의 베이스캠프인 '와디 무사'에 도착했다.

다음날 아랍계 유목민 나바테아인이 건설한 해발 950m의 산악도시 페트라는 인류 역사에서 다시없을 신비로움과 섬세함을 고스란히 내 앞에 드러냈다.

페트라는 BC 6세기, 나바테아인이 서부아라비아에서 이주하면서 만들어지기 시작했다. 이들은 서기 106년경까지 이 지역의 무역과 상권을 주도했다. 그러다 106년 로마의 트라야누스 황제에게 점령당하면서 쇠퇴의 길을 걷게 된다. 후기 로마시대에는 콘스탄틴에 의해 기독교화되면서 도시의 상업적 역할보다는 요르단과 남부 시리아의 종교적 중심도시로 자리매김하게 된다. 그후 6세기에 있었던 큰 지진으로 도시가 폐허가 된 것으로 추정된다. 페트라는 그리스어로 '바위'를 의미한다.

페트라가 세상 사람들의 기억 속에서 사라진 뒤 다시 그 모습을 드러내기까지는 1000년이 넘는 시간이 걸렸다. 젊은 탐험가 부르크 하르트는 카이로로 향하던 중 요르단에 엄청난 유적이 숨겨져 있다는 말을 듣고 아랍인으로 변장한 후 탐험에 나섰다. 1812년 그는 기억 속에서 지워져 버린 도시를 발견했다. 바로 페트라였다.

페트라는 멕시코 치첸이트사, 이탈리아 콜로세움, 페루 마추픽추, 브라질 예수상, 중국 만리장성, 인도 타지마할 등과 더불어 세계 7대 불가사의로 꼽힌다. 특히 이곳은 영화 인디아나 존스 3편의 무대로 잘 알려져 있다.

요르단 세수 중 20% 정도가 페트라 입장 수입이라고 하니, 이 유적이 전 세계인에게 얼마나 사랑받는지 알 만하다.

깊은 협곡을 지나야 알카즈네에 닿을 수 있다.

페트라 알카즈네

페트라에 가면 제일 먼저 규모에 압도당하고, 그 다음 신비로움에 휩싸이며,
마지막으로 이곳에서 살다 간 어떤 사람들 생각에 문득 나를 돌아보게 된다.
누가 영원히 주인으로 살아갈까, 누군들 잠시 머물다 스쳐가는 '과객'이 아니겠는가.
그럼 난 내게 주어진 시간 동안 어떻게 살아야 하는가.

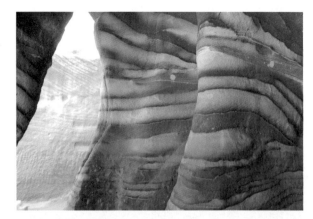

여행자들의 입에 여행지보다 숙소가 더 많이 오르내리는 경우도 흔치 않다.

페트라의 베이스캠프 격인 '와디 무사'를 방문한 여행자들이 가장 많이 찾는 '밸런타인인'이 바로 그런 숙소다. 여행 정보를 찾아보면서 이렇듯 극명하게 평가가 엇갈리는 곳도 흔치 않았다. 그래서 더욱 궁금하기도 했다. 악평의 내용은 이곳 여주인의 불친절이 도를 넘는다는 게 주다. 돈을 너무 밝힌다는 이야기도 있었고, 또 음식이 별로라는 내용 등도 눈에 띈다.

반면 숙소가 전체적으로 깨끗한 편이고 가격도 무난하고 각종 투어를 손쉽게 이용할 수 있다는 내용도 많았다.

일단 결론부터 말하면 내 느낌은 합격점이다. 내가 갔을 때는 여주인이 없었다.

일단 암만의 클리프호텔과 만수르호텔의 위생 상태에 비하면 여긴 청정구역이나 다름없다. 여 사장이 없어서 그런지 남 사장과 직원들의 태도도 나쁜 편이 아니었다. 단 흠이라면 내가 원하는 싱글룸 가격이 그리 착하지 않았다는 것. 와디 무사의 물가를 고려하면 황당한 가격은 아니었다.

도미토리야 가격이 정해져 있어 그런 일이 없겠지만, 싱글룸은 상황에 따라 가격이 다른 것 같았다. 좋게 이야기하면 사람 봐가면서 가격을 탄력적으로 절충하는 듯했다. 네고는 필수다.

방을 보곤 그간 내 안목이 참 많이 떨어졌구나 하는 생각이 들었지만 뭐 이 정도면 그럭저럭 지낼 만한 수준이었다. 일단 화장실이 깨끗했다.

특히 암만 만수르호텔에서 화장실 바닥에 바퀴벌레 3마리가 기어다니는 걸 보고 깨끗한 숙소가 더 절실히 다가왔다. 난 정말 더러운 것하고는 잘 안 맞는 사람이다. 도저히 감당이 안 된다. 아놔!

그렇게 큰 바퀴벌레는 난생처음이었다. 변기 뚫는 펌프를 갖고 사정없이 바퀴들을 찍어 눌렀다. 바퀴들은 우사인 볼트 급 달리기 실력으로 필사적으로 내 공격을 피해 다녔다. 아차 하면 놓치게 된다. 바퀴벌레가 크다 보니 최후를 맞는 모습도 처참하기 그지없다. 이후 묘사는 생략.

아무튼 그런 환경에 비하면 밸런타인인은 반도체 공장 수준의 청결도를 유지하고 있었다. 빨래터에 시트와 수건이 많이 널려 있는 것도 마음에 들었다. 여행을 오래 하다 보니 숙소를 고를 때 빨래터를 확인하는 버릇이 생겼다. 빨래터에 시트나 수건 등이 널려 있지 않은 곳은 99% 더러울 확률이 높다.

말도 많고 탈도 많은 발레타인인의 뷔페식 저녁을 맛봤다. 일부는 돈 값 못한다고 하고 일부는 먹을 만하다고 하고 답이 안 나오는 부분이었다. 그래서 확인에 들어갔다. 일단 요리의 가짓수가 상당했다. 호텔에 비할 바는 못 된다. 어디까지나 게스트하우스 수준에서다. 단 육류가 들어간 요리는 닭고기 볶음밥이 전부다. 다른 건 모두 야채요리다. 또 같은 야채를 갖고 다른 소스로 요리한 것들이 눈에 띄었다. 호텔 뷔페처럼 몇 번 갖다 먹을 정도는 아니다.

5.5디나르면 8,000원이 조금 넘는 돈인데 딱 그 수준이다. 너무 많은

걸 바라는 건 욕심이다.

매일 새로 만든 요리가 나온다고 생각한 것도 오산이었다. 뷔페이
다 보니 일부 남은 음식이 다음날 나오기도 했다. 이 부분은 정말 우
연히 주방을 보고 확인했다.

한마디로 못 먹을 정도는 아니다. 오랜만에 포만감을 맛보고 싶다면
뷔페를 추천한다.

또 돈을 무척 많이 밝힌다는 부분은 사실 애매하지만 '밝힌다'는 편
에 손을 들어주고 싶다.

이런 논란 말고도 밸런타인인은 분명 장점이 있는 숙소다. 페트라까
지 셔틀버스를 제공하는 것은 물론이고 이곳에서 암만이나 아카바
행 버스를 바로 탈 수 있고, 와디 람 사막투어를 손쉽게 신청할 수도
있다.

이용숙소 만족도 | 와디 무사~밸런타인인

시설	가격	위생	친절	위치

* WIFI 가능 / 논란의 숙소. 평가는 깨알 정보 참조

5.

와디 무사에서 아카바로

코발트 빛 홍해를 건너 홍토 빛 이집트로

페트라를 본 다음날 숙소에서 만난 대학생 준섭이와 아카
바행 버스에 몸을 실었다.

아카바는 요르단의 유일한 항구로 재미있는 사연을 갖고
있다. 이곳은 1960년대 중반까지만 해도 요르단 땅이 아니었
다. 요르단은 바다로 나갈 수 있는 항구가 없는 나라였다. 항
구는 요르단 사람들에게 절박함이었다. 하지만 전쟁을 일으
켜 바다를 차지할 형편도 못됐다. 그래서 궁여지책으로 홍해

의 동쪽 해안선을 다 갖고 있던 사우디아라비아와 협상에 나서게 된다. 협상 결과 사우디아라비아는 아카바를 넘겨주고, 요르단의 황무지를 받게 된다. 얼핏 보면 사우디아라비아가 무척이나 불리한 협상을 한 것처럼 보인다. 그런데 재미있는 건 사우디아라비아가 받은 땅에서 석유가 펑펑 난다는 사실이다. 누가 알았겠나? 황무지 밑에 엄청난 석유가 매장돼 있을 줄.

…2시간 남짓 걸려 아카바에 도착했다. 우린 먼저 이집트행 페리 티켓 사무실을 찾아야 했다. 아카바에서 페리를 타면 홍해를 건너 이집트로 넘어갈 수 있다. 요르단을 빠져나가는 수단으로 이만 한 방법도 없다.

버스에서 내리자마자 돈 냄새를 맡은 하이에나들이 몰려들었다.

"페리 티켓 사무실이 어디죠?"

"위치는 내가 알고 있으니 일단 차에 타세요."

뭘 믿고 덥석 택시에 오른단 말인가. 요르단은 내게 믿음의

땅이 아니었다. 우린 탑승을 거부했고 택시기사는 입맛을 다시며 사라졌다. 길을 가던 행인들에게 페리 티켓 사무실의 위치를 물어봤지만, 영어가 통하지 않았다. 어디로 갈지 막막하기만 했다.

버스에서 내리기 전 기사에게 페리 티켓 사무실의 위치를 묻지 않은 게 결정적 실수였다. 일이 꼬이기 시작했다.

그렇게 허둥지둥하고 있는 사이 한 젊은 사내가 눈앞에 보이는 컨테이너 건물이 페리 티켓 사무실이라고 귀띔해주었다. 아니 조금 전 택시기사는 차를 타라고 했는데 도대체 누굴 믿어야 할지….

손해 볼 게 없어 일단 옆에 보이는 컨테이너 건물에 가보기로 했다. 준섭이도 미심쩍은지 고개를 갸웃거렸지만 뭐 마땅히 물어볼 곳도 없었다.

작은 컨테이너로 된 사무실 안에는 빈 책상과 소파가 덩그러니 놓여 있었다.

"여기 맞니? 이상하지 않아?"

"그러게요. 70달러 날리는 거 아닐까요?"

우리에게 티켓 사무실을 알려준 청년은 1분만 기다리라는 말을 남기고 어디론가 사라졌다. 나타날 때까지 기다리는 수밖에 없었다. 한참 만에 한 중년 남성이 얼굴을 내밀었다. 그는 우리를 사무실 안 작은 방으로 들어오라고 했다. 방 안에는 페리탑승권이 뭉치로 꽂혀 있는 프린터 한 대가 놓여 있었다. 가격을 물으니 알고 있던 가격 그대로였다. 의심이 풀리는 순간이었다. 여기가 택시기사가 데려다 준다고 한 장소였던 셈이다. '된장할 놈들!'

그런데 티켓 사무실 직원은 배 시간이 따로 없다고 했다. 대충 사람이 차면 떠나니 서둘러 항구로 가보라는 말뿐이었다. 미니버스가 이런 형태로 운행하는 건 대충 이해가 되지만 수백 명이 타는 페리에 운행시간이 없다는 건 상식이 아니었다.

…아카바 페리터미널에 도착해 출국수속을 밟았다. 요르단에서 나가려면 출국세를 내야 했다.

8디나르짜리 출국인지를 사서 2층 이미그레이션으로 갔다. 간단하게 수속을 마치고 타는 목을 축이기 위해 음료수를 한 잔 마시며 여유를 부리고 있었다.

"준섭아, 그런데 도대체 배는 몇 시에 떠나는 거지?"

"잠깐만요. 형."

준섭이는 출국장 매점 주인에게 출발시각을 물었다. 매점 아저씨는 배가 지금 출발한다고 했다. '헉!'

그는 우리보다 더 놀란 눈으로 어서 뛰어가라며 성화였다. 미친개에 쫓기듯 배낭을 메고 선착장을 향해 뛰기 시작했다. 다행히 배는 선착장에 껌처럼 붙어 있었다.

헐떡이는 숨을 고르며 2층 선실로 올라가려던 우리를 승무원이 막아섰다. 그는 짐을 짐칸에 실으라며 한쪽을 가리켰다. 그가 가리킨 손가락 끝엔 컨테이너 하나가 놓여 있었다. 짐을 어디다 보관하라는 뜻인지 감이 오질 않았다.

"이런 오옷!"

컨테이너 안에는 여행용 가방 · 배낭 · 손가방 심지어 비닐

요르단에서 이집트로 건너갈 때 타고 간 페리

쓰레기가 아닙니다. 짐입니다.

봉지까지 온갖 짐들이 마구잡이로 뒤섞여 있었다. 쓰레기통을 보는 것 같았다. 컨테이너 안에 질서란 없었다. 도저히 답이 안 나오는 짐칸이었지만 뾰족한 수가 없었다.

준섭이가 컨테이너 안으로 올라갔다. 그리곤 배낭을 힘껏 가장자리로 던졌다. 준섭이의 힘은 배낭의 무게를 이기지 못했다. 어쩔 수 없이 이 배에 먼저 탄 사람들과 똑같이 쓰레기처럼 아무렇게나 배낭을 던져놓을 수밖에 없었다. 이집트의 분위기가 한눈에 파악되는 순간이었다.

2층 선실은 이집션들로 북새통이다. 출발시각도 없는 페리에서 이 사람들은 언제부터 자리를 잡고 있었단 말인가? 신기할 따름이었다. 며칠만 있으면 라마단이 시작된다고 했다. 승객들 대부분은 사우디아라비아나 요르단 등에서 일하고 있는 노동자들이었다. 이들은 라마단에 맞춰 고향으로 돌아가는 길이었다.

선실 좌석은 이미 부지런한 이집션들이 모두 점령을 한 뒤였다. 우리가 발붙이고 있을 마땅한 장소가 없었다. 우린 떠

밀리듯 3층 갑판으로 올라갔다.

거기서 난 그대로 몸이 얼어붙고 말았다. 눈앞에 펼쳐진 홍해는 마치 맑은 청색 물감을 풀어 놓은 듯했다. 눈이 시릴 정도로 파란 바다였다.

"아름답다…."

사람과 풍경이 이렇게 조화롭지 못할 수 있다는 걸 그때 깨달았다. 페리 안의 이집선과는 너무나 대조적인 풍경이었다. 바다를 별로 좋아하지 않았지만, 이 순간만큼은 놓치고 싶지 않았다. 이집트로 넘어가는 이동수단으로 페리는 탁월한 선택이었다. 바다 속에 뛰어들고 싶은 충동이 꿈틀댔다. 그 사이 배가 서서히 항구를 밀어냈다.

여행에도 편식이 있다.

보고 싶은 것만 보고, 먹고 싶은 것만 먹고, 가고 싶은 곳만 찾는 게 일반적이다. 그런데 문제는 익숙하지 않은 것들에 대해서 내 뇌가 어떤 반응을 보일지조차 모른다는 데 있다.

세계 일주는 내가 그동안 보지 못한 것, 보지 않으려고 한 것을 마음껏 풀어냈다.

내겐 바다가 그런 대상이었다.

3개월의 시간이 흘렀다.

체지방은 더 빠질 게 없었고, 머리는 단순해졌다.

출근도 퇴근도 없었다.

정장을 차려입을 필요도, 구두를 닦을 일도 없었다.

우아한 척 커피 잔을 들며 거짓 웃음을 지어 보일 필요도 없었다.

여행에선 좋으면 웃고, 싫으면 고개를 돌렸다.

그뿐이었다.

바람이라면 내일 내가 가야 할 길이 비포장도로가 아니면 좋겠다는 정도였다.

헤매지 않고 숙소를 찾으면 운수가 무척 좋은 날이었다.

그 사이 어려울 것 같은 여행이 하나둘 풀려나갔다.

매일 새로운 길을 걷고 만남을 이어갔다.

그 긴장감은 활력 넘치는 새벽시장처럼 날 여행으로 더욱 몰아붙였다.

고개를 들어 이집트 땅을 바라봤다.

미지의 땅 아프리카가 홍해 너머에 있었다.

기대와 불안이 뒤섞인 감정이 초조함으로 변했다.

홍해의 물살은 유난히 푸르고 잔잔했다.

아프리카 - 이집트

도를 닦고 싶으신가요?
이집트를 추천합니다!

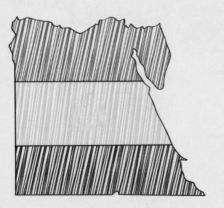

여행 개요

'세계 일주를 하면서 피라미드는 한 번 봐줘야지 않을까?'

이집트는 딱 그 정도 수준에서 결정한 방문국이었다. 세계 3대 블랙홀로 불리는 다합이 있긴 했지만, 다이빙은 내 전문이 아니었다. 시나이 산(2,285m) 정도가 내 흥미를 끌었다.

고백하건대 이집트는 기념사진을 찍기 위해 방문한 곳이다. 달리 이야기하면 요르단을 방문하면서 자연스럽게 루트가 그려진 나라다.

그런데 '아프리카의 인도' 이집트는 내 가벼운 생각과 달리 날 강철같이 단련시켜주었다. 이집트에서 보낸 거의 모든 시간이 협상력을 기르는 훈련의 시간이었다.

요르단에서 이집트로 넘어간다면 아카바에서 페리를 타고 바닷길을 건너는 게 가장 이상적이다. 이 루트를 이용한다면 곧장 다합으로 갈 수도 있다. 요르단〜이집트 루트는 여러모로 효율적이다.

다합에서 다이빙과 시나이 산 트레킹을 하고선 카이로로 이동해 이집트의 상징 피라미드를 보게 되는데….

※ 주의 : 이집트를 즐겁게 여행하기 위해서는 이집션의 간사한 사기수법과 각종 상술을 재미(?)로 느낄 수 있는 내공이 필요하다. 만

약 자신의 성격이 너무 정직하거나, 매사 진지한 분들이라면 분명 '멘붕'이 찾아온다.

주요 트레킹 지역

시나이 산은 모세가 십계명을 받은 산으로 잘 알려져 있다. 우리나라에선 성지순례 코스로 인기가 있다. 시나이 산은 시나이반도 남쪽 한가운데 있다.

다합을 방문할 계획이라면 다합에서 투어를 신청하는 게 가장 일반적이다. 물론 카이로 등에서도 투어 신청이 가능하다. 시나이 산에 오르면 성경에 나오는 '광야'란 말을 실감할 수 있다.

게이지로 살펴본 이집트

| 영어 통용 | 물가 | 음식 | 숙소 | 이동 | 치안 | 사기 | 분노 | 여행 종합난이도 |

무협지의 주인공처럼 중국 대륙의 강호를 떠돌고, 아프리카 킬리만자로에 올라 표범을 찾아보고, 아라비아 상인과 줄다리기 협상을 해보고, 남미의 탱고리듬을 타고 A+++등급 소고기와 함께 와인에 취해보고 그리고 파타고니아를 걸어보고… 이 모든 걸 돌격형 여행기로 체험할 수 있다.   _Gregory(nakada11)

여행을 도피나 탈출구로 생각하고 있는가? 그의 글에서, 일상의 무게만큼이나 여행의 깊이를 느낄 수 있다. 배낭과 영혼의 무게가 더해져 다니는 곳마다 발걸음을 꾹꾹 찍어대는 그의 트레킹 기록은, 그래서 즐겁다가도 숙연하다.   _쀄(ggyak)

Diving 9. 외도, 다합 다이빙

1.

이집트 누웨이바항 도착

광기의 중심에 서다

페리의 속도는 딱 경운기 수준이었다.

홍해를 감상하기에는 더없이 좋은 환경이었다. 멀리 이집 트 누웨이바항이 눈에 들어왔다. 여행 중 이집트에 대한 이 야기는 수없이 들은 뒤였다. 이집트를 다녀온 배낭여행자들 의 평가는 물과 기름처럼 극명하게 나뉘었다. 호불호에는 성 별차도 있었다. 남성 대부분은 이집션의 간사한 사기수법에 치를 떨었다. 여성은 친절한 이집션에 대한 호의적인 기억을 가진 듯했다. 개중엔 치근덕거리는 이집션 때문에 곤욕을 치 른 여자들도 더러 있었다.

타인의 경험으로 이집트의 상황을 정확하게 알 길은 없었 다. 몇 명의 경험으로 일반화시킬 필요도 없었다. 고정관념 은 오감으로 느낄 수 있는 감흥의 크기를 한정시킬 뿐이었 다. 분명한 건 이집트가 만만한 상대가 아니라는 것이었다. 긴장감이 온몸을 훑고 지나갔다.

누웨이바항에 거의 도착할 때쯤이었다. 옆에 있던 한 이집 션이 내 선글라스를 보여 달라고 했다. 그는 "어디 제품이냐? 얼마냐? 한번 써보면 안 되겠냐?" 등 질문이 많았다. 선글라 스를 써본 그는 대뜸 "선물로 주면 안 되겠냐?"는 당황스러운 부탁을 해왔다.

문득 파키스탄 훈자에서 만난 윤이 해준 말이 떠올랐다.

"파키스탄에서는 가격 때문에 실랑이하다 화를 내면 상대 방이 수그러드는 기미가 보이는데 이집트는 자기들이 더 화 를 내는 경우가 많아 네고가 정말 쉽지 않은 나라예요."

여행에서 꼭 필요한 협상기술은 요르단을 거치면서 일취월장했다. 가격을 깎는 일이라면 이제는 어느 정도 자신이 있었다. 하지만 이집트 땅을 바라보며 내 가슴 한쪽을 지그시 누르는 이 불안감의 정체는 도대체 뭐란 말인가. 무의식 속에 꼭꼭 숨겨두고 싶던 내 불안감이 조금씩 경계를 넘어 의식으로 스며들고 있었다. 옆에 있던 준섭이가 말했다.

"인도에 다녀온 친구에게 들은 이야기예요. 어떤 사람이 시간이 없어 택시를 타고 기차역으로 가고 있었대요. 그런데 택시기사가 열차시간을 확인한다며 티켓을 달라고 해서 보여줬더니 급한 걸 알아차리고 차를 세우고 돈을 더 달라고 했대요. 이집트가 아프리카의 인도라면서요?"

내 불안에 기름을 끼얹은 이야기였다.

이집션들은 도둑질은 잘 하지 않는다고 한다. 그런데 여행자를 상대로 사기를 치는 건 본인의 능력이라고 믿는 민족이라고 했다. 등치는 수법도 상상 초월이다. 요르단을 떠나기 전 거의 뜬눈으로 밤을 새웠다. 아무래도 이집트에 대한 준비가 부족한 것 같아 여러 여행기를 찾아보는 걸로 이집션의 간사한 수법을 나름 연구했다.

"풉."

여행기를 읽을수록 웃음이 나왔다. 그러다 낯빛이 점점 황당함으로 물들었다. 결국에는 분노의 싸대기를 한 대 올리고 싶을 정도로 광분한 채 아침을 맞았다.

…페리가 누웨이바항에 정박했다. 남보다 먼저 밖으로 나가기 위해 사람들이 구름같이 입구로 몰려들었다. 입구는 두 개였는데 하나는 남자 승객들, 그리고 하나는 여성이나 가족단위 승객들의 출입구였다. 가족단위 승객들의 출입구가 정체되자 사람들이 남자 승객용 출입구로 모여들었다. 그러자 작은 싸움이 시작됐다. 무슬림들의 원칙은 그냥 몸이 편할 때만 적용되는 듯했다. 외국인 우대는 상상도 못한다. 기다리든가 이집션의 틈바구니를 헤치고 나가든지 둘 중 하나를 선택해야 했다. 난 기다리는 쪽을 선택했다.

페리 밖의 상황도 별반 다르지 않았다. 컨테이너에서 짐을 찾으려는 이집션들이 양쪽으로 길게 줄지어 있고 그 가운데로 차량이 빠져나오고 있었다. 뒤쪽에서는 입국장까지 운행하는 셔틀버스를 먼저 타려고 몸싸움이 한창이었다. 질서도 원칙도 없었다. 대형 트레일러가 짐을 넣어둔 컨테이너를 페리 밖으로 옮기려고 배 안으로 들어갔다.

그런데 갑자기 배 앞에서 기다리고 있던 사람들이 셔틀버스로 우르르 몰리는 게 아닌가. 눈치를 보니 컨테이너를 입국장 근처로 옮기려는 듯했다. 컨테이너 안에는 내 전부인 소중한 배낭이 들어 있었다. 우리도 재빠르게 버스를 타고 입국장으로 향했다. 잠시 뒤 예상대로 트레일러가 도착했다.

순간 사람들이 트레일러 기사와 언성을 높였다. 우리 짐을 실은 컨테이너가 아니었다. 사람들이 배가 있는 곳으로 뛰기 시작했다. 우리도 그들을 쫓아 덩달아 뛸 수밖에 없었다. 준섭이와 난 배에서 내리자마자 입에 욕을 달고 있었다. 단언컨대 지금까지 이렇게 자연스럽게 욕이 튀어나온 나라는 없었다.

그동안 무슬림에게 전수받은 '인샬라' 정신으로 나름 평화롭게 여행을 즐기고 있었는데, 무질서가 생활인 이집트에서는 도저히 욕을 안 뱉고는 참을 수가 없었다.

허겁지겁 배 안으로 들어가 보니 우리 짐이 실려 있는 컨테이너 주변은 광기에 사로잡혀 있었다. 사람들은 자기 짐을 먼저 찾겠다고 밀고 밀치는 사투를 벌이는 중이었다. 온몸이 땀으로 범벅이 된 채 네 짐, 내 짐 할 거 없이 손에 잡히는 짐들을 모두 컨테이너 밖으로 던져버리는 아비규환의 현장이었다.

모두 하나의 목적을 위해서 엄청난 에너지를 발산하고 있었다. 이집트의 태양이 잠시 그들의 열기에 숨을 죽이는 듯했다. 난 그들의 모습을 먼발치서 지켜볼 수밖에 없었다. 보는 것만으로도 숨이 막혀왔다. 그렇다고 방관만 할 수도 없었다. 준섭이에게 작은 가방을 맡기고 컨테이너로 올라가 보기로 했다. 형으로서 능력을 발휘해야 할 타이밍이었다.

어디 하나 부러지고 뜯겨야 정상일 정도로 엄청난 혼돈이었다. 내 가냘픈 몸으로 정면승부는 무리였다. 요리조리 틈을 노려 몸싸움을 최소화하며 컨테이너 앞까지 다가서는 데 성공했다. 그 사이 내 얼굴도 땀으로 번들거렸다. 카오스의 한복판이었다. 몸에서 조금만 힘을 빼도 균형을 잃고 쓰러질 것만 같았다. 그 순간 누군가 준섭이의 가방을 컨테이너 밖으로 내던져 버렸다. 남은 건 내 배낭이었다. 이판사판이었다. 이미 온몸은 땀으로 젖어 있었다. 컨테이너 위로 올라가야 했다. 그때였다. 컨테이너 문 바로 앞에 이리 차이고 저리 차이는 내 검은색 배낭이 눈에 띄었다.

남은 힘을 한순간에 쏟아내며 팔을 뻗어 배낭을 낚아채 지옥 같은 전쟁터를 빠져나왔다.

"아놔!"

아프리카의 인도. 이집트 여행의 서막이었다.

아랍권에서는 여자를 촬영할 때 각별히 조심해야 한다.

이집트 누웨이바항 도착

2.

가위! 바위! 보! 단판 승부

이집트 입국은 일사천리로 진행됐다. 누웨이바항 출입국관리소 직원은 질 좋은 외국인우대서비스를 제공해 주었다. 길 안내에서부터 심사까지 전 과정을 전담가이드처럼 도와주었다. 엑스레이 검사도 한국 여권을 보고는 딴지 없이 무사통과였다. 그는 누웨이바항 정문까지 우릴 데려다 주며, 근처 버스 정류장이 있는 곳까지 소상히 설명해 주었다. 순간 이집트에 대한 부정적인 여행기들이 모두 잘못 쓰인 것처럼 느껴졌다. 난 잠시나마 이집트를 다시 평가하고 있었다. 파키스탄에 와 있는 듯한 행복감이 찾아들었다. 하지만 이런 포근함은 얼마 가지 못했다.

항구 정문을 나서자 이집션들이 우리를 보고 득달같이 달려들었다. 하얀색 전통의상을 차려입은 그들의 눈빛은 얼핏 봐도 요르단의 호객꾼과는 차원이 달라 보였다. 이집트 본토 호객꾼들은 초절정 내공으로 여차하면 축지법이라도 쓸 기세였다. 밤새워 공부한 내용을 써먹을 시간이었다. 짐을 찾아 누웨이바항을 빠져나오는 게 체력 싸움이었다면, 여기서부터는 잔머리의 대결이었다.

워밍업은 없었다. 곧바로 첫 번째 라운드가 시작됐다.

"헤이! 친구. 다합으로 갈 거 아니야? 다합 말이야. 다합."

"얼마에 갈 건데?"

"얼마를 원하는데?"

"10(텐) 이집션 파운드!"

"뭐! 10파운드? 150! 알아들어? 150! 오케이?"

"됐거든~"

절대로 얼마를 원하느냐고 물을 때 높은 가격을 부르면 안 된다. 이건 협상의 기본 중 기본이다. 약간의 도발이 필요하다. 일단 어이없는 가격을 제시해야 저들의 진짜 속내를 알 수 있다. 그런 뒤 접점이 찾아지면 가는 거고 아니면 다른 기사를 찾으면 된다. 그는 '텐 파운드'란 말에 표정이 일그러졌다. 텐 파운드는 한국 돈으로 2,000원 정도다. 누웨이바항에서 다합까지는 40~50분 정도 차를 타야 한다. 보통 40파운드 전후로 협상이 되는데 버스를 타면 좀 더 싸게 갈 수 있다. 그러나 우리는 오후 4시를 훌쩍 넘겨 누웨이바항을 빠져나와 버스를 탈 수 있을지 장담할 수 없었다.

다른 호객꾼이 달라붙었다. 두 번째 라운드가 시작됐다.

"친구! 다합 안 갈래?"

"얼마?"

"텐."

"진짜? 텐?" 이상하게 마음이 놓이지 않았다.

"예스! 그래! 텐!"

"이집션 파운드?"

"아니! 미국 달러."

텐의 함정이었다. 차에서 내릴 때 보면 미국 달러나 유로를 이야기한 거라고 빡빡 우기는 경우다. 이런 상황에 처하면 대략 난감이다. 이집트에 대한 예습이 없었다면 깜빡 속아 넘어갈 뻔한 상황이었다.

"형, 어떻게 알았어요?"

뒤에서 조용히 보고 있던 준섭이가 눈이 동그래지며 말했다.

"어제 한잠도 못 잤어. 이런 거 공부하느라. 흠."

라운드 걸도 없었고, 목을 축일 여유도 없었다. 연이어 다음 라운드가 시작됐다.

"친구, 다합 안 갈래?"

"얼마?"

"20."

"20 이집션 파운드?"

"그래. 20 이집션 파운드."

"오케바리! 그런데 나 지금 현찰이 없어, 환전을 못 했어. 100파운드만 꿔줄래, 나중에 다합 가서 뽑아서 줄게."

"무슨 소리야! 너 미국 달러 있어? 있으면 바꿔줄게."

"아니, 아니 내 말뜻은 네 돈을 좀 빌려 달라는 거야. 다합에 가서 돌려줄게."

이때 준섭이가 끼어들었다.

"형… 저 이집트 돈 있어요."

"아 그래? 그럼 됐네."

이런 경우 몇 안 되는 살아 있는 양심의 이집션을 만났다고 생각하게 된다. 하지만 여기도 함정은 있다. 다른 여행자와 조인을 해야 가능한 가격인데 그게 쉽지 않을 때 문제가 생긴다. 그는 우리에게 다른 손님을 구할 때까지 차를 마시며 기다리라고 했다. 그렇게 우리가 기다린 시간은 무려 한 시간이었다. 결국, 그는 우리만 차를 타고 가야 한다며 각자 50파운드씩을 내라고 했다.

'낚였다!'

예상치 못한 반전이었다. 지금까지 기다린 게 있어 다른 차를 잡을 수도 없었다. 40파운드로 가격을 깎아 봤지만 21살짜리 이집션 청년은 요지부동이었다. 그는 찔러도 피 한 방울 안 나올 것 같은 근엄한 표정으로 뒷짐을 지고 50파운드를 고수했다. 한 시간을 기다리게 한 상황에 대해서도 어쩔 수 없다며 책임이 없다고 했다. 분했다. 이렇게 앉아서 당할 수는 없었다. 최후의 카드를 꺼내 들었다.

"가위바위보 한 판으로 결정하자!"

"그게 뭔데?"

초간단 게임이었지만 이집션 청년은 의심이 많았다. 연습 게임을 계속해 주었지만, 속임수가 아닌가 하는 눈치였다. 그는 수십 번의 연습게임을 하고서야 본게임에 응했다. 같이 호객행위를 나온 아버지와 형을 불러 게임을 관전하게 하는 치밀함까지 보였다. 심판진까지 있는 가위바위보라니 웃음이 나왔다.

"네가 이기면 50파운드고, 내가 이기면 45파운드에 가는 거다. 오케이?"

"좋아. 속임수 쓰지 마!"

"너희 아버지와 형도 보고 있는데 무슨 속임수. 자 간다. 가위! 바위…"

"잠깐 잠깐."

"왜?"

"진짜 속임수 없는 거지?"

'어휴 인간아~ 내가 이집션인 줄 아냐.'

단판 승부였다. 긴장의 순간이었다. 가위바위보 경력 30년이 넘는 나였다. 당연히 승리는 내 것이었다.

"자! 진짜 간다! 가위! 바위! 보!"

… 뜨~아~악!(OTL) 가위바위보 경력 30년이 넘는 베테랑 겜블러가 패하고 마는 전대미문의 사건이 발생하고 말았다.

"내가 이긴 거지?" 경력 10분을 자랑하는 21살짜리 청년은 자신의 승리에 어리둥절했다.

"그래, 네가 이겼어. 50파운드. 고고고 다합!"

게임은 게임이다 깔끔하게 이집션의 승리를 축하해 주었다.

"형! 진짜 재밌어요."

"준섭아~ 난 힘들다. 어떻게 경력 30년을 한 방에 보낼 수가 있지."

"근데 형은 어떻게 이집션한테 돈을 꿔달라고 해요. 아까 자기 귀를 의심하며 완전 멍한 표정이던 걸요. 네고 다 했는데 '나 돈 없으니 돈 좀 꿔줘' 아~ 진짜 웃겨요."

"생각해보니 그러네. 내가 더한 놈인가."

담대한 네고의 첫판이었다.

부밖에 없다.

알아야 안 당한다. 모르면 '혹'하게 된다. 내 머릿속에서 사기 하면 떠오르는 나라는 역시 이집트다. 이집션의 그 가증스러운 속내는 인간에 대한 혐오로까지 번진다. 같은 무슬림이지만 파키스탄에서는 "이렇게 살자"고 다짐했고, 이집트에선 "이렇게 살지 말자"고 다짐했다. 여행기에 소개되지 않은 사기수법을 정리해 봤다.

1. 정체구간 난 못 가

카이로에서 택시를 이용할 때였다. 택시를 타고 있는데 정체구간을 만났다. 갑자기 택시기사가 차를 세우더니 보닛을 열며 차에 문제가 생겨 더는 못 가니 뒤에 오는 차를 타고 가라고 했다. 어쩔 수 없이 그때까지 나온 요금을 주고 다른 택시를 탔다. 뒤를 돌아보니 택시 기사가 보닛을 닫고 있었다. 정체구간에 들어가기 싫다는 이야기다. 이집트식 고객 만족 서비스다.

더는 못 가겠다며 차를 세우고 보닛을 열어젖힌 택시 기사

2. 낯선 음료

낯선 사람들이 주는 술이나 음료수를 마시고 정신을 차려보면 다음날 아침이고, 지갑은 없고, 나도 모르는 신용카드 결제가 돼 있고… 이런 미치고 환장할 노릇도 심심치 않게 발생한다. 클럽이나 바 등에서 제정신으로 놀고 싶다면 내 앞에서 따는 술만 마셔야 한다. 언제 당할지 모른다.

3. 로또의 행운

현지인이 준 복권을 긁어 보니 당첨이다. 당첨금이나 선물을 받으려면 다른 장소로 가야 한다는 설명이 이어진다. 가보면 나와 같은 처지의 여행객으로 발 디딜 틈이 없다. 거기서 다른 물건을 파는 홍보영상물을 보게 된다. 물건이야 안 사면 되지만 시간은 어쩔 건가.

4. 가짜 경찰

이 사건은 남미에서 자주 발생하는 케이스다. 경찰이 다가와 강제로 준비된 차에 타라고 겁을 준다. 물론 짜인 각본이다. 운전사와 다 한패다. 타는 순간 권총 강도나 흉기 강도를 당하게 된다.

5. 사진 부탁도 요령이 있다

혼자 여행 다니는 경우 다른 사람에게 카메라를 주며 사진 찍는 걸 부탁하는 경우가 흔하다. 현지인에게 부탁할 경우 그냥 카메라를 들고 도망가 버릴 수 있다. 나와 같은 처지에 있는 배낭여행자에게 부탁하는 게 가장 안전한 방법이다.

6. 길거리 환전은 NO

환전 사기도 심심치 않게 벌어진다. 특히 사무실도 없이 길거리에서 환전하는 경우 위조지폐를 중간에 끼워 넣는 경우가 있다. 부에노스아이레스의 경우 암달러 환율이 더 좋기 때문에 달러를 현지 화폐로 바꾸는 경우가 많은데 길거리에서 직접 환전하는 건 피해야 한다. 길거리에서 만난 삐끼라도 대부분 사무실로 안내한 뒤 환전을 하는 게 일반적이다.

7. 한잔할래?

터키에서 종종 발생하는 사건이다. 현지인이 한잔하자고 해서 바에 가면 은근슬쩍 여자들을 합석시키고 나중에 100만 원 정도의 술값을 청구한다. 울상이 된 내 앞을 지키고 있는 덩치 큰 아저씨들. "이제 어쩌지?"

위에서 언급한 사기유형 말고도 사기 수법은 무궁무진하다. 해당국을 방문하기 전 어느 정도 사전조사를 해야 하는 건 기본이다. 특히 물가 정보를 체크해야 어느 선에서 네고를 할지 계산이 나온다.

마지막 조언이다.
"사기꾼은 항상 웃고 있다!"

3.

Let's diving!

트레커의 의도, 세계 3대 블랙홀 '다합'

3대 블랙홀 중 유일하게 바다를 끼고 있는 다합에 도착했다.

길을 가던 어느 이집션에게 찾고 있는 숙소의 위치를 물었다. 그는 내가 찾는 목적지가 다합에서 3km 정도 떨어져 있다며 자기 차에 타라고 했다. 이 차를 타면 동네를 빙빙 돌다 제자리로 돌아오게 돼 있었다. 공부해둔 이집션의 사기수법이 그대로 하나씩 등장하는 게 신기했다. 또 다른 이집션은 내가 찾는 게스트하우스는 이미 방이 다 찼다고 했다. 그러

면서 은근슬쩍 자신이 알고 있는 게스트하우스에 가자며 호
객행위를 했다. 만사가 귀찮아 그를 따라 나섰다.

낮잠을 자다 일어난 주인은 졸린 눈을 비비며 느린 걸음으
로 열쇠꾸러미를 찾아왔다. 방문을 열었다. 난 화장실 문을
열어 불을 켰다.

'으웩.'

조금 거짓말을 보태면 황소만 한 바퀴벌레들이 벽과 바닥
을 기어 다니고 있었다. 조용히 문을 닫았다. 다시 거리를 헤
매기 시작했다.

그러다 어렵사리 숙소를 찾았지만 우연의 일치인지 이집션
의 말대로 빈방이 없었다. 이곳에서 레드씨릴렉스와 캥거루
파이팅오션캠프 2곳을 추천받아 방을 보러 갔다.

레드씨릴렉스는 최근 가장 인기를 끌고 있는 숙소답게 자
리가 없었다. 어쩔 수 없이 캥거루파이팅오션캠프에 여장을
풀었다. 에어컨 있는 싱글룸을 50파운드에 쓰기로 했다.

그리곤 더위에 지친 몸에 활력을 불어넣어 줄 맥주를 사러

맥주 한 병을 살 때도 사기를 조심해야 한다.

나갔다. 다합에선 술을 구하는 게 무척이나 쉬웠다. 그런데
술집 점원은 셈을 하는 내게 잔돈이 없다고 했다. 이집트에
도착한 첫날 도대체 몇 가지 사기수법이 등장하는지 정신을
차릴 수가 없었다. 잔돈이 없다고 하는 건 구석기 수법으로
끝까지 잔돈을 달라고 하면 이리저리 다른 상점에 물어 거스
름돈을 만들어주지만, 막무가내로 잔돈이 없다고 버티는 경
우도 많다. 이집션들의 잔머리는 상상을 초월했다.

준섭이와 난 해변 한쪽에 자리를 잡고 맥주를 들이켜며 이

외도·다합 다이빙·

집션을 안주 삼아 한바탕 거품을 뿜어댔다.

다음날 우린 시체처럼 종일 잠만 잤다. 요르단에서 이집트로 넘어오는 길에 너무 많은 걸 경험한 탓이었다. 여독은 쉬 풀리지 않았다. 난 성격상 협상 같은 걸 별로 좋아하지 않는다. 가격표 보고 줄 돈 주는 깔끔함이 나와 더 맞다.

그런데 어쩌다 요르단부터 협상계의 '생활의 달인'을 향해 가고 있는 느낌이 들었다. 중국은 그나마 가격 선이 있어 서로 편한 수준에서 딜이 됐다. 파키스탄은 중간 중간 밀당이 있었지만 정말 귀여운 수준이었고, 두바이의 쇼핑몰은 다른 말이 필요 없었다.

그러다 요르단부터는 협상 없이는 여행이 힘들어졌다. 이집트는 그 정점에 있는 나라였다. 다합의 즐비한 레스토랑에서 요리를 주문할 때도 '밀당'은 필수였다. 메뉴에 쓰인 가격은 그냥 장식에 불과했다. 기념품 가게의 물건 가격도 오늘이 다르고 내일이 달랐다. 이집트의 첫인상은 한마디로 피곤한 여행지였다. 그게 다합이라 할지라도 내겐 그리 기분 좋

은 장소가 아니었다.

10년 전 이집트를 배낭여행하고 결혼 1주년을 맞아 부인과 이집트를 다시 찾은 한 한국인을 다합에서 만났다. 그분은 부인과 함께 즐기러 온 여행이어서 줄 돈 주면서 편하게 다니려고 마음을 다잡고 이집트행 비행기에 올랐다고 했다. 그런데 이런 차분했던 마음이 도착과 함께 욕이 튀어나오면서 바로 깨져버렸다고 했다. 난 한참을 웃었다. 이집트 여행은 한계치 이상의 인내력을 담보로 했다.

…하루를 푹 쉬고 다음날 준섭이와 체험다이빙을 하러 나섰다. 다합에서 다이빙어드밴스를 취득하려면 450달러 정도가 든다. 전 세계에서 가장 싸게 다이빙을 즐길 수 있는 곳 중 하나다. 포인트 또한 아름답기로 유명하다.

체험다이빙 비용은 어드밴스 취득의 10분의 1 가격이었다. 산을 좋아하는 내게 바다는 그리 매력적인 장소가 아니었다. 다합에 왔다고 무조건 어드밴스에 도전하는 건 도박이나 마찬가지였다. 선뜻 450달러란 거금을 지불하는 것도 내키지

이 사진 한 장으로 다합의 보물을 대신하는 것이 한스럽다. 다합의 진경은 바다 속에 있다.
직접 물속에 뛰어들어야만 맛볼 수 있는, 전달이 불가능한 체험이다.

않았다. 일단 체험다이빙을 해보고 결정하기로 했다.

체험다이빙은 말 그대로 맛보기 수준이었다. 각종 장비를 다 착용하긴 하지만 전문 강사의 도움이 절대적으로 필요했다. 물론 기본적인 상식과 기술을 배우긴 하지만 어디까지나 체험 수준이다.

다이빙수트를 입고 공기탱크와 재킷을 착용하니 무게가 상당했다. 공기탱크의 무게만 12kg 정도가 나간다고 했다. 여기다 몸을 가라앉게 해주는 웨이트까지 착용하니 몸이 천근만근이었다.

특히 홍해의 경우 다른 바다에 비해 염도가 20% 가량 높아 다이빙이 쉽지 않은 곳으로 손꼽힌다. 호흡법 등을 배우고 강사의 지시에 따라 내 평생 첫 번째 다이빙을 시작했다.

"와!"

바다 속 풍경은 다큐멘터리를 보는 듯했다. 별세계였다. 산호초들이 세월의 흔적을 고스란히 담은 채 오색빛깔을 뿜내고 있는 모습은 경이로움 그 자체였다. 산호초 앞에선 열대

어들의 군무가 펼쳐졌다. 군무에 동참하지 않은 덩치 큰 물고기들은 멋진 위장술로 몸을 숨긴 채 사방을 경계했다. 바다 속에는 또, 트레킹을 할 수는 없지만, 손으로 만지고 볼 수 있는 능선과 봉우리들이 있었다. 내게는 또 다른 산이었다.

사실 물속에 들어가기 전까지만 해도 왜 다합이 세계 3대 블랙홀로 손꼽히는지 감이 오질 않았다. 물가는 확실히 높았고, 훈자처럼 풍경이 멋지거나 사람들의 인심이 좋은 것도 아니었으며 카오산처럼 다양한 즐길 거리를 제공하는 것은 더더욱 아니었다. 날씨는 미칠 듯이 덥고, 시도 때도 없이 호객꾼들이 달려들었다.

그러나 다합의 진정한 매력은 길거리에서 볼 수 있는 게 아니었다.

다합에선 바다를 봐야 했다. 바다 속 풍경은 '절세가경'이었다. 다이빙의 매력을 조금은 알 것 같았다.

트레커의 본분을 잠시 내려놓고 다이버로 전업을 할까 잠시 망설이게 할 정도였다. 트레커의 외도는 강렬했다. 바다는

'마력'을 발산하고 있었다. 다합의 블랙홀은 바다 안에 있었다. 그 마력의 세상을 카메라에 담지 못한 게 아쉽기만 했다.

하지만 짧은 다이빙을 마치고 난 깨달았다. 물고기가 죄다 횟감으로 보이는 나 같은 사람은 다이빙을 하면 안 되는 부류라는 걸….

이용숙소 만족도 | 다합-캥거루파이팅오션캠프

시설	가격	위생	친절	위치
☺☺☺	☺☺☺	☺	☺☺	☺☺☺

* WIFI 가능 / 그냥 그런 숙소다. 좋지도 나쁘지도 않았다. 단 샤워 꼭지에서 나오는 염분 섞인 물줄기는 정말 견디기 어렵다.

다합은 다이버들의 천국이다. 다이빙을 한 번 해보겠다고 마음먹었다면 꼭 가봐야 할 곳이다.

다이빙 자격증을 따게 되면 세계 어디에서나 장비를 빌려 다이빙을 즐길 수 있다. 다이빙 맛에 빠지면 세계 일주 루트가 바뀌는 일도 있다. 다이빙은 최초 오픈워터를 통해서 기초적인 지식과 경험을 습득하게 된다. 초보자들의 입문과정이라고 보면 된다.

오픈워터 과정은 이론공부를 병행하게 되며 평가를 통해서 일정 커트라인을 통과해야 한다. 실기는 기초 다이빙을 이수한 뒤 강사와 훈련생이 조를 이뤄 자유롭게 제한된 시간과 장소에서 이뤄진다. 그런 다음 어드벤스에 도전하게 된다. 만약 어드벤스 과정까지 마쳤다면 어디서든지 강사 없이 독립적으로 다이빙을 즐길 수 있다.

다합은 비교적 어드벤스를 값싸게 취득할 수 있는 곳으로 손꼽힌다. 내가 다합을 찾았을 때는 450달러에 어드벤스 취득이 가능했다. 오픈워터와 어드벤스를 한 번에 취득하기 위해서는 일주일 정도의 시간이 필요하다.

몇 해 전 네팔을 방문했을 때다.
안나푸르나에 가기 위해 꼭 거쳐야 할 도시 포카라에서 패러글라이딩에 도전했다.
코치의 신호에 따라 지면을 박차고 달리기 시작했다.
어느 순간 발이 허공을 가르고 있었다.
황홀한 경험이었다.
난 이 순간을 평생 잊지 못할 것 같다.
'처음'이란, 엄청난 충격으로 뇌리 어디인가에 박혀 절대로 사라지지 않는다.
첫 키스의 그 아릇함을 잊을 수 있을까?
다합은 내게 외도였고, 첫 경험이었다.

Trekking 10. 시나이 산

4.

Let's trekking!

시나이 산에 올라 광야의 일출을 보다

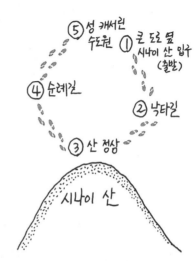

⑤ 성 캐서린 수도원
① 큰 도로 옆 시나이 산 입구 (출발)
④ 순례길
② 낙타길
③ 산 정상

시나이 산

시나이 산 트레킹 개요

🌿 **교통편**

다합이나 카이로에서 투어를 신청하는 게 가장 일반적인 방법이다.
카이로에서는 오후 3시쯤 출발해 늦은 밤 성 캐서린 수도원에 도착하게 된다.
다합에서는 저녁 11시 출발해 새벽 2시부터 산행을 시작한다.

🌿 **트레킹 코스 및 시간**

큰 도로 옆 시나이 산 입구~낙타길~시나이 산 정상~순례길~
성 캐서린 수도원, 6시간

🌿 **코스 분석**

초반 코스는 완만한 경사의 흙길을 걸으면 된다. 그러다 경사가
급해지고 지그재그 형태로 나 있는 길을 걷게 된다. 이곳을 통과
하면 정상으로 이어지는 오르막이 시작된다. 정상 부근은 대부분
돌계단 등으로 이루어진 바위 지대다. 접지력이 좋은 등산화가 있
으면 여러모로 편하다.

🌿 **최적시기**

연중

🌿 난이도
하

🌿 준비물
헤드 랜턴, 식수와 행동식

🌿 팁
사막의 태양은 빠르게 대지를 달군다. 하산 시 햇빛을 가릴 수 있는 모자 등이 필요하다. 걷는 게 힘들다면 낙타를 타는 것도 방법이다.

🌿 전체 평
시나이 산만큼 아스라이 떠오르는 태양을 보며 벅찬 감동을 느낄 수 있는 곳도 없다. 신의 성스러운 축복과 지구의 아름다움이 경건함으로 다가온다.

"시나이 반도를 탈출하라."

산을 오르는 건 여행 중 한식을 먹는 것만큼이나 유혹적인 일이다. 다합을 찾은 이유 중 하나는 모세가 십계명을 받은 시나이 산을 오르기 위해서다. 시나이 산은 다합에서 3시간 정도면 닿을 수 있는 거리에 있다. 다합의 한 여행사에 투어신청을 하고 나니 준섭이의 휴대폰으로 문자 한 통이 전송됐다.

"형, 큰일 났어요!"

"무슨 일이야?"

"외교통상부에서 문자가 왔는데 글쎄 며칠 전 시나이 산 근처에서 미국인이 납치되는 사건이 발생했대요. 시나이 반도에 머물고 있는 여행자들은 빨리 이곳을 떠나라는 내용이에요."

"진짜? 그런데 다합은 왜 매일 먹자 분위기야? 문자 한 통에 여길 떠나야 해?"

실제로 시나이 반도에서는 심심치 않게 납치사건이 발생했다. 범인들은 주로 감옥에 끌려간 동료를 석방하라는 요구조건 등을 내건다.

한번은 우리나라 성지순례객들이 납치를 당한 적도 있었다. 납치됐다 석방된 목사님이 언론과 인터뷰하는 걸 들은 적이 있는데 우습게도 인터뷰에서 목사님은 범인들이 매우

시
나
이
산

잘해줬다고 했다.

"준섭아, 그냥 가자. 죽기야 하겠냐."

"형, 납치는 당해도 괜찮아요. 그런데 납치당하면 인터넷에 꼭 가지 말라는데 가서 납치당했다고 네티즌들이 엄청나게 욕할 텐데 전 그게 싫어요."

"헐~ 인터넷이 무섭긴 하구나. 납치보다 인터넷 댓글이 더 무서우니."

…다합을 출발한 버스는 새벽 2시경 트레커들을 시나이 산 아래 내려주었다.

트레킹은 곧바로 시작됐다. 가이드는 기본적인 스트레칭도 없이 사람들을 출발시켰다. 산악 전문 가이드는 분명 아니었다. 산을 오르면서 가이드는 아무 말도 없었다. 세 시간이면 오를 수 있는 길이었다. 코스 자체도 그리 힘들지 않았다. 한 시간 정도 지나자 오르막 경사가 심해지기 시작했다.

그런데 같은 버스를 타고 온 콜롬비아인 마리아가 문제였다. 손전등도 없이 걷는 게 영 불안해 보였다. 거기다 가다 쉬다를 반복하며 호흡이 엉망이었다. 도움이 필요해 보였다. 누구 하나 마리아를 도와주지 않았다. 다들 본인들의 몸 하나 간수하기 힘든 듯했다.

마리아에게 가방을 들어주겠다고 했다. 마리아는 괜찮다고 말했지만, 눈빛은 분명 흔들리고 있었다. 다시 가방을 들어주겠다고 했다. 그녀는 아무 말 없이 가방을 내밀었다.

마리아는 전형적인 초보 트레커였다. 빨리 정상에 올라가고 싶은 마음에 속도를 낸다고 냈지만 결국 몇 발자국 가지 못했다. 난 그녀에게 계속 천천히 가라는 사인을 주었다. 산은 천천히 오를수록 오래 걸을 수 있다.

"마리아 빨리 걸으면 빨리 지치게 돼 있어. 보폭을 반으로 줄여봐. 그래야 쉽게 오를 수 있어."

내 말을 듣던 마리아가 숨을 헐떡이며 말했다.

"유 아 마이 엔젤."

"에… 엔젤… 하하하." 천사라는 소리에 순간 웃음이 터져 나왔다. 내 평생 누구에게 천사라는 말을 들어 본 적이 있던가.

한국에선 여자들의 배낭을 들어줘도 으레 남자들이 해야 하는 일로 여길 때가 많은데, 달라도 이렇게 다를 수 있단 말인가. 매번 느끼는 거지만 서양인들의 표현 방식은 참 부드럽고 달콤한 것 같다.

마리아는 남미 처자답게 종교가 가톨릭이었다. 나랑은 종교가 같았다. 마리아는 나를 라파엘이란 세례명으로 불렀다. 그래서인지 마리아와는 쉽게 친구가 됐다.

같이 산을 오르기 시작한 준섭이는 이런 핑크빛 분위기를 눈치 챘는지 앞서 나가기 시작했다.

잠시 뒤 나는 마리아의 페이스를 완전히 조절할 수 있게 됐다. 그 덕에 마리아의 호흡은 한결 안정돼 갔다.

어느덧 정상이 다가왔다. 마리아의 속도에 맞추다 보니 정상까지 4시간이 걸렸다. 동이 터오고 있었다.

시나이 산 정상에서 바라본 광활한 벌판은 성경에 대한 이해를 단박에 높여주었다. 풀 한 포기, 나무 한 그루 보이지 않는 메마르고 거친 땅은 분명 신성해 보였다.

잠시 뒤면 붉은 해가 솟구쳐 오를 기세였다. 우리도 자리를 잡고 앉았다. 주변은 관광객들로 빼곡했다. 문자 한 통을 믿고 이곳에 오지 않았다면 두고두고 후회했을 뻔한 광경이었다.

정상에 들어찬 관광객들은 모세를 느끼기라도 하듯 진지한 얼굴로 붉은 해가 떠오르길 기다렸다. 아무도 타인의 명상을 방해하지 않았다. 다들 지그시 눈을 감고 기도를 올렸다.

그때였다. 누군가 함성을 질렀다. 여명이 터오는 동쪽 하늘에 붉은 해가 머리를 내밀기 시작했다. 모두 한 곳을 응시했다. 그리고 옆 사람에게 축복의 말을 전했다. 난 이 여행이 무사히 끝나길 기도했다.

다행히 한국에서 성지순례를 온 단체 관광객들은 눈에 보이지 않았다. 시나이 산 정상에서 일출을 보며 찬송가를 불러 대는 볼썽사나운 모습을 안 봐도 됐다. 시나이 산을 오르면서 가장 걱정이 되던 부분이었다. 다국적 인종이 모여 있는 시나이 산 정상에서 한국인 중 일부는 일출을 보며 찬송

가를 부른다고 했다.

자비, 포용, 이해, 사랑 등을 논하기 전에 타인의 명상을 방해하지 않는 아주 작고 사소한 것에서 종교의 가치가 출발했으면 좋겠다.

아무도 시나이 산 정상에서 찬송가를 부르지 않았다. 다들 마음속으로 조용히 기도를 올리며 일출을 감상하는 게 다였다. 나도 잠시 눈을 감고 가족과 친구들을 생각했다. 오랜만에 마음이 평안해졌다.

…산에서 내려와 다시 차를 타고 다합으로 돌아오기까지 다행히 납치는 없었다. 일행과 작별인사를 할 때였다.

"헤이, 라파엘." 마리아가 날 불렀다.

"응."

"남미 여행할 거라고 했지, 혹시 콜롬비아 오게 되면 연락해! 꼭!"

마리아는 이메일을 적은 작은 쪽지를 가지런히 접어 내 손에 쥐어줬다.

…6박 7일 동안 머문 다합을 떠나 이집트의 수도 카이로로 가는 심야버스를 타는 날이었다. 그동안 머물렀던 숙소에 방값을 치르자 숙소 주인은 외출하는 길이라며 터미널까지 태워주겠다고 했다.

"돈을 달라고 하진 않겠지?" 준섭이를 보며 말했다.

"저도 그 생각 했어요. 싫다고 할까요?"

이집트에선 호의를 호의로 받아들일 수 있는 마음의 여유조차 없었다. 그러나 숙소 주인은 터미널 앞에서 따뜻한 미소와 악수로 차비를 대신하며 우리를 보내주었다. 잠시나마 내 자신이 부끄러웠다. 숙소 주인의 작은 친절은 오랜만에 마음속에 온기를 돌게 했다.

밤 10시. 버스가 제시간에 맞춰 어둠을 가르며 달리기 시작했다. 카이로까지 대략 8시간 정도가 걸리는 여정이었다. 오랜만에 귀에 이어폰을 꽂았다. 익숙한 발라드와 어깨를 들썩이게 하는 댄스음악이 번갈아가며 내 감정을 뒤흔들었다. 여느 때와 달리 댄스음악이 구미에 맞았다. 잔잔한 심야버스의 분위기와는 썩 어울리지 않았지만 오랜만에 한국가요가 주는 맛은 남달랐다. 하지만 음악을 온전히 감상할 수 있는 상황이 아니었다. 잠을 잘 수 있는 분위기는 더더욱 아니었다.

버스 기사는 자정이 넘었는데도 불구하고 수류탄이 터지고 기관총이 난사되는 액션 DVD를 반복해 돌려댔다. '된장할.'

스피커의 음량은 영화관의 돌비사운드와 맞짱을 뜰 기세였다. 스피커에선 찢어지는 소리가 났다. 자정을 넘기고 미친 듯이 총소리를 내뱉던 작은 TV 화면이 총알을 전부 난사했다는 듯 힘없이 빛을 잃었다.

"휴~" 눈을 감고 잠을 청했다. 카이로에 도착해 눈을 뜨고 싶었다. 내 간절하고 작은 바람이었다.

"따라리~따아~"

"아놔! 또 뭐야, 이건."

꺼진 TV가 다시 귀청을 후벼 팠다. 총소리 대신 이번엔 무슬림 찬송가의 무지막지한 융단폭격이 시작됐다. 승객에 대한 편의를 기대할 수도 없고 기대해서도 안 되는 버스였다.

거기다 버스는 한 시간에 한 번꼴로 검문소와 휴게소에 번갈아 정차했다.

급기야 카이로 도착 한 시간 전에는 버스 기사가 한 승객과 말싸움 끝에 버스를 도로 위에 급정거시켜버리는 일까지 발생했다. 깜짝 놀라 선잠에서 깬 승객들은 새벽부터 본의 아니게 싸움판 구경꾼이 된 채 마음을 졸여야 했다.

싸움판 분위기는 심상치 않았다. 버스 기사와 승객은 얼굴을 붉힌 채 여차하면 주먹질을 할 것만 같았다. 이유는 알 수 없었지만 그들은 상대방의 얼굴에 거친 아랍어를 쏟아내고 있었다. 두 손을 정수리에 올린 채 그 모습을 무표정하게 바라봤다.

보다 못한 승객들이 두 사람을 뜯어 말린 뒤에야 싸움은 끝났다. 버스 기사는 거칠게 차를 출발시켰다.

버라이어티 한 이동이었다. 슬며시 중국 여행의 추억이 떠올랐다. 중국에선 그래도 기사 아저씨의 권위가 있었는데…. '쩝.'

이집트를 찾는 여행자 중에는 종교적인 목적을 가진 사람들도 많다. 그들이 찾는 대표적인 관광지가 바로 시나이 산(2,285m)이다.

이 산은 모세가 십계명을 받은 곳으로 잘 알려져 있다. 이슬람교의 코란에서도 무함마드(마호메트)가 시나이 산을 두고 맹세하는 것이 언급돼 있어 사실상 기독교·이슬람교·유대교의 공동 성지다.

시나이 산은 다합에서는 3시간 정도의 거리에 위치해 있고, 수도 카이로에서 출발하면 버스로 6시간 정도가 걸린다.

다합에서 출발하는 투어는 새벽 2시쯤 트레킹을 시작해 해가 뜨기 전에 정상에 도착한다. 시간은 3~4시간 정도 걸린다. 정상에 올라서면 생명이 살지 못할 것 같은 메마른 바위산이 여행자들의 탄성을 자아낸다.

시나이 산 정상에서 일출을 기다리는 순간은 고요하기만 하다. 모든 여행자가 어둑어둑한 동쪽 하늘을 응시한다. 그리고 기도를 올린다. 모두 모세를 떠올리는 것만 같다. 해가 뜨고 감동의 순간이 마음을 휘젓고 지나간다.

산을 내려가는 길에는 성 캐서린 수도원을 볼 수 있다.

성 캐서린 수도원

5.

카이로 도착

배고픈 무슬림의 짜증과 응징

여행자를 대상으로 절정의 사기행각이 벌어지고 있는 약속(?)의 땅 카이로에 도착했다.

통통 부어오르고 빨갛게 충혈된 눈으로 빠르게 주변을 살폈다. 택시기사들이 몰려들었다. 여행은 케이블TV에서 줄기차게 방송하던 '2002년 한일월드컵 하이라이트'를 보는 것 같이 매번 똑같은 장면으로 시작됐다.

택시기사는 목적지인 따흐리드광장까지 20파운드를 불렀

다. 결과적으로 목적지까지 10파운드에 합의했다. 중간에 택시기사는 미터로 가자며 전략을 바꿨지만 어림없는 소리였다. 길을 모르는데 미터로 갔다가는 딱 당하기 십상이었다. 이 경우 길을 빙빙 돌아 원하는 가격을 맞추는 경우가 다반사다. 다 보이는 게임이 슬슬 지겨워지기 시작했다.

따흐리드광장은 이집트에서 정치적 상징성을 갖는 곳이지만 가난한 배낭여행자들에겐 숙소 밀집지역으로 더 유명하다. 한국 사람들이 많이 찾는다는 이스마일리아호텔과 썬호텔도 바로 이 광장 근처에 있다. 우리는 일단 이스마일리아호텔을 목적지로 잡았다.

택시에서 내려 배낭을 메는데 동포여행자들이 지나가는 게 보였다. 재빨리 그들을 쫓아가 주변 숙소정보에 대해 물었다.

이런저런 정보를 듣고 최저가 숙소인 다합 게스트하우스로 목적지를 급변경했다.

야간 이동은 체력적으로 부담을 준다. 배낭을 메고 광장 주변을 헤매고 다니는 게 짜증스럽고 힘이 들었다. 그렇다고 나이 어린 준섭이 앞에서 이런 기분을 대놓고 내색할 수도 없었다. 준섭이는 요르단 와디 무사에서 내 여행계획을 듣고는 "형! 저 이집트 따라가도 돼요?"란 한마디를 잘못 내뱉어 고생을 같이하고 있는 둘도 없는 동지였다. 형답지 않은 형이었지만 형 노릇은 해야 했다.

어렵사리 다합 게스트하우스에 도착했다. 밤새 이집트식 버라이어티 이동에 시달린 우리는 병든 병아리 같았다. 뱃속을 채워야 다운된 기분이 살아날 것 같았다.

"근처에 레스토랑이 있나요?" 리셉션 청년에게 물었다.

"라마단 기간에 이집트에 왜 왔죠?" 그는 질문을 질문으로 받으며 빈정거렸다.

"문 연 레스토랑이나 상점이 있으면 가르쳐 줄래요?" 다시 한 번 차분히 부탁했다.

"라마단에는 저녁이 돼야 상점들이 문을 여는 거 몰라요?"

"여기 오다 보니까. 문 연 상점이 있던데, 그건 뭔데?" 슬슬 나도 열이 받기 시작했다.

"당신이 잘못 본 거겠지!"

"아니, 난 잘못 보지 않았어. 분명히 문을 연 상점을 봤다고."

"라마단 기간에 낮에 문을 연 상점이 있다니… 난 당신 말을 믿을 수 없어요."

난 분명 사실을 이야기하고 있었다. 라마단 기간에 제대로 먹지 못한 건 이 친구도 마찬가지였다. 그 짜증을 내게 내고 있는 듯했다. 짜증 대 짜증의 싸움으로 번질 기세였다. 공복 상태에서의 싸움은 위험천만하다는 걸 알고 있었지만, 내 세 치 혀는 그만 선을 넘고 말았다.

"내 말을 못 믿는 게 아니라 당신이 거짓말을 하는 거야. 무슬림은 다 그렇게 거짓말을 하니?" 난 그동안 이집트에서 당한 울분을 토해내고 말았다. 참았어야 했으나 그러지 못했다.

"무슬림은 거짓말쟁이가 아니야!" 빈정거리던 얼굴이 흥분과 당혹감으로 바뀌어 있었다.

"그래? 그럼 내가 나가서 먹을 걸 사와 볼게."

그리곤 보란 듯 밖에 나가 비스킷과 음료수를 사 들고 돌아왔다. 그리곤 그 청년 앞에서 비닐봉지를 흔들어댔다.

"봤지! 날 못 믿는다고? 문 연 곳이 있잖아! 라마단! 풉."

그는 얼굴을 일그러뜨리며 고개를 돌려버렸다. 우리 모두 기분이 좋지 못했다. 다음날 안 사실이지만 다합 게스트하우스는 아침 식사(유료)가 제공되는 곳이었다. 이 사실을 알고는 배고픔에 신경이 날카로워진 그 청년이 더욱 패씸했다.

'그래, 라마단에 이슬람 국가를 여행하는 내 잘못이지.'

일단 모자란 잠을 청했다. 카이로의 더위가 선풍기를 무용지물로 만들 때쯤 눈이 떠졌다. 목덜미에는 상쾌(?)한 비지땀이 흥건했다. 이대로는 도저히 견딜 수 없었다. 다행히 에어컨 방이 딱 하나 남아 있었다. 10년은 족히 넘었을 골동품 에어컨이었지만 집 나간 강아지를 찾은 것처럼 기뻤다. 땀이 식자 허기가 밀려왔다. 줄곧 더운 나라를 여행하면서 체력도 바닥이 난 상태였다. 여행의 질은 음식의 질과 비례한다. 삼계탕 한 그릇으로 원기를 보충하고 싶은 마음이 굴뚝같았다.

요르단에서 체크해본 몸무게는 68kg이었다. 그때보다 2~3kg이 더 빠진 느낌이었다. 여행 출발 전 몸무게는 74kg이었다. 배낭의 무게는 갈수록 버거워지고 있었다.

우린 주린 배를 제대로 채워 보기로 했다. 이날만큼은 허리띠 풀고 돈 걱정 없이 원 없이 먹어보자며 전의를 불태웠다. 검색 결과 숙소에서 그리 멀지 않은 곳에 한식당이 있었다.

택시를 타고 나일 강의 여의도 격인 '자말렉'으로 방향을 잡았다. 운 좋게 '한큐'에 한식당을 찾았다.

메뉴판에는 내 꿈의 9할을 차지하던 '산해진미'가 전부 모여 있었다. 메뉴 선택이 무척 어려웠다. 짜장면과 짬뽕 사이의 갈등은 아무것도 아니었다. 또 언제 한식을 맛볼지 모를 일이었다. 허리띠 풀고 돈 걱정 없이 먹어보자고 했지만, 가용할 수 있는 예산은 그리 많지 않았다. 메뉴판에 적힌 가격은 사악하기 짝이 없었다.

하지만 이미 혼이 나간 상태였다. 현지 길거리 음식의 수십 배에 달하는 가격이 제대로 보일 리 없었다.

어쩐지 라마단과 비슷한 느낌을 주는, 한 곳을 바라보고 있는 위성 안테나들

라마단은 아랍어로 '더운 달'이라는 뜻이다. 이슬람교에 따르면 천사 가브리엘이 무함마드에게 코란을 가르친 신성한 달로, 신자들은 한 달간 해가 뜰 때부터 해가 질 때까지 식음을 전폐하고 하루 5회씩 기도를 올린다. 단 여행자와 환자, 임신부는 예외인데 나중에 별도로 금식한다.

라마단은 마지막 10일 동안이 가장 중요하다. 이 기간 동안 신자들은 사원에 머문다. 보통 27일째 되는 날(권능의 밤) 밤새워 기도한다.

라마단이 끝나면 3일간 이드알피트르 축제를 열어 맛있는 음식과 선물을 주고받는다. 이슬람교에서는 태음력을 따르기 때문에 라마단은 해마다 조금씩 빨라진다.

외국에서 마시는 소주는 절대 서민의 술이 아니다.

"삼겹살에 소주 한 병, 맥주 한 병 주세요. 짬뽕은 이따 주시고요." 이성을 상실한 주문이었다.

"형 괜찮겠어요?"

"아 몰라."

이미 엎질러진 물이었다. 소주 가격은 상상을 초월했다. 소주 한 병이 무려 100파운드나 했다. 우리 돈 2만 원이었다.

"먹기로 한 거 눈 딱 감고 마셔! 뒤처리는 형이 할게."

한 번의 선택이 '엥겔지수'를 순식간에 폭등시켰다. 직장생

활 중 수없이 조제했던 폭탄주를 '황금 비율'로 정성스럽게 말았다. 목구멍에 기름칠이라도 한 것처럼 폭탄주 한 잔이 그대로 위 속으로 빨려 들어갔다.

"캬~아~"

위장이 소맥을 흔적조차 없이 흡수해 버렸다. 빈속이었지만 알싸한 느낌조차 받지 못했다. 열린 식도 속으로 두 번째 알코올이 흘러 들어갔다. 게 눈 감추듯 술이 '술~술~' 들어가는 날이었다.

"달다! 달어!"

여기다 노릇하게 바싹 구워진 삼겹살 한 점을 쌈장에 찍어 구운 마늘, 무생채 등과 함께 쌈 위에 올려 먹어 보니 이건 필시 '황홀경'이었다. 몇 순배 잔이 돌자 기분 좋게 취기가 올랐다.

그리곤 요르단부터 준섭이가 노래를 하던 짬뽕으로 입가심을 했다. 해물 건더기의 식감과 시뻘건 국물이 주는 자극은 또 한 번 우리를 무아지경으로 몰아넣었다.

이마는 송골송골 맺힌 기분 좋은 땀방울로 반짝였다. 돼지
고기의 육즙과 짬뽕의 얼큰함이 이런 큰 기쁨을 줄지 미처
모르고 살았다. 꼭 고향에 와 있는 것 같았다. 여행이고 뭐고
다 때려치우고 한국으로 돌아가고 싶었다. 한편으론 한식에
길들여진 내 저주받은 혀가 밉기도 했다.

이때였다. 테이블 한쪽에 계산서가 놓였다.

'헉!'

여행에서 한식은 '등골브레이커' 역할을 톡톡히 한다.

이용숙소 만족도 | 카이로-다합 게스트하우스

시설	가격	위생	친절	위치
😊😊😊	😊😊😊	😊😊😊	😊	😊😊😊

* WiFi 가능 / 라마단 기간에 카이로를 방문해서인지 직원들 대부분이
  힘이 없고, 예민했다. 가격 말고는 특별한 게 없는 숙소다. 건물 옥상
  에 위치한 탓에 여름이면 무척 덥다.

| 카이로 추천 여행지 |

1. 무함마드알리 모스크
   이스탄불의 사원을 모방해 만든 무함마드알리 모스크에는 연필
   모양으로 높게 솟은 2개의 첨탑과 웅장한 돔이 있다. 이슬람교의
   전통을 한눈에 볼 수 있는 이곳은 관광객의 필수 코스다.

2. 카이로 시타델
   시타델은 살라딘이 1176년 무캄마 언덕 위에 지은 요새로, 십자군
   에 대항하는 거점이었다. 시타델에는 무함마드알리 모스크가 있
   으며 마무르 왕조, 오스만 왕조 시대의 건축물, 감옥, 탑 등 역사적
   인 볼거리들로 가득하다.

3. 이집트 박물관
   이집트 박물관에 가면 사진으로만 보던 투탕카멘을 볼 수 있다.
   미라 전시관은 따로 관람료를 내야 한다. 이집트 박물관은 역사
   자료가 많아 천천히 둘러볼 것을 추천한다. 넉넉하게 시간을 잡으
   면 종일 머물 수 있다. 또 이집트의 더위를 식힐 수 있는 장소로도
   제격이다.

6.

피라미드 관람기

"경계를 늦추지 마라!"

유적지를 별로 좋아하지 않았지만, 이집트에 와서 피라미드를 놓칠 순 없었다.

다합 게스트하우스에서 영국 친구 톰과 함께 택시를 대절해 카이로 인근 피라미드 3곳을 한 번에 둘러보기로 했다. 택시 대절비용은 200파운드였다. 약간 비싼 감이 있었지만, 톰이 먼저 계약을 해놓아서 어쩔 수가 없었다. 톰의 협상력은 우리 식의 철수란 이름만큼이나 특별할 것이 없었다.

스핑크스가 있는 기자 피라미드는 카이로에서 가장 큰 규모를 자랑한다. 페트라만큼은 아니었지만, 피라미드가 주는 아우라는 기대 이상이었다. 택시가 카이로 도심을 빠져나오자 멀리 사막 위에 우뚝 솟은 기자 피라미드가 눈에 들어왔다. 엄청난 크기라는 걸 의심할 여지가 없었다.

입장권을 구매한 뒤 피라미드 입구에 들어섰다. 스핑크스가 지그시 우리를 내려다보고 있었다. 스핑크스는 발굴 전까지는 모래에 묻혀 머리 부분만 내놓고 있었다고 한다. 나폴레옹군의 사격으로 코가 떨어져 나갔다고 알려진 스핑크스 앞에 서보니 이상하게도 만감이 교차했다. 사진으로만 보던 피라미드 앞에 서 있다는 게 약간은 믿기지 않았다.

유적지는 하나같이 전율은 고사하고 충격이 없다는 공통점을 갖고 있었다. 하지만 피라미드의 풍채는 범상치 않았다. 잠시 스핑크스를 올려다봤다. 그때였다.

"티켓!"

멋들어지게 이집트 전통복장을 차려입은 한 노인이 우리를

보고는 티켓을 요구했다. 노인의 언행은 당당했고 기품 있었다. 우리는 아무 말 없이 주섬주섬 티켓을 찾아 내밀었다.

"모두 날 따라오세요!" 절도 있고 품격 있는 모습이었다.

정체불명의 노인을 따라 스핑크스로 향했다. 그는 간략하게 자기 소개를 한 뒤 스핑크스의 역사적 배경 등을 설명하기 시작했다. 유창한 영어였다. 톰은 귀를 쫑긋하고 노인의 설명에 빠져 있었다. 그런데 아무래도 느낌이 이상했다.

"톰, 톰. 잠깐만. 저 사람 누군지 알아?"

"아니? 너는 알아?"

"몰라. 이상하지 않아?"

"그러게."

톰은 그때야 낌새를 차린 듯했다. 노인은 스핑크스에 대해 열을 다해 설명을 계속해 나갔다.

"저기, 잠깐만요. 그런데 누구세요?" 톰이 말했다.

"저는 여러분의 가이드입니다."

이 무슨 얼토당토않은 소리란 말인가.

"톰, 너 가이드 고용한 적 있어?"

"아니."

"준섭이 네가 했니?"

"당근 아니죠."

피라미드 입장티켓에 가이드 비용이 포함돼 있다는 말은 금시초문이었다.

"무슨 가이드요? 우리는 가이드 필요 없는데요."

내가 거들고 나섰다.

"아 그게. 그냥 수고비만 조금 주면 됩니다."

그는 간사한 웃음을 흘리며 말했다. 이집션의 웃음은 항상 같은 느낌이다. 순간 노인의 절도 있고 기품 있는 모습은 신기루처럼 사라졌다.

내가 선창을 했다.

"NO!"

노인은 사기에서 가장 중요한 덕목인 뻔뻔함과 당당함을 제대로 갖추고 있었다. 황량한 사막 한가운데 인류 역사에서 빼놓을 수 없는 건축물이 주는 여운은 온데간데없었다.

다음은 쿠푸왕 피라미드(가장 큰 규모를 자랑하는 피라미드로 세계 7대 불가사의 중 하나다. 이 피라미드는 기원전 2650년경 전 만들어진 것으로 가장 크고 오래됐다. 원래 높이는 145m로, 수톤 무게의 석재들만 200만 개를 쌓아 만들었다고 한다. 건설 기간은 20년 정도인데 10만 명의 인원이 동원됐다.)를 둘러볼 차례였다.

스핑크스에서 쿠푸왕 피라미드까지 가는 길에는 낙타 몰이꾼들이 장사진을 치고 있었다. 그들은 우리를 보고 사진을 찍자고 했다. 사진을 찍으면 100% 모델료를 요구하는 고전적인 상술이었다.

그들을 뒤로하고 쿠푸왕 피라미드 앞에 섰다. 엄청난 크기에 감동을 받는 것도 잠깐. 이 더위에 저걸 만든다고 20년간 고생했을 인부들을 생각하니 마음이 그리 편치 못했다.

나폴레옹은 이집트 원정에서 피라미드의 무수한 돌을 보고 프랑스 국경에 장벽을 세울 수 있겠다며 감탄했다고 한다. 피라미드 앞에서도 낙타 몰이꾼들의 유혹은 계속됐다. 그러

다 흰색 제복 차림의 경찰이 다가왔다.

"같이 사진 찍을까요?" 경찰이 말했다. 그의 제복은 내 경계심을 한순간에 무장해제시켜 버렸다.

"오케바리죠." 현지 경찰과 추억을 남기는 것도 나쁠 것 같지 않았다. 사진을 찍고는 고맙다는 인사를 건넸다.

"그런데 돈을 주셔야 하는데…."

"뭐! 무슨 돈!"

"사진 값!" 여행자의 피골을 빨아먹는 흡혈귀 같은 경찰이 내 앞에서 노골적으로 뒷돈을 요구하고 있었다.

"당신 경찰 아니야?"

"맞지."

"당신 경찰 아니냐고?"

"응 그래 맞아!"

"당신 경찰 맞지?"

"아~ 아, 알겠어, 알겠다고."

정색을 하고 그를 쏘아보며 경찰 신분을 상기시켰다. 그는

쑥스러운 듯 뒷머리를 긁적이며 또 다른 먹잇감을 찾아 어디론가 사라졌다.

'내가 너무 순진한 생각을 하고 있었어. 여긴 이집트야, 이집트. 정신 차려!' 도저히 이 어이없는 상황을 감당할 수가 없어 혼잣말을 내뱉었다.

피라미드는 뙤약볕 아래 불신과 탐욕으로 이글거렸다. 그리고 중국 리탕에서 본 천장이 떠올랐다. 어쩜 이리 다를까.

1.

카이로의 마지막 날

이집트에 아직도 믿음이 남았던가?

피라미드 3개를 둘러보는 강행군의 여파는 컸다. 다음날 우리는 계획했던 박물관 관람을 전격 연기했다.

카이로의 열기를 고물 에어컨으로 맞서며 어서 해가 넘어가길 기다렸다. 이집트의 더위는 내 모든 의욕을 집어삼켜버렸다.

라마단 기간 중 현지인들은 저녁 7시부터 식사를 했다. 우리는 이집션의 식사시간에 맞춰 거리로 나섰다. 외국인을 상대로 조금 일찍 문을 여는 레스토랑이 있었지만, 이 눈치 저 눈치 안 보고, 먹으라는 시간에 먹는 게 마음 편했다.

이날 찾은 음식점은 이집트 전통음식으로 유명한 '펠펠라'란 레스토랑이었다. 식당 안은 일본 여행자들이 이미 꽉 들어차 있었다. 그들은 음식을 먹고 있었고 현지인들은 음식을 입에 대지 않고 있었다. 극명한 대조였다.

우리는 이 집에서 유명하다는 '코샤리' 등을 주문했다. 코샤리는 스파게티 같은 맛에 파스타와 쌀이 함께 들어가 있는 음식이었다. 맛은 요르단에서 먹어본 팔라펠 같았다. 그 사이 이집션들이 엄청난 속도와 양으로 하루 동안 주린 배를 채워나갔다.

간단히 밥을 먹고 숙소로 돌아가는 길에 '키모'가 우리를 발견하고는 반갑게 인사를 해왔다. 그는 길가의 작은 화랑에서 걸어 나오던 참이었다. 키모는 이틀 전 숙소 앞에서 같이 차를 한 잔 마신 이집트 청년이다.

당시 그는 우리를 아침 식사에 초대하고 싶다고 했다. 처음

팔라펠 샌드위치

에는 웬 아침 식사 초대인지 어리둥절했는데 알고 보니 라마단 기간 중 아침은 저녁을 뜻했다. 하루에 첫 번째 먹는 끼니라는 의미에서다.

하지만 누구의 초대인가? 이집선의 초대가 아닌가. 호의를 호의로만 받아들일 수가 없었다. 이래저래 전화번호를 받고 시간이 되면 연락을 하겠다고 했었다.

키모는 우리를 보고 "왜 식사 초대에 오지 않았냐"며 "지금이라도 밥을 먹으러 가자"고 했다. 그래서 물었다.

"저게 너네 가게니?"

"어, 삼촌 가게야."

"저기서 밥을 먹는 거지?"

"응."

웃음이 나왔다. 예상했던 대로였다. 순순히 공짜로 저녁 식사를 베풀 인간들이 아니었다. 그는 가게로 들어가자고 했다. 도대체 무엇을 하려고 이렇게 집요하게 밥을 먹자고 하는지 궁금하기도 했다. 키모를 따라 들어간 가게는 며칠 전 그가 말한 삼촌이란 사람을 따라 들어간 적이 있던 화랑이었다.

1층에선 직원들이 한창 식사를 하고 있었다. 그들은 우리를 보고 어서 와서 저녁을 들라며 자리를 내줬다. 키모는 이미 저녁을 먹었다는 내 말에 우리를 2층으로 안내했다. 그는 따뜻한 차를 내왔다. 그리고 사진 한 장을 꺼냈다. 사진 속에는 '무하마드 알리'와 키모의 할아버지가 나란히 포즈를 취하고 있었다.

그는 "할아버지가 가게를 운영할 때 알리가 여길 방문했다"

카이로 도착

고 말했다. 분명히 사진 속에 덩치 좋은 청년은 알리가 맞았다. 그런데 그 옆에 서 있는 노인이 키모의 조상인지 알 길이 없었다.

2층은 향수를 전문으로 파는 상점이었다.

"이 향수는 무알콜이어서 몸에 좋고 자연원료여서 유통기간도 없어."

닳고 닳은 상품 설명이 유창하게 이어졌다. 늑대인간이 보름달을 만난 것처럼 키모의 본색이 만천하에 드러나는 순간이었다.

"제일 작은 병에 향수를 담으면 얼마냐?"고 물으니 키모는 우리 돈 3만 원쯤을 불렀다. 물론 네고를 하면 반도 안 되는 가격에 절충되겠지만 어디 향수가 필요한 시점이던가. 대충 설명을 듣고는 가게를 빠져나왔다.

"오늘 정말 이집션한테 실망했어요!"

숙소로 돌아와 준섭이가 고개를 절레절레 흔들며 말했다. 준섭이는 그간 수많은 이집션을 상대하고도 희망의 끈을 놓

착한 준섭이의 입에서 욕이 튀어나오게 만든
문제의 향수 가게

지 않고 있었나 보다.

"왜?"

"키모 말이에요. 정말 그럴 줄 몰랐어요."

"풉."

"에이 ×자식들 정말…" 준섭이가 허공에 대고 욕을 퍼부었다.

…준섭이는 터키로 떠났고, 난 에티오피아행 비행기를 타

기 위해 카이로 공항으로 향했다. 준섭이를 따라 터키에 가고 싶었지만, 터키에서 아프리카로 내려가는 항공료가 만만치 않았다. 아쉬운 이별이었다.

엑스레이 검사를 위해 배낭을 검사대에 올렸다. 검사원은 기계에서 빠져나온 내 배낭을 열라고 했다. 조짐이 심상치 않았다. 그는 거기서 맥가이버칼을 찾아냈다. 그리곤 칼을 압수해야 한다고 으름장을 놓기 시작했다. 이번 여행에서 한 번도 문제 된 적이 없는 소지품이었다.

"아뇨. 뭔 압수!"

"저기 친구…."

"뭔 친구!"

"방법이 있긴 한데 친구…."

"뭔 방법! 짐으로 보내는 배낭에 들어가 있는 게 왜 문제가 되는데?"

"친구, 저기 있잖아…."

검사원은 나를 보고 간사하기 짝이 없는 눈웃음을 흘리기 시작했다. 칼을 돌려줄 테니 약간의 적선을 하라는 뜻이었다.

이집트는 이토록 일관성 있는 나라였다.

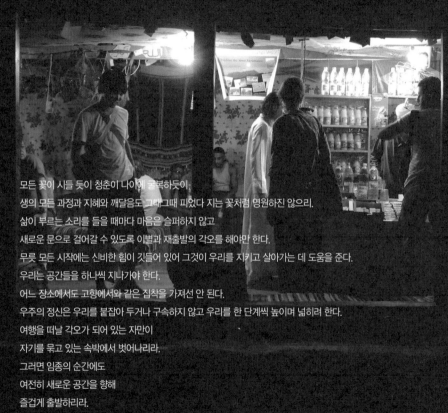

모든 꽃이 시들 듯이 청춘이 나이에 굴복하듯이,

생의 모든 과정과 지혜와 깨달음도 그때그때 피었다 지는 꽃처럼 영원하진 않으리.

삶이 부르는 소리를 들을 때마다 마음은 슬퍼하지 않고

새로운 문으로 걸어갈 수 있도록 이별과 재출발의 각오를 해야만 한다.

무릇 모든 시작에는 신비한 힘이 깃들어 있어 그것이 우리를 지키고 살아가는 데 도움을 준다.

우리는 공간들을 하나씩 지나가야 한다.

어느 장소에서도 고향에서와 같은 집착을 가져선 안 된다.

우주의 정신은 우리를 붙잡아 두거나 구속하지 않고 우리를 한 단계씩 높이며 넓히려 한다.

여행을 떠날 각오가 되어 있는 자만이

자기를 묶고 있는 속박에서 벗어나리라.

그러면 임종의 순간에도

여전히 새로운 공간을 향해

즐겁게 출발하리라.

- 헤르만 헤세 「유리알 유희」 中

아프리카-에티오피아

숨겨진 트레일을 찾아
커피의 나라로…

여행 개요

아프리카 여행에서 가장 두려우면서 설레는 나라는 에티오피아였다.
아프리카의 산이라면 대부분 킬리만자로를 떠올리지만, 아프리카
에는 킬리만자로만 있는 게 아니다. 에티오피아 하면 가장 먼저 커피
가 연상되지만 내겐 아프리카의 지붕으로 일컬어지는 시미엔 산이
떠올랐다.

에티오피아에 가면 지구에서 가장 더운 지역인 다나킬 등을 둘러
볼 생각이었지만, 에티오피아 사람들의 극진한(?) 대접에 부담감을
느끼고 여행 일정을 대폭 줄였다. 그만큼 에티오피아는 내게 쉽지 않
은 나라였다.

아프리카 루트를 북▶남으로 계획했다면 남쪽으로 갈수록 여행이
쉬워진다고들 한다. 여행자를 대하는 현지인들의 태도가 바로 그 이
유다. 에티오피아는 이집트와 함께 그 정점에 있던 나라다.

에티오피아 여행은 아디스아바바(수도)에서 시작됐다. 그리고 10시
간 넘게 버스를 타고 곤다르로 이동한 뒤 시미엔 트레킹을 준비한다.
설레는 마음으로 시미엔을 품에 안은 첫째 날 폭우가 몰아친다. 그리
고 난 뒤틀린 배를 부여잡고 폭우 속에 쭈그려 앉는데….

주요 트레킹 지역

시미엔 산을 즐기는 방법은 하루짜리 일일투어에서부터 2박 3일, 3박 4일짜리 코스 등 다양하다. 또 일주일 이상 여유롭게 시간을 잡고 시미엔 전체를 둘러볼 수 있는 장거리 코스도 있다. 팀원이 많을수록 가격은 내려가고, 성수기보다 비수기에 가격이 비싸다(오타가 아니다. 비수기가 비싸다!). 투어는 아디스아바바보다 곤다르에서 알아보는 게 비용을 절감하는 요령이다.

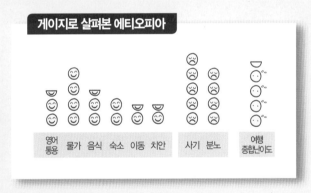

게이지로 살펴본 에티오피아

책 속에 등장하는 수많은 조연들의 에피소드가 궁금해서라도 자꾸자꾸 손이 가는 치명적 매력이 있는 이야기들~

_finkyswim(swim0204)

Trekking 11. 시미엔 산

1.

아디스아바바 도착

아디스아바바에 비는 내리고

2012년 7월 27일 밤 10시 50분 카이로국제공항.

런던올림픽 개막식이 한창 진행되고 있을 시각, 난 에티오피아의 수도 아디스아바바로 가는 이집트항공 MS851편에 앉아 있었다. 스튜어디스에게 맥주를 한 병 청했다. 그녀는 무알콜 맥주밖에 없다고 했다. 국제항공편 안에서도 이슬람의 율법은 예외가 아니었다.

이집트부터 시작된 검은 대륙의 여정이 본격 시작되고 있었다. 아프리카는 열악한 환경과 풍토병 등으로 여행자들이 가장 힘들어하는 땅이다. 이집트에서 남아프리카공화국에 이르는 아프리카 종단계획은 내겐 또 다른 도전이자 설렘이었다.

비행기는 칠흑 같은 어둠 속을 날고 있었다. 창밖 풍경은 모두 어둠에 가려 있었다. 앞으로 펼쳐질 모험과 난관이 어떤 것인지조차 모르고 있는 내 신세와 비슷했다.

하지만 난 지금까지의 경험이면 아프리카도 문제없을 거라며 근거 없는 자신감에 충만해 있었다.

'에티오피아부터가 진짜 아프리카 여행의 시작이고 종단을 끝내면 내 여행 내공은 일취월장해 있을 거야. 아프리카를 여행해 본 사람이 얼마나 되겠어. 이제 나도 남부럽지 않은 여행가라구. 한국에 돌아가면 다들 날 대단하다며 우러러보겠지. 크크크.'

아프리카는 내게 전혀 두려움의 대상이 아니었다. 단지 개척하고 경험해야 할 미지의 땅일 뿐이었다. 자만이었다. 그리고 전혀 눈치 채지 못하고 있었다. 아프리카가 얼마나 크나큰 고통과 상념을 가져다줄지….

에티오피아는 아프리카 종단에서 가장 고민스러운 나라였다.

여행 전 이 나라를 상징하는 내 머릿속 이미지는 기아·가뭄·빈곤·질병·빈대·UN원조 등이었다. 좋은 게 하나도 없었다. 그러다 에티오피아에 대해 공부를 하면서 이 나라가 6·25 당시 우리나라를 위해 피 흘린 혈맹 중 하나였다는 사실을 알게 됐다. 급호감이 생기는 나라였다.

무엇보다 시미엔 산이 거기에 있었다. 거칠지만 화려한 산세, 그리고 보기 드문 지질 현상이 어우러져 마치 체스판의 말과 같은 형상을 하고 있다는 시미엔 산은 내게 뿌리칠 수 없는 유혹이었다.

우리나라에선 인지도가 그리 높지 않은 산이지만 유럽인들 사이에선 오래전부터 환상적인 풍경으로 사랑을 받아온 곳이다. 트레킹을 좋아하는 내가 결코 지나칠 수 없는 곳이기도 했다.

비행을 시작한 지 3시간 30분 만에 커피의 본고장 에티오피아의 수도 아디스아바바에 도착했다. 공항에서 도착 비자(20달러)를 받고 입국장을 빠져나왔다. 시곗바늘은 새벽 4시를 가리키고 있었다. 아프리카에서 그나마 치안이 괜찮다는 아디스아바바였지만 새벽녘 어둠 속에서 숙소를 찾아 나서기에는 내 간이 그리 많이 부어 있지 못했다. 공항 로비에서 날이 밝기를 기다렸다. 어느 정도 날이 환해져 공항을 나서려고 보니 뜻밖에 비가 내리고 있었다. 중국·파키스탄·아랍에미리트·요르단·이집트를 거치면서 참으로 오랜만에 보는 비였다. 에티오피아는 우기에 해당하는 계절이었다. 가볍게 점퍼를 걸쳐야 할 정도의 기온이었다. 습도가 높았지만, 중동의 용광로 같은 더위보다는 훨씬 견딜 만했다. 이제야 숨통이 트이는 것 같았다.

하늘을 보니 쉽게 그칠 비가 아니었다. 고어텍스 재킷을 꺼내 입고 배낭을 둘러멨다. 공항 안에 있던 흑형들의 시선이 전부 나한테 꽂혔다. 아프리카 오리지널 흑형들이었다. 왠지 겁이 났다. 동양인을 보는 그들의 시선은 마치 사자가 먹잇감을 쫓는 눈빛처럼 강렬했다. 마주할 수 있는 눈빛이 아니었다. 그들을 뒤로하고 공항 앞 택시 정류장으로 향했다.

순식간에 택시기사들이 날 둘러쌌다.

'휴~ 시작이구나.'

이집트에서 단련된 내공을 앞세워 자신 있게 가격 협상에 돌입했다. 하지만 외국인을 상대하며 잔뼈가 굵은 택시기사들의 내공은 만만치가 않았다. 그들은 이구동성으로 값싼 숙소가 몰려 있는 피아자까지 150비르를 고수했다. 13달러 정도 되는 금액이었는데 가격 조정이 쉽지 않았다. 담합이었다. 시간을 끌자 100비르까지 가격이 내려갔지만, 현지인들이 3비르에 버스를 이용하는 것에 비하면 터무니없는 가격이었다.

난 공항에서 목적지로 이동할 때 버스를 즐겨 타지 않는다. 현지인들이 가득 들어찬 버스에 75리터짜리 큰 배낭을 안고 타는 건 여러 가지로 불편했다.

하지만 이번 경우에는 택시를 고수할 수 있는 상황이 아니었다. 버스가 몰려 있는 곳으로 자리를 옮겼다. 그리고 버스기사와 40비르에 피아자의 타이투호텔까지 가기로 했다.

버스 기사는 중간에 다른 승객들을 내려주고 또 한 무리의 승객을 태워 맨 마지막에 타이투호텔 앞에 차를 세웠다.

무사히 목적지에 도착하고 나면 습관처럼 안도와 행복감이 밀려든다. 그리고 활시위처럼 팽팽했던 긴장의 끈이 풀렸다. 침대에 드러눕고 싶은 생각이 간절했다. 그런데 숙소에선 오전 11시까지 기다려야 빈방이 생긴다고 했다. 힘이 빠졌다.

일단 호텔레스토랑에서 아침을 먹으며 시간을 보냈다. 가격도 그리 나쁘지 않은 수준이었다. 에티오피아의 물가는 파키스탄 다음으로 쌌다. 일단 합격점을 줄 수 있는 조건이었다.

무거워진 눈꺼풀을 힘겹게 지탱하고 있을 때 터키 친구 필리스(여성)를 만나 이런저런 이야기로 시간을 보냈다. 필리스는 감기에 걸렸는지 연방 내 앞에서 코를 풀어댔다. 적잖

타이투호텔 벽면에 걸린 한 장의 그림.
누군가에는 이국적인 그림이지만 누군가에는 친숙한 이웃의 초상화

게 여행을 다녔지만, 아직도 적응이 안 되는 문화 중 하나다.

그녀는 세 달째 홀로 에티오피아를 여행하고 있다고 했다. 그래서인지 에티오피아의 이모저모를 자세히 설명해 주었다.

그녀는 에티오피아 북쪽에 위치한 '다나킬'과 우간다를 다녀왔다고 했다. 다나킬은 지구에서 가장 지구답지 않은 땅으로 유명한 곳이다.

난 답례로 그녀가 무척 가보고 싶어 하는 카라코람하이웨이와 파키스탄 이야기를 들려주었다.

그 사이 빈방이 생겼다. 하루에 170비르 정도 하는 더블룸을 잡았다. 화장실과 샤워실은 공동으로 사용해야 했다. 에티오피아에선 머릿수로 숙박비를 계산하지 않는다. 무조건 방 하나당 돈을 받는다. 일행이 있으면 경비를 절약할 수 있는 구조다.

에티오피아는 커피의 원산지라는 타이틀과 더불어 빈대의 천국으로 악명이 높다. 경험자에 따르면 빈대는 모기와 달리 한 번에 수십 군데에 흔적을 남기는데 가려움이 상상을 초월한다고 했다. 난 아직까진 빈대와의 동침을 잘 피하고 있었다.

널찍한 더블침대에는 하얀색 시트가 덮여 있었다. 그리고 그 위에는 믿음이 가지 않는 이불이 펼쳐져 있었다. 타이투호텔이 그나마 괜찮은 숙소라곤 하지만 빈대에서 완전 자유로운 곳은 아니었다. 우기라 그런지 침대 시트는 축축함 그대로였다. 마음이 놓이지 않았다. 숙소 직원에게 빈대 잡는 스프레이를 달라고 해서 한 통을 전부 써버렸다. 그리곤 이

빈대를 걱정해야 했던 호텔방

배회하는 흑형 무리는 날 위축시키기에 충분했다. 희미한 외등 아래 내 피부색은 빨간색 원피스를 입고 비 오는 거리를 걷는 것만큼이나 위험해 보였다. 거리 한쪽에서 낯선 동양인을 발견한 여자들이 하루 일당을 채우기 위해 감정 없는 웃음을 흘렸다. 내 피부색과 거리 풍경은 극명한 대조를 이루었다.

불을 걷어내고 배낭에서 침낭을 꺼내 깔았다.

빈대에 물리면 에티오피아에 오만 정이 떨어질 게 뻔했다. 이런 불상사를 막으려면 나름의 대비가 필요했다.

푹신한 침낭에 들어가 달콤한 잠에 빠져들었다. 눈을 떠보니 시간은 저녁 7시를 넘어가고 있었다. 반사적으로 빈대의 소리 없는 습격을 확인하기 위해 몸 구석구석을 더듬었다. 다행스럽게 빈대의 흔적은 없었다.

…피아자 거리는 온통 흑형들로 득실댔다. 한밤중 거리를

이용숙소 만족도 | 아디스아바바─타이투호텔

시설	가격	위생	친절	위치

* WIFI 가능 / 우기에 에티오피아를 방문했다면 숙소를 불문하고 빈대를 조심하길 바란다. 역사와 명성을 갖춘 호텔답게 레스토랑이 잘 갖춰져 있다. 커피 맛도 일품이다.

아디스아바바 도착

우리나라에서 에티오피아로 가는 직항 노선은 없다. 보통 방콕이나 두바이를 경유하는 경우가 많다. 만약 여행자금이 넉넉하다면 대한항공의 케냐 나이로비행 직항편을 이용한 뒤 케냐에서 비행기를 갈아타는 게 가장 손쉬운 루트다.

장기여행 중이라면 에티오피아 북쪽 수단 국경을 넘어 육로로 입국할 수 있고, 남쪽으로 케냐국경을 넘을 수도 있다.

치안 사정이 그리 좋지 않은 수단을 거쳐 육로로 넘어올 경우 각별한 주의가 필요하고, 남쪽이나 북쪽 모두 험난한 길을 장시간 달려야 하는 어려움이 있다. 공항으로 입국하는 경우 도착 비자(미화 20달러)를 받을 수 있다.

특히 에티오피아는 말라리아 위험지역으로 말라리아 예방약을 복용하는 것이 안전하다. 식수는 끓여 마시거나 생수를 사 마셔야 탈이 없다.

2.

피아자의 밤

강도에게 필요한 건 흉기가 아니다

"아무도 믿지 마라."

이집트에서 만난 한 여행자는 피아자에서 영어를 하는 사람은 다 사기꾼이라고 했다. 에티오피아를 떠올린 그의 얼굴에선 피로감이 묻어났다. 반면 누구는 아프리카에서 제일 기억에 남는 곳으로 주저 없이 에티오피아를 꼽겠다고 했다. 과연 난 이곳을 떠날 때 어떤 쪽에 속해 있을까?

피아자의 밤거리를 어슬렁거리던 중이었다. 정체불명의 남자 한 명이 날 쫓아왔다. 대학에서 건축학을 전공하고 있다는 이 사내는 무엇이든 날 돕겠다며 내 옆을 맴돌았다. 난 "줄 돈이 없다"고 했다. 하지만 그는 "외국인 친구를 사귀고 싶은 것뿐"이라는 뻔히 보이는 거짓말로 날 현혹시켰다. 사내는 집요했고, 난 부담스런 피아자의 밤거리를 안내해 줄 현지인이 필요했다.

일단 본고장의 커피를 맛보고 싶었다. 커피 하면 많은 사람이 콜롬비아를 떠올리지만 사실 커피는 아프리카에서 퍼져나갔다. 에티오피아에서 예멘의 모카항으로 수출된 커피가 지금 우리가 말하는 '모카커피'의 유례다.

난 그에게 유명 커피숍의 위치를 물었다. 사내의 얼굴에 화색이 돌았다. 일단 우리는 서로를 이용하기로 암묵적으로 합의했다.

그를 따라 레스토랑 겸 커피숍으로 향했다. 식당 종업원은 즉석에서 숯불을 피워 커피를 볶고 작은 호리병에 물을 끓였다. 본고장 커피는 믹스에 길들여진 싸구려 혀로도 대번에

커피의 본고장에서 맛본 마키아또

그윽한 향과 맛을 느끼게 해주었다. 에티오피아 커피는 쓰지도 달지도 않은 맛에 깊은 향까지 더해져 단숨에 내 입맛을 사로잡았다. 설탕을 조금 넣자 더 맛이 좋았다. 사실 커피보다 내 마음을 더 기쁘게 한 건 에티오피아의 물가였다. 내 옆에서 갖은 정성으로 날 구워삶고 있는 사내와 나눠 마신 커피의 가격은 14비르였다.

커피를 마신 뒤 사내는 근처에 좋은 클럽이 있다며 날 꼬드겼다. 일단 수중에 갖고 있던 돈이 그리 많지 않았다. 털려도

개털 되는 수준도 아니었고 아프리카 클럽에 급호기심이 발동했다. 사내는 내가 묵고 있는 타이투호텔에서 아주 가까운 곳이라며 고민하는 날 안심시켰다. 사람을 다루는 솜씨가 보통이 아니었다. 물론 그에게 내 마음을 0.0001%도 열지 않았지만, 그는 능수능란하게 날 클럽으로 인도했다.

바 겸 클럽의 시설은 보잘것없었지만, 아프리카 특유의 리듬을 타며 흔들거리는 청춘들의 열기는 뜨거웠다. 그 공간 안에 동양인은 나뿐이었다. 아프리카에서는 어딜 가도 숨을 곳이 없었다. 클럽의 열기가 버겁게 느껴져 시원한 야외 테이블에 자리를 잡고 맥주를 주문했다.

맥주를 마시던 사내는 둘만의 대화가 식상했는지 자신의 친구라며 20대 초반의 여자를 테이블에 합석시켰다. 얼핏 봐도 동양인으로는 쉽게 흉내 낼 수 없는 아프리카 특유의 탄력 넘치는 몸매의 미인이었다. 여자의 몸에선 싸구려 향수 냄새가 진하게 풍겼다.

사내는 여자를 위해 맥주를 한 병 시켜달라고 했다. 가격이 그리 비싸지 않아 흔쾌히 주문해주었다. 셋이 맥주를 한잔하며 한 시간 정도 이런저런 이야기를 나누었다

그러다 사내가 눈빛을 바꿔 조용히 내게 귀엣말을 했다. 합석한 여자와 하룻밤을 보낼 수 있게 해주겠다는 은밀한 제안이었다. 아주 구체적인 가격과 함께….

사내의 본업은 여행자와 길거리 여성들을 연결하고 중간에서 수수료를 챙기는 포주였다. 나중에 안 사실이지만 이렇게 여행자에게 뜯은 돈은 대부분 포주의 몫이 되고 여자들은 이용만 당하는 경우가 많다고 한다.

그러나 에티오피아는 커피 말고도 '후천성면역결핍증(AIDS)'으로 악명이 높은 나라다. 여기서 내 생을 마감하고 싶지는 않았다. 이런 내 우려를 아는지 그는 옆에 앉은 여자가 깨끗하다는 걸 무척이나 강조했다. 내 머리꼭대기에 앉아 있는 느낌이었다.

끈질긴 설득 작업에도 내가 반응이 없자 그는 내 숙소에서 마리화나를 피자는 또 다른 제안을 해왔다. 바꿔 이야기하면

내 짐을 몽땅 털어가겠다는 소리였다. 숙소털이까지 겸하고 있는 모양이었다.

아디스아바바에선 아무도 믿지 말라는 말이 떠올랐다. 뭘 보고 내 방문을 열어 준다는 말인가. 맥주에 약을 타지 않은 이상 그 정도 사리판단은 가능했다. 사내의 표정이 굳어졌다. 그리고 그가 마성(魔性)을 드러냈다.

"너 때문에 옆에 앉은 여자가 한 시간 정도 일을 하지 못했으니 어느 정도 돈을 줘야 해."

정말 참신하고 기막힌 한마디였다. 이 정도 영업력이면 세계 굴지의 기업에 취업하는 것도 어렵지 않을 것 같았다. 그의 억양은 부탁이었지만 내 귀에는 협박처럼 들렸다. 황당무계한 소리에 난 뒷목을 잡았다.

"내가 여자를 불러 달라고 한 적이 없는데 무슨 돈!"

이 한마디가 핵심을 찔렀다고 생각했다. 난 여자에 대해서 책임을 질 하등의 언행을 한 적이 없었다. 대법원에 가더라도 100전 100승 할 자신이 있었다. 하지만 이건 어디까지나 내 생각일 뿐이었다.

"그건 그렇지만 돈은 내야 해!" 막무가내 대답이 돌아왔다.

"헐~"

하루도 빠지지 않고 내 입에서 욕이 튀어나오게 한 이집션도 이 정도는 아니었다. 극강의 철면피였다. 이 친구의 무논리는 무쇠처럼 단단했다. 그 앞에서 내 빈틈없는 논리는 추풍낙엽처럼 힘을 잃었다. 차라리 적선해 달라고 하면 생각해 볼 용의가 있었다. 몇 번의 실랑이 끝에 내겐 이 친구를 당해낼 재주가 없다는 걸 깨달았다.

더 버티다가는 흑형들이 내 주위를 둘러싸는 아찔한 상황까지 갈 것 같았다. 얼마 되지 않는 돈을 주고 자리를 떴다. 강도가 꼭 흉기를 들고 있어야 하는 건 아니었다.

숙소로 돌아가는 길에 한 서양인 커플이 흑형과 언쟁을 벌이고 있었다. 얼굴이 시뻘게진 서양인 여자는 시비 끝에 흑형의 얼굴에 최후의 일갈을 날렸다.

"뻑큐!"

국경까지 가서 손가락 욕을 날리기에는 인내심이 한계에 다다른 것처럼 보였다. 흑형은 미동도 하지 않았다. 도리어 빈정거리는 얼굴로 "뻑큐~투! 애쏠!"이라며 여자의 약을 더욱 바짝 올렸다. 여자는 남자친구의 손을 잡고 분을 삭이지 못한 채 뒤돌아섰다.

에티오피아 여행이 순탄치만은 않을 것 같았다.

3.
타이투호텔에서
단 한 번 일본인이고 싶었다

* 깨알 정보 *

에티오피아는 커피의 기원지다. 커피라는 이름은 에티오피아의 도시 카파(Kaffa)에서 유래됐다. 에티오피아의 많은 커피 생산지 중에서도 예가체프 산 커피를 최고로 꼽는다.

커피는 에티오피아 경제의 절대적인 위치를 점하고 있으며 전체 수출의 절반을 차지하고 있다.

에티오피아에 가면 '커피 세리모니(ceremony)'란 말을 듣게 된다. 커피를 볶고 달이는 과정을 의식의 일부로 생각해서 생긴 말이다.

장마가 연상되는 날씨였다. 잔뜩 구름을 머금은 하늘은 종일 오락가락 비를 뿌려댔다.

습도가 100%에 가까운 우기는 결코 반갑지 않았다. 침대 시트를 꾹 짜면 물이 뚝뚝 흘러내릴 것만 같았다. 그 꿉꿉함이란 이루 말할 수 없었다. 빈대들이 가장 좋아하는 날씨이기도 했다.

39살의 터키 여성. 아이는 좋지만, 결혼은 싫다는 독신주의

자. 대학에서 영문학을 전공해 유창하고 완벽한 영어를 구사하는 그녀. 강단과 경험을 두루 겸비한 '독고다이' 여행자. 필리스는 무엇이든 자기 생각이 분명했고, 아프리카의 낯선 환경을 즐길 수 있는 강한 멘탈을 소유하고 있었다. 하지만 그녀도 도저히 참지 못하는 게 있었다.

필리스는 타이투호텔에서 빈대에 물려 세 번이나 방을 바꿨다. 벌레 물린 데 바르는 크림을 빌려주니 전신에 팩을 바르듯 절반이나 써버렸다. 역시나 빈대엔 장사가 없었다.

필리스가 빈대에 물려 신 나게 욕을 퍼부은 타이투호텔은 나에게 또 다른 난제를 안겨 주었다. 이 숙소는 그나마 아디스아바바에서 좋은 분위기의 레스토랑을 겸하고 있어 현지인뿐 아니라 여행자들이 많이 찾는 숙소인 건 맞다. 역사도 100년이 넘었다. 하지만 그런 명성에 비해 시설은 열악하기 짝이 없었다. 내가 묵고 있던 방은 하룻밤에 173비르나 했지만, 항상 빈대의 위험이 도사리고 있는 것도 모자라 복도를 지나가는 소리에 잠이 깰 정도로 방음이 취약했다. 어느 날은 옆방에서 새어나오는 젊은 남녀의 뜨거운 숨소리가 밤새 날 괴롭히기도 했다.

여기다 인터넷 환경은 이번 여행 중 최악이었다. 파키스탄보다도 상황이 나빴다. 사진 업로드는 고사하고 오탈자를 한 번 수정하려면 10분은 기본으로 투자해야 했다. 내 넷북은 느린 인터넷 속도에 적응하지 못하고 'error'를 마구 양산했다. 사정이 이렇다 보니 여행정보를 찾는 것도 쉽지 않았다. 당연히 방안에서 인터넷 접속은 상상도 못했다. 파키스탄을 거치면서 열악한 인터넷 환경에 대해 면역력을 기른 게 그나마 다행이었다.

하지만 내가 이 숙소에서 정말 참을 수 없는 건 다른 데 있었다. 타이투호텔의 공용화장실은 나에겐 정말 큰 숙제였고, 고통이었다. 샤워실 수도꼭지의 수압이 낮은 문제는 시간으로 해결됐지만, 모든 화장실 변기에 시트(seat)가 없는 건 어떻게 해볼 도리가 없었다. 고기와 여자를 멀리하는 수도승처럼 나는 화장실과의 인연을 끊으리라, 삐질삐질 땀을 흘리며

타이투호텔

염불을 외웠다. 물론 제아무리 위대한 수도승도 중력의 법칙을 어길 수 없듯이 나의 멀쩡한 육신 역시 인내의 한계에 이르고 말았다. 저주받은 장을 갖고 있는 내게는 최악의 조건이었다.

…호텔레스토랑에서 아침을 먹고 있었다. 필리스가 오더니 모얄레에서 사고가 일어났다고 했다.

모얄레는 에티오피아와 케냐를 잇는 국경 마을로 육로이동에서 꼭 거쳐야 하는 거점도시였다. 시미엔 트레킹을 마치고 다시 아디스아바바로 돌아와 모얄레행 버스를 탈 계획이었다.

자세한 상황을 파악하기 위해 리셉션으로 갔다. 여직원은 작은 쪽지 한 장을 내밀었다. 쪽지 내용은 모두 일본어로 쓰여 있었다. 난 일본어를 몰랐다.

"잠깐 쪽지를 빌려주면 레스토랑에서 식사하고 있는 일본 여행자에게 내용을 읽어달라고 부탁할게요."

내 사고에서는 지극히 상식적이고 일반적인 부탁이었다.

"쪽지는 빌려줄 수 없어요."

여직원의 대답은 예상 밖이었다. 무엇이 문제란 말인가. 혹시 쪽지를 분실할까 봐 염려하는 건가?

"쪽지를 잠시 빌릴 수 없다면 그걸 사진으로 찍으면 안 될까요?"

"그것도 안 돼요."

"왜죠?"

"이 쪽지는 일본대사관 직원이 와서 적어주고 간 내용이기 때문에 일본인 외에는 보여줄 수 없어요."

궤변이었지만 최대한 미소를 잃지 않은 얼굴로 차근차근 상황을 설명하려고 했다.

"잠깐 내 말 좀 들어…."

"어찌 됐건, 당신은 한국인이고, 이 쪽지는 절대로 줄 수 없어요!" 그녀가 말허리를 자르고 나왔다. 딱 거기까지였다. 여직원은 더 이상 내 말을 들으려고 하지 않았다.

"플리즈…."

"글쎄. 안된다니까요!" 그녀는 자기 말을 쉼 없이 이어갔다. 내 말 자체를 듣고 싶지 않은 것 같았다. 안하무인이었다.

그녀는 마지막으로 이 쪽지 내용을 알고 싶으면 레스토랑에 있는 일본인을 데려오라고 했다.

'아놔!'

쪽지가 필요한 건 나였다. 속에서 치밀어 오르는 뜨거움을 참고 일본 여행자들이 식사하고 있는 테이블로 갔다. 그리고 상황 설명을 하며 좀 도와줄 수 있냐고 물었다.

"좀 전에 우리도 쪽지를 봤어요. 모얄레에서 현지주민 간 충돌로 많은 사람이 죽었고, 일본대사관에서는 모얄레 여행을 금지시켰다는 내용이에요. 우리도 쪽지를 사진으로 찍겠다고 했는데, 리셉션 직원이 안 된다고 했어요."

리셉션을 다시 찾아갈 필요가 없었다.

필리스에게 안하무인 여직원에 대해 침을 튀기며 '거품'을 뿜어댔다. 필리스는 여유 있는 미소로 날 바라봤다. 그녀는 이집트보다 여기가 더 거지 같은 나라라는 말과 함께 날 진정시켰다. 한편으로 필리스는 날 재밌어했다. 에티오피아 초짜 여행자를 보며 자신이 과거에 느낀 울분을 떠올리는 것 같았다.

하지만 난 이 순간 전형적인 냄비근성이 발동하며 에티오피아를 그냥 뜰까 심각하게 고민했다.

"이런 나라에서 돈을 쓰고 싶지 않아. 그냥 케냐로 갈까?"

"워~워~ 킴! 진정해."

오만 여행을 날려 버린 두바이의 막돼먹은 렌터카 사건이 떠올랐다. 렌터카 회사 직원은 '돈'이란 지극히 상식적인 이해가 달려 있어 그렇다 쳐도 도대체 그 종이 쪼가리 하나가 자기랑 무슨 상관인지 도저히 납득이 되질 않았다.

일본인에게만 보여줘야 하는 이유가 무엇인지도 모르겠고, 일본대사관 직원이 꼭 일본인에게만 보여주라고 부탁하지도 않았을 것 같았다. 한마디로 어처구니가 없었다. 에티오피아 사람들이 언제부터 일본인을 그렇게 챙겼다고. 일본인만 살고 다른 나라 사람은 다 죽어도 된다는 말인가.

왜 사진을 찍으면 안 되는지에 대해 설명해 달라고 했지만, 설명은 없고 무조건 안 된다는 억지를 당해낼 재주가 없었다. 無논리, 無대뽀, 無경우였다. 이런 에티오피아인의 '三無정신'에 난 두 손 두 발을 다 들었다.

필리스는 시뻘게진 내 얼굴을 보며 "이런 나라가 에티오피아"라며 "이건 보통"이라고 했다. 일본대사관 직원이 아디스아바바 시내를 돌며 정보를 실어 나를 때 한국대사관 직원은 도대체 뭘 하고 있었단 말인가.

정말 단! 단! 단! 한 번 일본인이고 싶었고, 일본이 부러운 날이었다.

다음날 BBC는 에티오피아 남부지방에서 부족 간 충돌이 발생해 최소 18명이 숨지고 주민 2만여 명이 국경을 넘어 케냐로 대피했다고 보도했다.

생각보다 상황이 심각했다. 에티오피아의 열악한 상황을 감안하면 모얄레의 사정은 안 봐도 뻔했다.

만약 저 소식을 모르고 모얄레행 버스를 탔으면 난민대열의 틈에서 오도 가도 못하는 상황이 됐을 거다. 아니면 국경이 닫혀 있을 수도 있고, 국경을 넘는다고 해도 나이로비행 버스를 탈 수 있다는 보장도 없었다.

일본여행자들이 내게 다가와 물었다.

"모얄레로 갈 건가요?"

"글쎄…."

"노, 노, 노. 너무 위험해용!"

"당신들은 어떻게 할 건가요?"

시미엔산·
315

"우린 나이로비행 비행기를 이용할 거예요."

루트 수정이 불가피했다. 계획이 계획대로 되는 건 그리 많지 않다.

• 깨알 정보 •

| 빈대 이야기 |

여행을 하다 보면 흔히 '베드 버그'로 불리는 빈대의 습격을 받는 경우가 생긴다. 베드 버그는 모기와 달리 잠들어 있는 사이 수십 군데에 흔적을 남긴다. 빈대가 물고 간 자리는 극심한 가려움증을 동반하기 때문에 2차적으로 피부에 상처를 남기기 쉽다. 장기 여행자라면 가려움증을 완화해줄 연고 등을 꼭 가지고 다니길 당부한다. 빈대는 눈에 잘 보이지 않으며, 만약 빈대에게 물리게 되면 물에 약한 빈대의 약점을 이용해 옷을 전부 세탁하고, 숙소나 방을 옮기는 게 최선의 방법이다. 빈대에는 장사가 없다. 숙소를 고를 때 햇빛이 잘 드는 방을 선택하면 빈대의 공격에서 어느 정도 벗어날 수 있다. 하지만 빈대는 배낭 등에 붙어 이 숙소에서 저 숙소로 옮겨지기 때문에 100% 막는 방법은 없다.

| 아디스아바바 이야기 |

에티오피아의 수도, 아디스아바바는 '이동하는 텐트의 집단'이란 뜻을 내포하고 있지만, 현재는 아무도 이런 유목 생활을 하지 않는다. 과거 에티오피아의 유목민들이 정착 생활로 갈아탄 것은 성장이 빠

른 유칼립투스를 이용해 연료 확보가 용이해졌기 때문이다. 현재도 아디스아바바의 도심 이곳저곳에 유칼립투스 나무가 즐비하다. 아디스아바바를 방문했다면 꼭 가봐야 할 곳이 있다. 바로 허름하기 그지없는 에티오피아 국립박물관이다. 이곳에는 320만 년 전 초기 인류인 오스트랄로피테쿠스(루시)가 전시돼 있다. 루시의 발견으로 직립보행을 가능하게 한 요인이 두뇌 발달이 아니라, 도구제작 능력이라는 주장에 힘을 실어주기도 했다.

에티오피아 국립박물관

아디스아바바에서 곤다르로

아프리카의 지붕 시미엔 산으로

새벽 4시, 휴대폰 알람이 울렸다. 간단하게 세수를 하고 짐을 챙겨 나흘간 머문 타이투호텔을 나섰다. 부슬부슬 비가 내리는 새벽 피아자 거리는 어두웠다.

어서 빨리 택시를 잡아타고 곤다르행 버스가 출발하는 메스켈스퀘어로 가고 싶었다. 숙소 앞에는 택시가 대기 중이었다. 택시기사는 멀지 않은 거리를 150비르에 가자고 했다. 협상 끝에 80비르까지 가격을 내렸지만 만족스럽지 않았다.

큰길로 나섰다. 동이 트기 전의 새벽 거리는 음산했다. 흑형들 몇 명이 어둠에 몸을 숨긴 채 날 쏘아보았다. 만약 여기가 케냐 나이로비나 남아공 요하네스버그쯤 됐으면 뭔 일이 나도 벌써 났을 분위기였다. 잠시 뒤 어둠 속에서 다른 택시가 나타났다. 택시기사는 70비르를 불렀다.

메스켈스퀘어에 도착하자 곤다르행 스카이 버스가 대기하고 있었다. 스카이 버스는 보통 현지인들이 이용하는 버스보다 가격이 2배 비싼 고급형이다. 티켓 사무소는 타이투호텔 안에 있다.

버스에 올라 보니 동양인은 나 혼자였다. 버스 내부 공기는 무거웠고 나를 보고 힐끔거리는 차가운 눈빛이 느껴졌다.

에티오피아에서 중국인의 이미지는 최악이다. 중국인들이 건설한 도로는 2~3개월 뒤면 여지없이 망가져 버린다고 한다. 에티오피아인들에게 중국은 '부실도로를 만들어 놓고 각종 자원은 다 가져가는 나쁜 나라'란 인식이 팽배했다. 중국인 남자와 에티오피아인 여자가 결혼해서 아이를 가지면 3

개월 뒤 유산이 되는데, 'made in china'이기 때문이라는 농담이 회자될 정도다.

내게 차가운 눈빛을 보내는 사람 중에는 날 중국인으로 오해하는 경우가 많았다. 나중에 내 국적을 알게 되면 형제의 나라라며 활짝 웃어주는 사람들이 적잖았다.

새벽 5시 30분에 출발하기로 한 버스는 지각한 승객을 전부 기다린 끝에 1시간이나 연발됐다. 고급버스답게 출발 뒤 안내양이 음료수, 카스텔라, 물 한 병씩을 나눠 주었다. 서비스에 비해 좌석은 그리 편치 않았다.

에티오피아의 옛 수도 곤다르까지의 이동은 에티오피아에 대한 나의 편견을 깨주었다. 여행은 매번 TV나 사진으로 본 이미지가 얼마나 작은 부분이었는지 깨닫게 해준다. 부분을 전체로 착각하며 살아온 셈이었다. 마냥 좋았던 나라들이 최악으로 바뀌는가 하면 기대하지 않았던 나라에서 의외의 모습을 발견한다. 에티오피아 하면 풀 한 포기 없는 척박한 땅이 먼저 연상됐는데 시간이 흐를수록 이미지의 조각들이 깨

져나가며 그 자리에 새로운 인상들이 자리를 잡았다. 여행은 그렇게 내 인식의 틀을 재조정해 주었다.

아디스아바바를 벗어나면서부터 초원이 이어졌다. 공장 건물은 한 채도 보이지 않았다. 모두 가축을 기르고, 땅을 일구었다. 흙집에서 사는 사람들의 환경은 열악하기 그지없었다. 가옥 자체만 놓고 보면 티베트도 이 정도는 아니었다. 버스가 정차하면 동네 사람들이 몰려들었다. 돈을 달라는 사람도 있었고, 먹을 걸 요구하는 아이도 있었다. 먼발치서 버스에 내리고 오르는 사람을 신기한 듯 관찰하기도 했다. 신발을 신은 사람은 반밖에 없었다.

그들의 눈에서 '동경'이 읽혔다. 아디스아바바에 사는 사람들과는 확실히 달랐다. 환경적으로만 보면 아디스아바바 주민들은 선택받은 사람들이었다. 하지만 그들은 물질에 집착했고, 나라 전체가 안고 있는 결핍에서 오는 두려움을 가진 것처럼 보였다. 에티오피아의 빈부격차는 상상을 초월했다. 부정부패가 만연했고, 가진 사람들이 더욱 많은 걸 가질 수

곤다르 가는 길에 만난 시골 아이들, 아이들의 상당수가 맨발이었다.

곤다르 시민들이 인간띠로 축구장을 만들고 있다.

있는 구조였다. 내 것을 지키기 위해 발버둥 칠 수밖에 없었
다. 그들에게 친절은 사치였다. 이들이 여행자를 상대로 바
가지를 씌우거나 사기를 치는 이유가 한편으로는 이해가 됐
다. 그렇게 해서라도 그들은 가져야 했다.

그런 그들의 이글거리는 눈앞에 반짝이는 옷을 입고 하얀
운동화를 신은 낯선 여행자의 모습이 어떻게 다가올지….

한 에티오피아인은 나에게 영국에 갈 때 비자가 필요하냐
고 물었다. 난 비자가 필요치 않은 나라에 살고 있다. 그는 비
자를 받는 데 5개월이 걸렸다고 했다. 당연히 영국에 대한 느
낌이 다를 수밖에 없다.

이렇듯 이들에게 물질은 나와는 또 다른 절박함으로 다가
오는 듯했다. 이율배반적이게도 물질주의를 거부하는 내 사
고의 형성도 풍요로운 물질을 누려왔기 때문에 가능했을 거
다. 그만큼 물질은 중요하다. 이곳에선 더욱 그랬다.

…검은 그림자가 내리깔렸고, 하나 둘 흙집에서 희미한 불
빛이 새어나오기 시작했다. 전기는 꿈도 못 꾸는 환경이었

다. 버스여행도 힘들었지만, 창밖으로 펼쳐지는 풍경들이 내 마음을 무겁게 짓눌렀다. 15시간을 달린 끝에 곤다르에 도착했다.

에티오피아는 수천 년의 역사를 지닌 기독교 국가이면서 국민의 상당수가 이슬람교를 믿는 나라다. 이들의 삶의 질과는 무관하게 전 세계에서 기독교를 국교로 받아들인 두 번째 나라가 에티오피아다. 만일 신이 있다면, 신은 이들을 통해 무엇을 말하고 싶었던 것일까?

여행을 하면서 감상 따위에 빠지고 싶지 않았다. 하지만 난 이 순간만큼은 감상의 늪에서 허우적거렸다.

• 깨알 정보 •

왕궁 유적과 데브레 베란 셀라시에 교회(Debre Berhan Selassie Church)는 곤다르의 유명 관광지다. 데브레 베란 교회는 기독교 국가 에티오피아의 신앙 중심지로, 17세기에 지어진 건축물이다. 천장에 그려진 각양각색의 천사 그림이 잘 알려져 있다.
또 곤다르 도심에서 가까운 고하호텔에 가면 곤다르 시내를 한눈에 내려다볼 수 있다.
'악숨'이란 곳도 가볼 만하다. 모세의 십계명 원판이 이곳에 묻혀 있다는 전설이 전해지는 도시다. 오벨리스크 유적지와 악숨 왕국의 성채 등 다양한 유적을 관람할 수 있다.
시간이 된다면 악숨에서 400km가량 남쪽에 위치한 랄리벨라 암굴 교회를 찾는 것도 추천한다.

이용숙소 만족도 | 곤다르-밸레게스팬션

시설	가격	위생	친절	위치

* WiFi 불가능 / 시미엔 트레킹을 계획했다면 이 숙소에 묵는 게 여러모로 도움이 된다. 무엇보다 동행을 구할 확률이 높아진다.

5.

Let's trekking! (첫째 날)

어수룩한 협상과 시미엔 트레킹의 시작

2일차 산카바르 캠프～기치 캠프(5～6시간)
3일차 기치 캠프～이멧 고고～체넉 캠프(5～6시간)
3박 4일 코스의 경우 마지막 날 브와힛(4,430m)을 다녀오는 일정이 추가된다. 이밖에도 시미엔 산 전체를 둘러볼 수 있는 10일짜리 코스 등 다양한 트레킹 코스를 선택할 수 있다.

시미엔 트레킹 개요

🌿 **교통편**

아디스아바바에서 버스나 비행기를 타고 곤다르로 이동하는 게 일차적인 과제다. 그런 뒤 다시 데바르크로 가서 차를 타고 산 입구까지 이동해야 본격적인 트레킹이 시작된다.

🌿 **트레킹 코스 및 시간**

시미엔 트레킹은 2박 3일과 3박 4일 코스가 일반적이다.

<u>2박 3일 코스</u>

1일차 시미엔 산 입구～산카바르 캠프(3～4시간)

🌿 **코스 분석**

시미엔 트레킹은 일정을 어떻게 잡느냐에 따라 코스가 무척 다양해진다. 기본적으로 임도(forest road, 산림 관리와 임산물 운반 등을 위해 낸 길)와 초원지대 그리고 마을 등을 지나게 된다. 우리나라의 등산 형태와는 좀 다른 완만한 경사와 능선이 많은 게 특징이다.

🌿 최적시기
건기인 12월~3월까지가 가장 좋다. 우기인 6월~9월은 꼭 피하길 바란다.

🌿 난이도
중

🌿 준비물
시미엔 트레킹은 기본적으로 포터와 가이드, 요리사가 동행한다. 개인 보온에만 신경 쓰면 되지만 텐트나 침낭 등은 따로 준비하는 게 여러모로 좋다. 텐트와 침낭이 없으면 투어회사에서 대여를 해야 하는데 위생상태가 좋지 못하다.

🌿 팁
음식이 맞지 않거나 위생 상태가 좋지 않아 트레킹 중 배탈이 날 수 있다. 배탈약을 꼭 챙기길 권한다.

🌿 전체 평
우기에 트레킹을 한 탓에 무척 고생을 한 코스였다. 하지만 시미엔 산이 선사하는 풍경만큼은 산에 대한 기존 관념을 산산조각 낼 만큼 아름답고 이국적이다.

곤다르에는 여행자들이 그리 많지 않았다.

에티오피아의 6~9월은 우기에 해당한다. 비는 하루도 빠지지 않고 내렸다. 트레킹도 쉽지 않아 보였다.

시미엔 산은 에티오피아 여행의 하이라이트라고 해도 과언이 아닌 곳이었지만 날씨 탓에 다들 하루짜리 투어를 다녀오는 분위기였다. 시미엔 트레킹은 최장 10일 이상이 걸리지만, 핵심은 3~4일이면 볼 수가 있다. 트레킹은 3~4명이 팀을 꾸리는 게 최상이다.

내가 묵고 있는 밸레게스팬션으로 안면이 있는 여행사 직원이 찾아왔다. 그는 희한하게도 우기인 비수기에 트레킹 비용이 더 비싸다는 말부터 꺼냈다. 보통 비수기에 가격이 낮아야 하는데 정반대 이야기를 하고 있으니 이해가 되질 않았다.

3일짜리 트레킹을 할 경우 1명이면 450달러, 2명이면 300달러, 4명이면 200달러로 가격이 낮아졌다. 이 금액으로 스카우트, 가이드, 요리사, 왕복차량, 포터, 식량 등을 제공받게 된다. 여행사를 통하지 않고 트레킹의 시작점이라고 할 수 있는 데바르크에서 개인적으로 모든 걸 해결하면 가격이 조금 더 싸진다.

그러나 문제는 첫날 데바르크에서 트레킹 시작점까지, 마지막 날 트레킹이 끝나는 장소에서 데바르크까지 지프를 이용해야 하는데 이 가격만 100달러가 넘는다는 점이다. 주민들이 담합하고 있어 협상도 쉽지 않다. 미니버스를 이용하는 방법도 있지만, 배차 시간이 불규칙하고 외국인은 잘 태우지 않는다고 했다.

결론적으로 혼자 모든 걸 준비하는 것보다 돈을 조금 더 주고 동행을 구해 여행사를 이용하는 것이 여러모로 편했다. 밸레게스팬션에 머물고 있는 여행자 중 트레킹을 생각하는 사람은 많지 않았지만 운 좋게도 영국 신사 레임을 만났다. 레임과 한편을 먹고 본격적인 가격협상에 들어갔다.

여행사 직원은 300달러를 고수했고, 우린 마지노선 250달러를 내세웠다. 가격 절충이 쉽지 않았다. 1시간 정도 시소게임이 계속됐다.

시간이 흐르자 그는 지금 결정해야 시장에 가서 음식 등을 구해 내일 아침 차질 없이 트레킹을 갈 수 있다고 했다. 설득력 있는 이야기였다. 나중에 생각해 보니 이 한마디에 우리는 협상 주도권을 완전히 내주고 말았다.

레임과 난 결정을 내려야 했다. 마음이 급했다. 레임은 다음 일정 때문에 하루빨리 트레킹을 가고 싶어 했다. 내가 가면 자기도 가겠다고 했다. 나야 더 기다리고 싶었지만, 우기에 3일 이상의 트레킹을 원하는 여행자가 언제 또 나타날지 미지수였다.

혼자 하는 협상이었다면 분명 트레킹 포기선언과 함께 다른 여행사를 찾아보겠다는 등 갖은 협박으로 벼랑 끝 전술을 펼쳐졌지만 25살 영국신사, 그것도 학교 선생님과 공동전선을 형성하고 있는 상황에서는 모든 걸 내 뜻대로 할 수 없었다. 지루한 줄다리기 끝에 2박 3일짜리 트레킹을 285달러에 합의했다. 뒷맛이 개운치 않았지만, 더 이상 할 수 있는 게 없었다.

다음날 아침 6시, 도요타 랜드크루즈 한 대가 숙소 앞에 도착했다. 어제 만난 여행사 직원을 따라 근처 식당에서 아침식사를 하고 있으니 요리사가 합류했다. 요리사는 장을 보러 시장에 가야 한다고 했다. 순간 레임과 눈이 마주쳤다.

'아차! 이런 게맛살들!'

거짓말을 밥 먹듯 하는 놈들의 협상력은 월등히 높을 수밖에 없다. 난 어수룩하게 또 당하고 말았다. 진짜 좋아하려야 좋아할 수가 없는 족속들이다.

데바르크까지는 포장도로가 많아 여정이 그리 힘들지 않았다. 중국인들이 도로포장 공사를 하는 게 눈에 띄었다. 운전기사는 얼마 못 가 도로가 파일 거라며 인상을 찌푸렸다.

시미엔 산으로 향하는 길

지프를 타고 시미엔 산의 관문 격인 데바르크에 들어섰다. 이 마을은 나에게 이번 여행 중 가장 큰 충격을 안겨주었다. 쩍쩍 갈라진 땅 위로, 빈곤이 맨살을 그대로 드러내고 있었다. 아이들은 소와 염소를 몰며 내 옆을 지나갔다. 난 그들의 큰 눈망울을 제대로 쳐다볼 수가 없었다.

에티오피아에선 하루도 마음 편할 날이 없었다. 아디스아바바와 곤다르 등 도시에 산다는 것 자체가 축복처럼 느껴졌다. 여긴 전혀 다른 일상이 펼쳐졌다. 서울에서 나고 자란 내

산카바라 캠프에서 만난 시골처녀.
이번 여행에서 방문한 나라 가운데 에티오피아 여자들의 미모가 가장 뛰어났다.

게 에티오피아의 시골 풍경은 마냥 아름답고 이국적이라 할 수 없었다.

데바르크에서 커피를 한 잔 마시는 사이 스카우트와 가이드가 합류했다. 난 편치 않은 풍경을 뒤로하고 시미엔 산으로 향하는 차에 올랐다. 산길을 달린 차는 레임과 나를 구름 속 한가운데 내려 주었다. 이번 트레킹에서 음식을 담당한 요리사가 미리 준비해둔 샌드위치와 오렌지를 내밀었다. 건성으로 만든 샌드위치를 건성으로 먹고는 가이드와 스카우트를 대동하고 트레킹을 시작했다. 요리사는 지프를 타고 첫날 캠프가 될 산카바르로 떠났다.

가이드는 시미엔 산이 자신의 오피스라는 말로 일정을 시작했다. 길을 가다 가이드가 풀을 뜯어 우리에게 건넸다. 향긋한 냄새가 기분을 상쾌하게 해주었다. 허브였다. 허브가 많은 길을 걸을 때면 방향제를 듬뿍 뿌려 놓은 것처럼 풀 향이 짙었다. 가이드가 이름 모를 나뭇잎을 가리키며 현지인들이 배탈에 쓰는 약초라고 했다.

시미엔 산은 에티오피아의 불편한 현실과 전혀 다른 세상
이었다. 짙은 안개에 둘러싸인 산세는 더욱 내 기대를 고조
시켰다.

설명을 이어가던 가이드가 갑자기 안개 속을 응시했다. 그
가 낮은 목소리로 말했다.

"바분!"

뿌연 안개 사이로 시미엔 산에만 서식한다는 야생 '겔라다
바분원숭이'가 불쑥 나타났다. 바분원숭이는 큰 덩치에 어울
리지 않게 수줍음 많은 여인처럼 무척 조심스러웠다. 눈을
마주치면 고개를 숙여버리는 모습이 꼭 맞선 나온 시골 처녀
같았다. 바분원숭이는 한 명의 수컷이 최대 열 명의 암컷을
거느린다고 한다. 짝짓기 철이 되면 수컷끼리 싸움을 하고
그중 가장 센 원숭이를 암컷이 선택하게 된다.

가장 덩치 큰 수컷 원숭이에게 조용히 다가가 봤다. 정신없
이 풀을 뜯어 먹다 나와 눈이 마주치자 가이드의 말대로 고
개를 숙이며 큰 몸을 반대편으로 돌려버렸다. 야생원숭이를

2박 3일간의 트레킹을 함께한 스카우트

이렇게 가까이서 보는 건 난생처음이었다. 바분원숭이는 초식동물로 덩치만큼이나 먹는 양도 대단했다.

4,000m급 봉우리들이 기이한 모양으로 펼쳐지는 시미엔 산에선 바분원숭이 외에도 왈리아아이벡스(Walia ibex, 염소의 한 종류) 등의 희귀종 동식물을 볼 수 있다.

다시 가이드의 이런저런 설명을 들으며 트레킹을 이어 나갔다. 길을 가다 바분원숭이 무리가 우리의 발길을 자꾸만 멈춰 세웠다. 레임과 난 동물원으로 소풍 나온 어린아이처럼 즐거워했다.

시미엔 산은 해발 4,620m(라스다샨봉)의 높이에 1만 9천 헥타르의 면적을 갖고 있다. 에티오피아 북부 암하라주에 위치해 있으며 아디스아바바로부터는 850km, 곤다르에서 100km 떨어진 거리에 있다. 왈리아아이벡스를 보호하기 위해 1969년 국립공원으로 지정된 데 이어 1978년 유네스코 세계유산에 등록됐다.

방문하기 가장 좋은 때는 건기인 12월부터 이듬해 3월 사이다. 1일 투어부터 최장 10일 트레킹까지 다양한 코스가 가능하다. 또 말을 타고 돌아보는 프로그램도 있다.

바분원숭이

6.

Let's trekking! (둘째 날)

단언컨대, 이렇게 배 아픈 트레킹은 없었다

빗속을 뚫고 트레킹을 시작한 지 3시간 만에 산카바르 캠프에 도착했다. 먼저 도착한 요리사는 저녁을 준비 중이었다.

다행히 빗속에서 텐트를 치는 일은 없었다. 군데군데 비를 피할 수 있는 콘크리트 건물이 잘 구축돼 있었다. 이곳에서 하룻밤을 보내게 될 트레커는 우리가 유일했다. 장마철 집중호우를 연상케 할 정도로 거센 비바람이 계속됐다. 추위가 몰려왔다. 대충 텐트를 치고 젖은 옷을 갈아입었다.

요리사는 따뜻한 차를 끓여주었다. 그리곤 모닥불을 지폈다. 오후 5시쯤 첫날의 만찬이 완성됐다. 메뉴는 스파게티·감자볶음·나물볶음·야채수프·빵 등이었다. 입에 맞는 음식은 아니었지만, 내일을 위해서 먹어야 했다. 곤다르에서 미리 사둔 로컬 위스키로 반주를 했다. 적당히 취기가 오를 때까지 레임과 함께 위스키 3~4잔을 들이켰다. 달콤한 밤이었다.

…밤새 폭우가 쏟아졌다. 시간이 갈수록 비바람은 더 매서워졌다. 눈을 떴다. 시계는 밤 12시 30분을 가리켰다. 아랫배가 살살 아파왔다. 사태가 예사롭지 않았다.

'된장.'

고어텍스 재킷으로 완전무장을 하고 텐트 문을 열었다. 비 오는 새벽에 텐트 문을 열고 화장실에 가는 게 얼마나 성가신 일인지 해본 사람은 안다.

따로 화장실은 없었다. 적당히 몸을 숨길 수 있는 곳에 볼일을 보면 그만인 곳이었다.

우리나라의 장마철 집중호우를 연상시키는 폭우였다. 비를 피할 길이 전혀 없었다. 할 수 없이 드넓은 초원 한가운데 자리를 잡고 바지를 내렸다. 불빛 하나 없는 적막하기 그지없는 우중(雨中) 화장실이었다. 어둠 속에서 야생동물이 불쑥 튀어나올 것만 같았다.

장대비 속에 엉덩이가 그대로 노출됐다. 천연비데가 따로 없을 정도로 굵은 빗줄기였다.

음식에 분명 문제가 있었던 것 같다. 아니면 내 민감한 장이 아프리카식 야전 요리에 적응을 못 하는 걸 수도 있었다. 어찌 됐건 대장에 긴 먹구름은 밤새 우르릉 쾅 천둥을 치고 있었고, 나는 이날 밤 천둥번개가 내리치는 빗속을 뚫고 두 번이나 더 엉덩이를 내밀러 나가야 했다.

…이른 아침 눈을 떠 보니 비는 그쳐 있었다. 동쪽 하늘은 뿌연 안개 속에 붉고 노란 물감을 섞어 놓은 듯 고혹스런 빛깔을 뿜냈다. 사방이 파스텔 톤 노을빛으로 물들고 있었다. 무척이나 몽환적인 광경이었다. 잠시 넋을 놓고 그 모습을 바라봤다. 카메라를 꺼내와 연신 셔터를 눌러댔다.

레임은 일어나지 않은 것 같았다. 깨워서 이 모습을 같이 보고 싶었지만, 단잠을 방해하고 싶지 않았다. 이때 레임이 식당 사이트 쪽에서 걸어오는 게 보였다. 일찌감치 일어난 모양이었다. 난 반갑게 그를 불러 어서 이 모습을 보라고 소리쳤다. 레임이 조용히 내 옆으로 다가왔다.

"킴! 나, 무지 아파."

"뭐! 어디가!"

"밤새 오바이트를 다섯 번이나 했어. 넌 괜찮니?"

"진짜! 나도 밤새 화장실 세 번이나 갔다 왔는데."

"나 어지럽고 무척 추워. 지금 상태로는 트레킹 못해. 먼저 하산해야 할 것 같아. 말라리아 검사를 해봐야 할 것 같아."

"레임, 일단 이리 와봐."

난 수지침을 꺼내 급한 대로 레임의 손을 땄다. 레임은 걱정이 되는지 처음 보는 수지침이 뭐냐고 물었다.

안타깝게도 수지침은 전혀 효과가 없었다. 여기서 해결할

산카바르 캠프의 몽환적인 아침

문제가 아니었다. 일단 레임은 가이드와 함께 하산하기로 했다. 난 남기로 했다. 가이드는 내려가면 다시 오지 않는다. 남은 일정을 스카우트와 보내야 했다. 레임은 추가비용을 내고 곤다르로 돌아가겠다고 했다. 우리 모두에게 좋지 않은 결과였다.

오한에 떨고 있는 레임의 짐을 챙겨주었다. 그는 고맙다는 말을 하고 차를 타고 떠났다. 레임은 신사적이었고, 어설픈 영어를 성의 있게 들어주었다. 무엇보다 유머감각이 있고 착했다. 그의 빈자리는 컸다. 적적하고 허전했다. 홀로 여행을 계속해 왔지만, 산에서 동무를 잃은 느낌은 소꿉친구를 이민 보내는 것 같이 슬프고 가슴이 아렸다.

요리사에게 아침상을 받았다. 수프와 빵 그리고 잼이 나왔다. 분위기는 무거웠다. 요리사는 위스키가 문제였다고 했다. 나중을 생각해 우리에게 잘못이 있었다는 이야기를 하고 싶은 거였다. 그가 얄미웠지만, 조용히 수프를 먹었다. 나도 컨디션이 좋지 않았다. 약간 체한 것 같기도 하고 식욕이 전혀 없었다.

…AK-47 소총을 분신처럼 들고 다니는 스카우트를 따라 길을 나섰다. 전날처럼 재미있는 설명은 없었다. 그냥 혼자서 평소와 같이 산을 즐기면 됐다.

얼마 가지 않아 첫 번째 뷰포인트에 도착했다. 천만다행으로 날씨가 그런대로 괜찮았다. 비 때문에 3일간 아무것도 못 보는 거 아닌가 하고 걱정했는데 일단 운이 좋은 듯했다. 시미엔 산 주변이 한눈에 내려다보이는 곳이었다.

"이 산은 요 맛이구나!"

푸른 외투를 걸치고 있는 능선의 향연이 펼쳐졌다. 그 속에 장난감처럼 마을들이 자리 잡고 있었다. 신들이 내려와 체스를 두었다는 표현이 딱 들어맞는 모습이었다.

지금까지 한 번도 본 적이 없는 산세였다. 시미엔 산은 화산이다. 그런데 화산이라고 할 수 없는 전혀 다른 모습으로 자신만의 매력을 발산하고 있었다. 잠시 배낭을 내려놓고, 절벽을 타고 오르는 바람을 맞으며 땀을 식혔다. 잠시 뒤 바

500m 높이의 아찔한 진바 폭포

람이 느닷없이 구름을 몰고 와 내 시야를 가려버렸다. 심술 궂은 바람 앞에 다시 길을 나섰다. 어제 만난 바분원숭이가 경계의 눈빛으로 언덕 위에서 우리를 쳐다보고 있었다.

그러다 장난이라도 하는 것처럼 요술같이 구름이 걷혔다. 또 한 번 아프리카의 지붕으로 불리는 시미엔 산이 숨겨둔 절경을 공개했다. 높이가 500m에 달하는 진바 폭포였다. 이 폭포는 시미엔 산에서 가장 큰 규모를 자랑한다. 폭포의 웅장함에 입이 쩍 벌어졌다.

기치 마을까지는 완만한 경사를 계속 올라야 했다. 힘이 빠져 요리사가 준비해 준 점심 도시락을 꺼내먹었다. 참치 샌드위치였는데 속이 좋지 않아 반도 먹지 못했다.

'된장.'

샌드위치를 먹고는 휴지를 들고 큰 나무를 향해 뛰었다. 트레킹 내내, 들어가면 바로 나오는 상태가 계속됐다.

쉬엄쉬엄 가면 그리 힘들지 않은 길이었지만 먹은 게 부실하니 몸은 무겁기만 했다. 더군다나 가이드 없이 스카우트를

따라가려니 발걸음이 바빴다. 한 시간 정도 경사를 오르니 기치 마을이 눈에 들어왔다.

• 깨알 정보 •

부득불 우기에 시미엔 트레킹을 계획했다면 꼭 고어텍스 등산화와 의류를 챙기길 바란다. 에티오피아에 머물 당시 거의 하루도 빠지지 않고 비가 내렸다. 또 개인 보온에 신경을 써야 한다. 해발고도 3,000m 이상의 고지대여서 밤에는 수은주가 큰 폭으로 떨어진다. 시미엔 산은 주로 오후에서 저녁 사이에 비를 뿌리고 새벽녘과 오전에는 맑은 날씨를 보인다.

아디스아바바 도착 • 데라자의 밤 • 타나호텔에서

1.

Let's trekking! (셋째 날)

어느 산골 소녀와의 만남

기치 마을 어귀에 들어서자 한 소녀가 커피 세리모니를 하지 않겠냐며 호객행위를 해왔다.

'시골 동네에서조차 삐끼 질이라니.'

가격은 100비르라고 했다. 곤다르 시내커피숍에서 4비르에 마키아또를 한 잔 마실 수 있으니 엄청난 금액을 부른 셈이었다.

"NO"라는 한마디에 가격은 반 토막이 났다. 형편없는 협상력이었다. 처음에는 커피를 마실 생각이 없었다. 그런데 종일 먹은 게 없어 쉬어 갈 필요가 있었다. 소녀의 누더기를 보고 50비르에 커피를 마시기로 했다.

소녀는 마을 한쪽에 있는 자신의 집으로 날 안내했다. 나뭇가지로 엮은 대문을 지나니 가축의 똥이 제일 먼저 눈에 띄었다. 똥을 밟지 않으려고 한쪽 구석으로 발을 옮겼다. 소녀는 맨발이었다.

소녀의 손짓을 따라 움막으로 들어섰다. 소녀는 나를 위해 몇 십 년은 세탁하지 않은 듯한 낡은 방석을 공손히 내왔다. 평소 같으면 빈대 때문에 절대 앉지 않았을 내가 그 위에 힘 없이 털썩 주저앉고 말았다. 눈앞에 펼쳐진 실내 정경은 잘 짜인 각본이나 연출이 아니었다. 그들의 삶 그대로였다.

순간 여행 중 처음으로 '동정'이란 감정이 가슴 속을 꽉 채웠다. 개인적으로 그다지 느끼고 싶지 않은 감정 중 하나였다. 철학자 니체는 '동정은 최고의 모욕'이라고까지 이야기한 바 있다.

여행 중 돈을 달라는 아이, 펜을 달라는 아이들에게 그들의 욕구를 한 번도 채워준 적이 없었다. 돈이 아까워서가 아니다. 그렇게 살면 안 된다는 나름의 원칙이 있었기 때문이다. 작은 도움이 결국은 그들을 빈곤에서 빠져나오지 못하게 한다고 생각했다. 그런데 기치 마을에서 내 원칙은 신기루처럼 온데간데없었다.

커피를 볶는 이 집 여주인의 손과 얼굴, 그리고 그 옆에서 웃는 낯으로 날 보고 있는 그녀의 딸을 보면서 난 하염없는 슬픔에 잠겼다.

가슴이 갑갑해 더는 앉아 있을 수가 없었다. 이들이 계획적으로 내 동정심을 유발했건 안 했건 더 이상 그곳에 머물고 싶지 않았다.

속절없이 100비르짜리 지폐 한 장과 비스킷을 건네고 쫓기듯 집을 나섰다. 소녀는 내 등 뒤에서 해맑게 웃고 있었다.

여행을 하면서 마음이 따뜻해졌으면 했다. 좋은 걸 보고, 좋은 걸 듣고, 좋은 사람들과 좋은 추억을 만들면 그걸로 된

다고 생각했다. 하지만 에티오피아는 그러기에는 적당한 장소가 아니었다.

…5시간 만에 기치 캠프에 도착했다. 캠프에서 멀지 않은 곳에 희귀 거인 식물 '자이언트 로벨리아'가 군락을 이루고 있었다.

다시 비가 오기 시작했다. 시미엔 산은 아침이면 잠깐 맑은 하늘을 열어주었다가 오후면 으레 비를 쏟아냈다.

요리사는 야채수프와 볶음밥을 내왔다. 속이 좋지 않아 거의 손을 못 대고 수저를 내려놓았다. 설사는 계속되고 있었다. 폭우 속에서 볼일을 보지 않으려면 먹는 걸 줄이는 수밖에 없었다.

하늘에 구멍이 난 것처럼 쉼 없이 장대비가 계속됐다. 달리 할 수 있는 게 없었다. 레임의 부재가 아쉬웠다. 일찍 잠자리에 들었다. 하지만 스카우트가 계속 신경이 쓰였다. 난 텐트 안에서 에어매트리스를 깔고 푹신한 침낭을 덮고 나름 안락하게 잠을 청했지만, 스카우트는 그게 아니었다.

시골 소녀의 어머니가 커피를 볶고 있다.

그는 차디찬 콘크리트 바닥에 쌀 포대 한 장을 깔고 싸구려 홑이불을 덮고 이틀 밤을 보냈다. 그는 영어를 잘하지 못해 말수가 많지 않았지만 친절했고, 항상 내 안전에 대해서 걱정을 해주었다. 그런 그에게 난 해줄 수 있는 게 없었다. 에티오피아는 어딜 가도 날 번민에 빠뜨렸다.

…아침이 왔다. 날씨가 궁금해 서둘러 텐트 밖으로 나왔다. 바람이 거셌지만, 생각보다 날씨가 좋았다. 독수리 한 마리가 아침상을 준비하는지 바람을 타며 내 머리 위를 유유히 날고 있었다.

아침을 먹는 둥 마는 둥 다시 트레킹에 나섰다. 날씨가 또 언제 어떻게 바뀔지 몰라 발걸음을 재촉했다. 드넓은 초원길을 2시간 정도 거슬러 올라가자 오늘의 하이라이트인 '이멧 고고(3,926m)'에 도착했다. 해발 4,000m에 가까워지자 숨이 가빠졌다. 이멧 고고 위에서 바라보는 시미엔 산은 압권이었다.

발아래 불규칙한 산봉우리들은 깊은 협곡을 만들어 냈고, 아직 하루를 시작하지 않은 듯 푸른색 이불을 살포시 덮고 있었다. 사천만 년 전 강력한 지진 활동으로 분출된 용암과 억겁의 세월이 만들어 낸 침식 · 풍화작용은 시미엔 산을 완성도 높은 하나의 작품으로 빚어내고 있었다. 장대한 스케일이었다.

아디스아바바를 떠나기 전 필리스는 "시미엔 산에 가면 그동안 에티오피아에서 고생한 걸 한순간에 잊게 된다"고 말했다. 그 말 그대로였다.

돌아가는 차편이 기다리는 체넥 캠프로 길을 잡아 나섰다.

그러다 수백 미터에 달하는 절벽이 내 발걸음을 멈춰 세웠다. 스카우트는 조용히 절벽 아래 한 지점을 가리켰다. 운 좋게도 야생염소 왈리아아이벡스 무리가 내 앞에 모습을 드러냈다. 시미엔이 주는 마지막 선물이었다.

…마지막 날은 4시간 30분 만에 모든 일정이 끝났다. 체넥에 도착하니 날 태우고 곤다르로 돌아갈 지프가 대기하고 있었다. 지프 주변에는 시미엔 산에 흩어져 사는 주민들이 자리를 잡고 있었다. 자리가 있으면 태워달라는 이야기였다.

우리에겐 그럴 여유가 없었다. 그들은 아쉬운 눈으로 우리가 멀어지는 걸 애처롭게 지켜봤다. 그들이 시야에서 사라질 때까지 괜한 미안함이 가슴속을 꽉 채웠다.

밸리게스팬션에 도착하니 레임이 반갑게 맞아주었다. 그는 건강해 보였다.

"레임, 시미엔 트레킹 못해서 어떻게 해?"

"겨울 방학 때 다시 오려고."

"정말?"

"응. 그때는 10일짜리 풀코스로 돌아볼 거야."

"넌 에티오피아가 좋니?"

"응."

"문화가 많이 다르지 않아? 사람들이 거짓말도 많이 하고… 나는 여러 가지로 힘들던데."

"맞아. 그런데 그래서 여행을 하는 거잖아. 킴! 그냥 즐겨. 단지 이들의 삶이고 너의 삶이야. 너의 기준으로 그들을 보지 마. 내년에는 아시아를 여행해 보고 싶어, 한국에 가면 너

회 집에 가도 되지?"

"그럼, 꼭 연락해!"

신의 세계가 아무 죄 없는 어린아이의 고통을 대가로 구현되는 것이라면
나는 그런 신은 받아들일 수 없다.

〈카라마조프가의 형제들〉에 등장하는 이반의 말이다.
사람들은 신이 있다, 없다를 얘기하지만 이반은 있건 말건 상관치 않고 그저 거부한다.

에티오피아에서 내 머릿속을 꽉 채우고 있던 주제는 신이었다.
내 앞에 펼쳐진 이곳의 모습들은 신의 존재를 회의적으로 만들기 충분했다.
하지만 단정도 부정도 할 수 없었다.
단지 내 눈에 밟히는 이들이 편안하길 기도했다.
그리고 그간 가슴에 모시던 신을 향해 소리쳤다.
"왜 이들을 그냥 두시나요?!"

오장육부가 쏟아지는 참혹한 전쟁터에서 죽어가는 수많은 이들.
주사 한 대 못 맞아 말라리아 앞에서 꺼져가는 안타까운 생명들.
갑작스러운 사고.
그리고 가난.
모두가 현재진행형이다.

수많은 사람들의 기도에도 불구하고
과거나 지금이나 변한 건 그리 많지 않은 것 같다.
사람들이 신을 놓지 못하는 이유는
사랑 · 자비 · 희망을 이야기하는 것만으로
용기를 얻을 수 있기 때문인지 모르겠다.

아프리카-케냐

케냐가
세계 일주 최단기간
체류국이 된 이유

여행 개요

케냐는 치안이 불안하지만 사파리 투어가 유명해 여행자들의 방문이 끊이질 않는 곳이다. 아프리카 제2봉 케냐 산을 품고 있는 나라이기도 했다. 내게 케냐는 킬리만자로로 가기 위한 관문 같은 곳이었다. 탄자니아의 수도 다르에스살람으로 입국하는 것보다 나이로비에서 국경을 넘는 게 시간을 절약할 수 있기 때문이다. 원래 계획은 케냐에서 마사이마라 국립공원 사파리를 할 생각이었다. 그런데 나이로비 도착과 동시에 이번 여행 최악의 진상호객꾼을 만나면서 케냐 일정을 모두 취소하게 되는데….

주요 트레킹 지역

없음.

게이지로 살펴본 케냐

영어 통용	물가	음식	숙소	이동	치안	사기	분노	여행 종합난이도

갈망하지만 아득하게만 느껴지는 세계 일주. 사표를 내지 않아도 좋다. 그저 앉아서 책장을 넘기다 보면 어느새 수많은 국경을 넘나들고 있을 테니. 가슴 졸이며 읽다가도 어느새 피식 웃게 되는, 솔직하고 유쾌한 필자의 매력이 생생하게 전해져온다.

_유내(yuuun37)

PASS BY !

❶ 케냐 나이로비로 | "제발 날 보내줘!"
❷ 나이로비에서의 하루 | 흑형들과 함께한 '한일전'

음산한 나이로비 밤거리

1.

케냐 나이로비로

"제발 날 보내줘!"

정세가 불안한 국경 마을 모얄레행을 포기하고 케냐 나이로비행 비행기에 몸을 실었다.

아디스아바바에서 출발한 비행기는 새벽 1시 30분쯤 나이로비 국제공항에 안착했다. 50달러를 내고 한 달짜리 비자를 받았다.

다른 도시 같으면 곧바로 숙소를 잡고 휴식을 취했겠지만, 위험하기로 따지면 둘째가라면 서러울 나이로비에선 모든

게 조심스러웠다.

비행기에서 내린 승객 중 상당수는 공항 한쪽에 자리를 잡고 해가 뜨기를 기다렸다. 나도 그들의 대열에 합류해 시간을 죽였다.

그러던 중 한 호객꾼이 나이로비 시내에 위치한 '뉴케냐롯지'까지 1,500실링에 가자고 해 선뜻 승낙을 했다. 공항 2층에 있는 사무실에서 계산을 하고 영수증을 받았다. 불행의 전주곡이었다. 사고는 항상 예기치 못한 곳에서 터졌다.

내가 탄 차는 택시가 아니었다. 공항에 있는 여행사 차량이었는데, 돈을 먼저 내고 영수증을 받으면 목적지까지 데려다주는 방식이었다.

기사에게 뉴케냐롯지의 위치를 알고 있냐고 물으니 그는 자신에 찬 목소리로 걱정하지 말라고 했다. 마음이 한결 가벼워졌다. 처음 방문하는 곳에서 여행자를 가장 긴장시키는 건 숙소를 찾는 일이다. 숙소에 도착만 하면 여행은 그리 어렵지 않다.

공항 주차장에 세워진 승용차에 배낭을 넣고 차량에 탑승했다. 운전기사는 출발과 동시에 사파리 투어를 할 거냐고 물었다. 케냐나 탄자니아를 방문하는 가장 큰 이유는 사파리 투어나 킬리만자로 때문이다. 물론 나도 그 흔한 여행자 중 하나였다.

난 "생각 중"이라는 애매한 표현으로 그의 관심에서 벗어나려고 했다. 사실이 그랬다. 이 말을 들은 운전기사는 어디론가 전화를 했다. 그런 뒤 다운타운 근처에 있는 자신들의 사무실에서 사파리 정보를 받아가라고 했다. 난 단호하게 운전기사의 제안을 거절했다. 지금은 무엇인가를 알아보고 꾸밀 시기가 아니었다. 휴식이 급선무였다. 하지만 이미 차는 숙소가 아닌 사파리 사무실로 향하고 있었다.

전날 오전 5시 곤다르에서 버스에 올라 15시간을 달려 아디스아바바에 도착해 다시 비행기를 타고 나이로비에 도착했다. 24시간을 뜬눈으로 지새운 탓에 피로감은 극에 달해 있었다. 나이로비의 악명만 아니었다면 벌써 정신 줄을 놓았

을 상황이었다.

"휴~"

인생이 항상 예기치 못한 곳으로 흘러가듯 여행도 전혀 예상치 못한 곳으로 날 인도했다.

어두컴컴한 나이로비 시내의 알 수 없는 사무실 앞에서 난 장탄식을 내뱉었다. 뒷골이 당겨왔다. 배낭을 메고 무작정 길을 걷고 싶었다. 그런데 도대체 여기가 어디란 말인가. 옴짝달싹할 수 없이 생면부지의 직원이란 사람을 기다릴 수밖에 없었다. 그래도 날 납치해 어디로 팔아넘기거나 강도질을 할 사람들 같지는 않았다.

'조금만 참자.'

5분이면 온다는 직원은 30분이 지나도 오질 않았다. 인내심이 한계에 다다르고 있었다. 그사이 날이 밝아오고 있었다. 시간이 지날수록 속은 분노로 끓어오르기 시작했다. 그렇다고 내 감정을 그대로 흑형에게 전달할 수도 없는 노릇이었다. 운전기사에게 너무 피곤하니 제발 목적지에 데려다 달

라며 읍소를 하는 게 내가 할 수 있는 전부였다. 이미 줄 돈은 다 준 상황 아니던가. 내가 내밀 카드가 전혀 없었다.

'바보같이….'

여행을 그렇게 하고도 순진하게 덥석 돈을 쥐버렸단 말인가. 모든 게 내 실수였다. 잠시 뒤 운전기사는 어디론가 전화를 했다. 그리고 그는 숙소에 데려다 주겠다며 다시 차에 타라고 했다. 마수에서 빠져나오는 순간이었다. 뛸 듯 기뻤지만, 내색은 하지 않았다. 가자규!

"헐~ 이게 어디야!"

차에선 내린 난 뭉크가 그린 '절망'에서처럼 두 손으로 얼굴을 감싸 안았다. 여긴 엉뚱한 호텔 앞이었다. 기사는 뉴케냐롯지는 최악의 숙소라며 여길 한번 보라고 했다. 나중에 알았지만 뉴케냐롯지에 대한 기사의 평가는 정확했다.

어떤 사정인지 똑똑히 잘 알기에 차에서 내릴 수가 없었다. 운전기사의 뒤통수를 한 대 후려치고 싶은 마음이 굴뚝 같았다.

한낮, 나이로비의 거리는 사람과 차로 활기가 넘친다.

운전기사는 나이로비 시내를 이리 돌고 저리 돌더니 목적지를 찾지 못하겠다고 했다. 분명 일부러 헤매는 거였다. 그렇게 나이로비 다운타운을 세 바퀴나 돌아 도착한 곳은 다시 사파리 사무실 앞이었다. 분노의 끝에선 현기증이 찾아왔다. 난 분명 휘청거리고 있었다.

그때였다. 말끔하게 양복을 차려입은 한 흑형이 날 보며 반갑게 인사를 했다. 그렇게 기다리던 직원이란 작자였다. 그는 투어회사 사장이었다. 알고 보니 조금 전 찾아갔던 숙소는 이 사람이 경영하는 곳이었다. 그는 다짜고짜 사무실에 들어가 이야기를 하자고 했다. 더는 화를 낼 힘도 없었다. 울음이 터지기 일보 직전이었다. 두 손을 모아 빌었다. 제발 가게 해달라고. 정신을 차리고 다시 연락하겠노라는 말도 잊지 않았다.

꼬박 하루를 이동하며 반송장이 돼 다크서클이 얼굴 전체를 뒤덮고 있고, 망나니 머리에 시꺼멓게 탄 별 볼 일 없는 가난한 여행자의 몰골을 보고 그도 느낀 게 있었을 거다. 난 어디 내놓아도 돈이 안 될 차림새였다.

가도 좋다는 그의 재가가 떨어졌다. 감개무량한 순간이었다. 권력을 가진 사람의 한마디는 무서웠다. '절대권력'을 경험하는 순간이었다. 다시 차에 올랐다.

"너 연락 안 할 거지?" 운전기사가 물었다.

"무슨 소리! 아니야. 아니야. 당연히 연락해야지. 걱정하지 마. 날 믿어." 화들짝 놀란 표정 연기는 수준급이었다.

5분도 안 돼 뉴케냐롯지에 도착했다. 물론 아까 헤매던 거리였다. 시계를 보니 오전 7시를 지나가고 있었다. 도착과 동시에 케냐가 저주스러워지고 있었다. 내게 나이로비는 위험보다는 피곤한 도시였다.

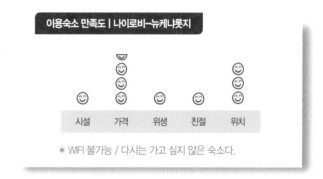

이용숙소 만족도 | 나이로비-뉴케냐롯지

시설	가격	위생	친절	위치

* WIFI 불가능 / 다시는 가고 싶지 않은 숙소다.

아프리카를 구석구석을 돌아보고 싶다면 꼭 자유여행을 해야만 하는 걸까?

답은 NO다.

아프리카만의 독특한 패키지가 있다. 바로 트럭킹이라는 거다. 산을 오르는 트레킹의 오타가 아니다. 트럭킹은 주로 20~30명 정도 모여서 관광용으로 개조한 트럭을 타고 여행하는 것을 말한다. 패키지와는 다르게 여행지에서는 어느 정도 자유가 보장된다.

패키지와 자유여행의 중간 형태라고 보면 된다. 특히 아프리카처럼 치안이 좋지 않고 이동이 어려운 곳에서 성행하고 있다. 기간은 보름, 한 달 등 다양하다.

트럭킹은 무엇보다 여행 내내 다국적 팀으로 움직이며 다양한 친구들을 사귈 수 있다는 점이 매력이다. 트럭킹 투어 회사로는 노매드가 국내에 잘 알려져 있다.

관광용으로 개조한 트럭킹 차량

2.
나이로비에서의 하루
흑형들과 함께한 '한일전'

뉴케냐롯지는 서비스나 시설 면에서 평이 좋지 못했지만, 일본 여행자들 사이에서는 지명도가 꽤 높은 곳이다. 저렴한 가격이 그 이유다.

내겐 와이파이가 안 되고 아침식사가 없다는 게 저평가의 주요 요인이었다. 침대의 상태는 요르단 클리프호텔 이후 최악이었다. 몸의 굴곡에 따라 움푹 들어간 쿠션은 인체공학적 설계 그 자체였다. 길거리에 위치한 탓에 소음은 또 어떤

가. 내 생애 최고의 내공을 가진 호객꾼을 만나 납치 아닌 납치를 당하고 찾아간 곳의 현실이었다. 단, 사파리 투어 동행을 손쉽게 구할 수 있다는 장점이 있긴 했지만 오래 머물 곳은 절대 아니었다. 공용화장실을 쓰는 싱글룸 가격은 하루에 700실링이었다. 방을 배정받고 방문을 열었다.

'허…허~걱.'

수십 마리의 모기떼가 피 냄새를 맡고 광기의 춤사위를 펼쳐댔다. 시궁창도 아니고 한 곳에 그렇게 많은 모기가 바글바글 모여 있는 건 난생처음 보는 광경이었다. 이 상태로 여기서 잤다가는 그대로 말라리아에 걸려 생명이 위태로울 것 같았다. 모기향을 피우고 방을 밀폐시켜 질식작업에 들어갔다.

하지만 모기를 박멸하기에는 역부족이었다. 살충제를 사와 남아 있던 모기 잔당을 처치하고 나서야 마음이 좀 놓였다. 케냐에서 맞는 첫날 아침 풍경은 이렇듯 부산스러웠다.

단잠을 자고 일어나 사파리 투어 협상에 들어갔다. 뉴케냐 롯지 안에 있는 투어회사 직원은 다음날 2박 3일짜리 투어가 있다고 했다. 인원 구성은 일본인 2명, 서양인 2명이라고 했다. 가격은 350달러. 알고 있던 가격보다 약간 비싼 감이 있었다. 일단 생각을 좀 해보겠다고 말하고 시간을 끌었다. 가격은 320달러까지 내려갔다. 숙소에서 만난 일본인 친구가 귀뜸해 준 가격은 300달러에 이틀치 방값을 빼주는 조건이었다. 사파리에 대한 내 간절함이 그리 크지 못했기 때문에 생각할 시간이 필요했다. 다시 협상 테이블에 앉았다.

"내일 탄자니아 모시행 버스표 좀 예약해 줄래. 나 사파리 안 갈래."

"왜! 좀 더 깎아줄게."

마주앉은 흑형의 얼굴은 당황하는 기색이 역력했다.

"아니야. 필요 없어. 그냥 케냐 뜰 거야."

탄자니아 세렝게티에서 사파리를 해도 되는데 정도 안 가는 케냐에 돈을 쓰고 싶지가 않았다. 이번에는 협상용으로 내뱉은 말이 절대 아니었다.

"뭐가 문제니?"

"가격도 비싸고, 사파리도 별로 흥미 없어."

케냐에 도착한 지 하루가 채 안 돼 이곳이 너무나 싫어졌다. 좋으면 더 머물고 싫으면 뜨는 게 자유여행이 가진 최고의 매력 아닌가.

잠시 뒤 3일 전 사파리를 떠난 팀이 돌아왔다. 그리곤 직원을 보자마자 동물은 쥐꼬리만큼 보고 밥은 개판이었다는 요지의 불평을 늘어놓았다. 동물을 보는 거야 운에 맞길 수밖에 없다 쳐도 형편없는 밥은 참을 수가 없었다. 사파리를 해도 탄자니아에서 하는 게 낫겠다는 판단이 더욱 힘을 얻었다.

…케냐에 도착한 날은 런던올림픽 축구 동메달 결정전이 열리는 날이었다.

그것도 한국 대 일본의 빅게임이었다. 케냐에서 내가 가장 하고 싶은 건 한일전을 시청하는 것뿐이었다. 기왕이면 일본인과 경기를 보고 싶었다. 그 앞에서 손을 번쩍 들고 승리의 환호성을 내지르고 싶었다.

"오늘 저녁 한일전 축구경기가 있는데 같이 안 볼래?"

사파리에서 돌아온 일본인 친구에게 물었다.

"음…나 축구 잘 몰라." 전혀 예상치 못한 답변이었다. 축구를 좋아하지 않아도 월드컵이나 올림픽에는 관심을 두는 게 인지상정 아니던가. 할 말이 없었다.

저녁 시간이 됐지만, 축구에 관심이 있는 사람은 숙소에 나 혼자뿐이었다. 현지시각으로 저녁 9시 30분에 시작되는 경기를 보기 위해 숙소 근처 펍으로 향했다. 숙소에 있는 TV는 라이브 방송이 나오지 않는다고 했다. 정말 정이 안 가는 숙소였다.

펍에 있는 TV 3대는 모두 지루한 육상경기 채널에 맞춰져 있었다. 케냐에서 육상의 인기는 상상을 초월했다. 케냐는 전 세계에서 제일 잘 뛰는 나라다. 육상경기에 몰입하는 케냐인들의 집중력은 마치 야구나 축구를 보는 것 같았다.

바텐더에게 축구경기를 보게 해달라고 부탁했다. 그는 육상경기에 빠져 내 말은 들은 척도 하지 않았다. 한 치의 미동도 없었다. 삼고초려의 심정으로 세 번이나 간청을 한 끝에

펍의 작은 TV에서 런던올림픽 축구 34위전이 방송되고 있다.

야 귀찮은 듯 바텐더가 채널을 돌려주었다.

TV 한 대의 채널이 바뀌자 흑형들의 시선이 내 머리통 뒤에 강렬하게 꽂혔다. 여기가 어디인가? 축구경기 한 판을 내 목숨과 바꿔야 할지도 몰랐다. 순간 돌아올 수 없는 다리를 건넌 건 아닌가 하는 불길한 생각이 스치고 지나갔다.

화면에선 경기가 막 시작되기 직전이었다. 참으로 감격스러운 올림픽 본방사수였다. 두려움은 금세 사라졌다. 가슴이 뛰기 시작했다. 흑형들의 따가운 시선은 시선이고 나도 이 순간만큼은 이판사판이었다.

"짝짝! 짜짜짝! 대~한~민국~"

애국가가 연주되기 시작했다. 몸에선 전율이 일었다. 경기가 시작됐다. 치열한 공방전이 펼쳐졌다. 기선제압을 위해서 양 팀의 거친 플레이가 속출했다. 손에 땀이 나는 박진감 넘치는 경기였다.

경기가 열기를 뿜어내기 시작할 때쯤 누군가 내 어깨를 쳤다. 덩치 좋은 흑형은 나에게 다른 채널을 보면 안 되겠냐고 했다. 순간 겁이 났다. 그렇다고 양보할 순 없었다. 다른 2대의 TV를 보라며 일언지하에 거절했다. 그때쯤 박주영의 환상적인 첫 골이 터졌다. 그리고 숨을 죽인 채 소심하게 환호성을 질렀다.

"Yes! Yes! Yes!"

사람들이 내 주변으로 몰려들었다.

"너 한국 사람이야? 일본 사람이야?"

"당연히 위대한 코리안이지."

여행 중 한국 사람이라는 게 이때만큼 자랑스러웠던 순간도 없었다. 몇몇이 축하를 해주며 하이파이브를 하자고 했다. 손뼉을 마주치고 다시 경기에 집중했다. 경기가 과열됐다. 역시 한일전다운 터프한 경기였다. 내 뒤통수를 째려보던 흑형들도 축구경기로 시선을 옮겼다. 전반전이 끝나고 마른입에 맥주를 한 모금 축였다. 채널을 돌리라고 말하는 사람은 없었다.

후반전이 시작됐고 피 말리는 접전 끝에 구자철이 멋진 추가 골을 꽂아 넣었다.

"일본 침몰! 으하하~."

휘슬이 울리고 18명이 군복무를 면제받는 해피엔딩으로 경기가 끝났다. 두 손을 들어 환호했다. 주변의 흑형들이 축하인사를 건넸다. 하이파이브로 기분 좋게 그들과 인사를 나누었다.

"한국이 이겼으니 맥주 한 잔 사주라."

옆에 있던 한 흑형이 날 보며 말했다.

정신이 번쩍 드는 한마디였다. 오래 머물 곳이 아니었다.

펍을 나서자마자 숙소까지 나이로비의 밤거리를 100m 전력질주로 달리기 시작했다.

"이 나라를 뜨는 게 정답이다."

• 깨알정보 •

케냐는 사파리 말고도 제대로 된 트레킹을 즐길 수 있는 곳이다. 케냐 산은 킬리만자로의 그늘에 가려져 제대로 알려지지 않은 곳 중 하나다.
이 산의 높이는 5,199m다. 위치는 나이로비에서 북쪽으로 약 180km 떨어져 있다. 정상은 바티안봉(5,199m)이고 주변에 넬리온봉(5,188m), 레나나봉(4,985m) 등이 솟아 있다. 또 케냐 산은 루이스 빙하와 틴달 빙하 등 10여 개의 빙하와 만년설로 덮여 있다. 보통 3~4일이면 정상에 도착할 수 있으며, 가격은 킬리만자로 트레킹의 절반 수준이다.

아프리카-탄자니아

아프리카 최고봉 킬리만자로
그리고
절체절명의 순간

여행 개요

아프리카 여행은 이집트에서 남아공까지의 종단이 목적이었다. 남아공에서 남미행 비행기를 타면 세계 일주 1부가 마무리된다. 그 종단 계획의 핵심은 아프리카 최고봉 킬리만자로에 오르는 거였다.

무사히 케냐에서 국경을 넘어 킬리만자로 트레킹의 베이스캠프 격인 모시에 도착했다. 그날 밤 내 아프리카 종단 계획을 송두리째 뒤흔드는 엄청난 사건이 발생하는데….

주요 트레킹 지역

아프리카 최고봉 킬리만자로(5,895m)

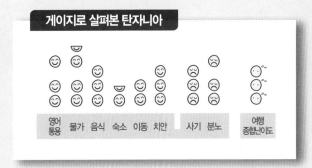

게이지로 살펴본 탄자니아

| 영어통용 | 물가 | 음식 | 숙소 | 이동 | 치안 | | 사기 | 분노 | | 여행 종합난이도 |

생생한 사진과 에피소드마다 살아 있는 정보가 가득하고, 주옥같은 트레킹 코스의 아름다움을 탐험하기에 부족함
이 없는 스토리가 인상적이다.   _호부월선(yuuun37)

Trekking 12. 킬리만자로

나무 한 그루 없는 '수목한계선'이 나오면 킬리만자로 정상을 향한 본격적인 여정이 시작된다.

1.

탄자니아 모시로

아프리카 최고봉 앞에서 드러눕다

탄자니아로 넘어가는 버스 안에서 두통이 찾아왔다. 순토 시계는 해발 2,000m 정도를 찍었다. 고산증이 올 고도가 아니었다. 하지만 시간이 갈수록 지끈거리는 두통은 심해졌다. 내 여행을 송두리째 바꿔 놓을 어둠의 그림자가 서서히 날 덮쳐오고 있었다.

승객들 대부분은 세렝게티에서 가까운 아루샤에 하차했고 이곳에서 킬리만자로가 가까운 모시로 향하는 승객은 버스

를 갈아탔다.

버스를 갈아타려고 보니 호객꾼들이 모여들었다. 5일짜리 킬리만자로 트레킹은 1,000달러 정도에서 가격이 형성됐다. 아프리카 제2봉 케냐 산이 절반 가격인 걸 보면 아프리카 최고봉이라는 타이틀에 붙은 프리미엄이 이만저만이 아닌 모양이었다. 킬리만자로 트레킹은 크게 4박 5일 또는 5박 6일짜리 코스가 가장 일반적이다. 등정 성공률은 6일짜리 코스가 당연히 높다. 고소적응이 관건인 셈이다.

내 이름을 묻는 한 호객꾼에게 명함을 받고 다시 버스에 올랐다. 버스는 1시간 30분을 더 달려 모시에 도착했다. 케냐 나이로비를 출발한 지 8시간 만이었다. 저 멀리 만년설산 킬리만자로의 위풍당당한 풍채가 눈에 들어왔다.

'왔구나!'

버스에서 내리고 보니 한 사내가 'KIM'이라고 적힌 종이를 들고 서 있었다. 버스 승객 중 99%가 서양인이었다. 분명 날 가리키는 이름이었다. 안 봐도 CCTV였다. 아루샤에서 내 이

름을 듣고 모시에 있는 회사 직원에게 미리 연락을 해둔 거였다. '우사인 볼트'를 능가하는 민첩함에 미소와 박수를 보내주었다.

케냐 일정이 무지막지하게 앞당겨져 마땅히 찾아놓은 숙소가 없었다. 같은 버스를 타고 온 독일 친구에게 숙소 정보를 물으니 '킬리만자로 백패커스'란 곳에 가자고 했다. 조지란 호객꾼도 우리를 쫓아왔다. 킬리만자로 백패커스는 아침식사 포함에 도미토리가 10달러, 싱글룸이 12달러였다. 이상하리만큼 도미토리와 싱글룸의 가격 차이가 적었다. 방을 보니 이유가 있었다. 세상 어디에도 싸고 좋은 건 없다. 싱글룸은 폐쇄공포증이 있는 사람은 경기를 일으킬 정도로 작았다. 그래도 혼자 지내는 게 편했다. 작은 골방에 여장을 풀었다. 그리고 식당을 찾아 스파게티를 잔치국수 먹듯 격하게 위 속으로 쓸어 담았다. 피곤이 몰려왔다.

…새벽녘 추위와 복통 그리고 두통에 눈을 떴다. 복통은 누군가 내 내장을 손톱으로 긁어내는 듯했고, 추위는 오한에

더 가까운 느낌이었다. 몸살 기운이 있나 싶어 다운재킷을 꺼내 입고 아스피린을 한 알 삼키고 다시 잠을 청했다. 이른 아침 다시 눈을 뜨니 증상은 더욱 심해져 있었다. 지친 몸이 여행을 견디다 못해 탈이 난 것 같았다. 이번 여행 중 한 번도 사용하지 않은 종합감기약을 빈속에 털어 넣었다. 복통은 계속됐고 시간이 흘러도 병세는 호전될 기미가 없었다. 그 사이 다운재킷은 식은땀으로 완전히 젖었다. 그렇게 2~3시간을 좁다란 방안에서 홀로 웅크린 채 신음했다.

뭔가 잘못돼도 크게 잘못된 것 같았다. 독감이나 몸살도 이 정도까지는 아니었다. 이렇게 지독한 느낌은 처음이었다. 신음을 토하며 몸을 일으켜 리셉션으로 내려갔다. 그리곤 레임이 시미엔 산에서 나한테 했던 말을 똑같이 내뱉었다.

"나, 무지 아파…"

내 이마를 짚어본 리셉션 직원의 눈이 동그래졌다.

열이 펄펄 끓어오르는 모양이었다. 병원에 가야 했다. 이대로 더 있다가는 사경을 헤맬 것 같았다. 내 몸도, 숙소직원의

표정도 심상치 않았다. 몸에서 에너지가 다 빠져나간 느낌이었다. 내 몸의 면역체계가 뭔가 심각한 병균과 치열하게 공방전을 치르는 것 같았다. 그 싸움에서 난 계속 패하고 있었다. 몸은 사시나무 떨듯 떨려왔다. 아프리카에서 맞는 겨울이었다.

숙소직원은 이 상태로는 혼자서 병원에 갈 수 없으니 어제 왔던 조지를 불러 주겠다고 했다. 이 상황에서 호객꾼이 날 간호하면 나중에 진짜 코가 끼는 상황이 올 텐데, 싫다고 할 수도 좋다고 할 수도 없었다. 한숨이 절로 나왔지만 어쩔 도리가 없었다.

잠시 뒤 조지가 도착했다. 택시를 불러 병원으로 출발했다. 모시에서 제일 큰 병원은 일요일이라 문이 닫혀 있었다. 그래서 동네 작은 의원으로 향했다. 믿음이 가질 않았다. 그렇다고 선택의 여지가 있는 것도 아니었다. 병원에 들어서니 검은 시선들이 모두 내게 쏠렸다. 강원도 오지 시골의원에 노랑머리 서양인이 들어선 격이었다.

커튼으로 가려놓은 작은 진료실에는 덩치 좋은 흑인의사가 비지땀을 흘리고 있었다. 책상 위에는 청진기가 아무렇게나 놓여 있었고, 각종 차트로 어지러웠다. 병원에서 흔히 보던 의사의 깔끔한 책상이 아니었다.

의사는 상태를 말해보라고 했다. 춥고, 어지럽고, 열나고, 머리 아프고, 배 아프고, 목이 마르다고 했다. 의사는 조지보다 영어를 못했다. 조지가 내 말을 성의껏 통역해주었다. 도저히 의사를 믿을 수 있는 상황이 아니었다. 병만 더 키울 것 같았다. 의사는 일단 혈압과 체온을 체크했다. 혈압은 정상이었으나 체온은 38도까지 올라 있었다. 의사는 피검사와 소변검사를 할 테니 입원실에 누워 있으라고 했다.

입원실에 누워 있는 내게 하얀 가운을 입은 간호사가 찾아왔다. 완벽한 흑백 대칭이었다. 어색했지만 그에게 노란 내 엉덩이를 내밀었다. 간호사는 내 엉덩이 살점을 엄지와 검지로 잡고 바늘을 한 방에 찔러 넣었다. 처음 접해보는 주사법이었다.

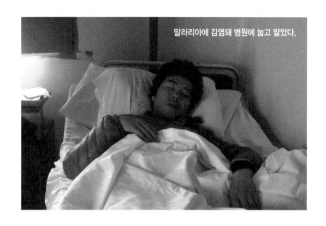
말라리아에 감염돼 병원에 눕고 말았다.

"앗! 으~흑~"

투여량도 엄청났다. 도대체 내 몸에 뭘 밀어 넣는지 알 수 없었다. 잠시 뒤 간호사는 내 검붉은 피를 필요 이상으로 뽑아 갔다. 안 그래도 힘이 없는데…. 재생 주사기를 쓰면 어쩌나 싶었는데 거기까지는 아니었다.

한 시간 뒤 의사가 찾아왔다. 그의 얼굴은 비지땀으로 계속 번들거리고 있었지만 마치 아무 이상 없으니 걱정하지 말라는 듯 온화한 표정이었다. 의사는 분명 웃고 있었다. 천진난만하기까지 했다. 순간 마음이 놓였다. 의사가 침대에 걸터앉으며 말했다.

"말라리아야."

"오 마이 가뜨!!!"

의사의 한마디는 날 충격의 도가니로 밀어 넣었다. 인류 역사에서 전쟁보다 더 많은 사람을 죽게 한 무서운 병이 내 몸속에 퍼져 있었다. 치료시기를 놓치면 지금도 죽음에 이르는 병이 말라리아 아니던가. 그런데 말라리아도 모자라 문제가 하나 더 있다고 했다. 의사는 목마름 증상이 설사로 인한 것일 수 있는데 일단 소변검사까지 해봐야 알 수 있다고 했다.

'오! 하느님.'

의사의 진단이 끝나고 간호사는 지독하게 아픈 주사를 한 대 더 놔주었다. 조지는 3일이면 완쾌된다며 걱정하지 말라는 말로 날 안심시켰다.

"엄마… 나 집에 가고 싶어…."

눈을 감고 목 놓아 울부짖었다. 온통 집 생각뿐이었다.

조지는 이런 내가 안쓰러운지 'I know. I know.'라고 답했다.

잠시 뒤 간호사가 와서는 샘플향수만 한 크기의 작은 유리병을 내밀었다. 오줌을 받아오라는 얘기였다. 도저히 내 소변 실력으로는 감당이 안 되는 채뇨 병이었다.

소변검사결과 의사는 나쁜 음식을 먹고 박테리아인지 바이러스인지 때문에 배가 아픈 거라고 했다. 말라리아도 모자라 세균성 장염까지….

'아프리카 와서 몸이 만신창이가 나는구나. 휴~'

조지의 부축을 받으며 숙소를 나선 지 8시간 만에 다시 골방에 몸을 누였다. 그리곤 3일을 앓았다. 침대 하나 덜렁 있는 탄자니아 모시의 작디작은 여행자 숙소는 외로움에 몸서리치기 딱 좋은 환경이었다. 내 옆엔 아무도 없었다. 가끔 조지와 리셉션 직원이 내 상태를 체크한다고 방문을 두드렸다. 리셉션 직원은 숙소에서 송장을 치르는 게 아닌가 하는 눈치였다.

발병 3일째 아침. 독한 약을 견디다 못해 구역질이 올라왔다. 말라리아도 약도 독했지만 난 극도로 쇠약해져 있었다.

구토를 하고 나니 그동안 억눌렀던 감정이 북받쳐 올라왔다. 여행에 대한 회의가 밀려들었다. 킬리만자로 앞에서 모든 걸 내려놓고 싶었다.

빈대 걱정 없이 잘 수 있는 곳. 내가 좋아하는 음식은 언제든 먹을 수 있는 곳. 친구들이 있는 곳. 우리 집 진돗개가 있는 집에 가고 싶었다.

이번 여행 최대 위기였다.

"나 돌아갈래~!"

말라리아는 모기에 의해 감염되며 증상은 몸살감기와 비슷해 감기로 착각할 수 있다. 치료시기를 놓치면 사망률이 높아진다. 인류 역사에서 전쟁이나 전염병으로 죽은 사람보다 말라리아로 죽은 사람이 더 많다고 한다.

19세기 후반 말라리아 약이 나오기 전까지는 모기 한 마리 앞에서 벌벌 떨어야 했던 게 인간이었던 셈이다. 지금도 의료 혜택을 받지 못하는 곳에서는 수많은 사람이 말라리아로 목숨을 잃어 가고 있다. 그런데 아직 말라리아 예방백신이 없다는 게 문제다. 예방약은 있으나 위험지역에 가기 전 일주일 전부터 복용해야 하고 갔다 와서도 일정 기간 약을 입에 달고 살아야 한다. 발병을 100% 막아주는 것도 아니다. 독한 성분 탓에 간에 부담을 많이 줄뿐더러 탈모 등의 부작용이 있다고 알려져 있다.

이용숙소 만족도 | 모시–킬리만자로 백패커스

* WIFI 가능 / 폐쇄공포증이 있는 사람이라면 절대로 1인실을 잡으면 안 되는 곳이다.

2.

말라리아 회복기

이를 악물다

말라리아 발병 3일째 저녁이었다. 가벼운 거동에 무리가 없을 정도로 컨디션은 많이 회복돼 있었다.

누군가 내 방문을 두드렸다. 옆방에 머물고 있는 영국 신사 알렉스였다. 그는 내 병세를 묻고는 함께 저녁 식사를 하자고 했다. 이번 여행에서 만난 영국 친구들 대부분이 신사적이고 따뜻했다. 확실히 미국인과는 달랐다.

옷을 주섬주섬 챙겨 입고 식당으로 향했다. 그런데 식사 내

내 알렉스는 북한에 대해 물었다. 안 그래도 영어권 친구들과 이야기를 하면 온 신경을 곤두세워야 하는데 현재 컨디션으로는 어려운 주제였다.

"플리즈 알렉스~"

가볍지 않은 저녁을 먹고 숙소로 돌아왔다. 다시 자리에 누웠다. 잠이 오질 않았다. 몸이 회복되고 있다는 신호 중 하나로 생각했다.

다음날 짐을 챙겼다. 감옥같이 답답한 숙소에서 탈출하고 싶은 생각뿐이었다. 병자가 있을 곳이 아니었다. 돈을 더 쓰더라도 휴식에 적합한 환경이 필요했다.

숙소 직원은 아픈데 어딜 가냐며 놀라는 눈치였다. 차마 숙소를 옮긴다는 소리는 하지 못하고 친구를 만나러 간다고 둘러대고 돌아서려 하는데, 여직원은 체크아웃시간이 지났다며 하루치 방값을 더 내야 한다고 했다. 역시 그녀가 놀란 이유는 다른 데 있었다.

'피도 눈물도 없는 것들.'

난 오후 12시가 체크아웃 시간인 줄 알았고 여직원은 오전 10시가 체크아웃 시간이라고 했다.

아픈 와중에도 내 방문을 두들기며 방값을 받으러 오는 인간들이었다. 오죽하겠는가. 순간 하루 더 있다가 다음날 숙소를 옮길까도 생각했지만 관처럼 비좁은 방을 생각하니 다시 들어갈 엄두가 나지 않았다. 속에선 여러 말이 튀어나왔지만 컨디션상 아무 말도 하지 않고 조용히 지갑을 꺼내 방값을 내고 도망치듯 그곳을 빠져나왔다.

모시에서 가장 큰 규모의 숙소 YMCA에 오니 그나마 숨통이 트였다. 레스토랑과 수영장이 있는 환경은 놀고먹기 안성맞춤이었다. 무엇보다 방의 크기에서 비교가 안 될 정도로 큰 격차를 보였다.

짐을 풀고 조지에게 전화를 했다. 그를 통해 킬리만자로를 오르든 그렇지 않든 한 번은 꼭 봐야 했다. 병원에 갔을 때 조지가 대신 낸 병원비가 있었다. 아무 말 없이 숙소를 나왔으니 조지가 이 사실을 알면 내가 '대낮도주'를 한 걸로 생각할

게 뻔했다. 생각만 해도 개운치 않은 상황이었다.

은행에서 돈을 찾아 다시 숙소로 돌아오니 그새 조지가 날 기다리고 있었다. 조지에게 고맙다는 인사와 함께 돈을 건넸다.

그 후 '와신상담'하며 4일을 더 놀고먹었다. 저 멀리 보이는 킬리만자로를 바라보며 먹고 자고, 자고 먹으며 체력이 회복되기만을 기다렸다. 식욕이 없었지만 억지로 입속에 음식을 밀어 넣었다. 오기였다.

아프리카 최고봉 킬리만자로와 남미 최고봉 아콩카구아에 도전해 보는 게 이번 여행 중 가장 큰 목표이자 도전이었다.

이 두 산이 아니었다면 평상시 쓰지도 않는 각종 트레킹 장비를 힘겹게 들고 다닐 필요도 없었다. 킬리만자로가 눈앞에 있었다. 여기서 끝낼 수는 없었다. 난 올라야 했다. 그래야만 후회가 남지 않을 것 같았다.

• 깨알정보 •

스와힐리어로 '번쩍이는 산'을 뜻하는 킬리만자로는 오세아니아 칼스텐츠(인도네시아와 파푸아뉴기니아의 경계; 4,884m), 북아메리카 매킨리(미국 알래스카; 6,195m), 유럽 엘부르즈(러시아; 5,642m), 남극 빈슨 매시프(남극대륙; 4,897m), 아시아 에베레스트(네팔; 8,848m), 남아메리카 아콩카구아(아르헨티나; 6,959m)와 더불어 대륙별 최고봉 중 하나다.

킬리만자로는 5,895m의 키보, 5,149m의 마웬지, 4,006m의 쉬라 등의 분화구로 만들어진 세계에서 가장 큰 휴화산이다.

킬리만자로의 실제 등정 성공률은 50% 미만이며 일정이 길지 않기 때문에 대부분의 트레커들이 두통 등의 고산증을 겪는다. 확인되지 않은 사실이지만 현지에서는 한국인의 등정 성공률이 가장 높다고 한다.

이용숙소 만족도 | 모시-YMCA

| 시설 | 가격 | 위생 | 친절 | 위치 |

* WIFI 가능 / 수영장과 레스토랑을 갖추고 있는 대규모 숙박시설로 대체로 만족스럽다.

호롬보 산장에서 바라본 킬리만자로 정상

3.

Let's trekking ①

킬리만자로 트레킹 중 찾아온 '멘붕'

킬리만자로 트레킹 개요

🍃 교통편

　모시에서 킬리만자로 산까지의 이동은 투어회사 차량을 이용하면
된다.

🍃 트레킹 코스 및 시간

　마랑구 루트(4박 5일 일정)
　　1일차 마랑구 게이트~만다라 산장(2,700m) 3~4시간
　　2일차 만다라 산장~호롬보 산장(3,720m) 6~7시간
　　3일차 호롬보 산장~키보 산장(4,705m) 6~7시간

　　4일차 키보 산장~우후르피크(정상)~키보 산장 8~9시간
　　키보 산장~호롬보 산장 3시간
　　5일차 호롬보 산장~마랑구 게이트 6~7시간

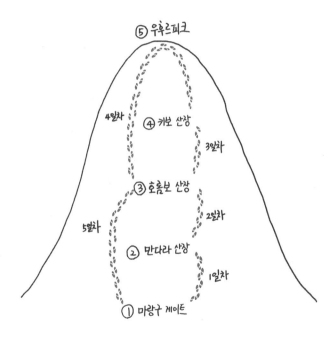

⑤ 우후르피크

4일차　④ 키보 산장
　　　　　　3일차
③ 호롬보 산장
5일차　　　2일차
② 만다라 산장
　　　　　1일차
① 마랑구 게이트

마랑구 루트는 정상까지 가장 쉽고 무난한 길이어서 '코카콜라 루트'라고 불릴 정도로 인기를 끌고 있다. 이 코스의 관건은 4일차다. 자정에 우후루피크로 향하는 첫걸음을 내딛는데, 정상까지는 6~7시간 정도가 소요된다. 하지만 단번에 1,000m 이상의 고도를 올려야 하는 일정이 쉽지만은 않다. 정상 등정 후 다시 키보 산장으로 내려와 휴식을 취한 뒤 정오쯤 호롬보 산장으로 이동해 하룻밤을 보내고 하산을 완료하게 된다. 만약 이 일정이 부담된다면 고소적응 시간을 하루 더 갖는 5박 6일 일정을 선택하면 된다.

마차메 루트(6박 7일 일정)
  1일차 마차메 게이트~마차메 캠프(3,100m) 7~8시간
  2일차 마차메 캠프~시라 캠프(3,658m) 6~7시간
  3일차 시라 캠프~바란코 캠프(3,950m) 8시간
  4일차 바란코 캠프~카랑카 캠프(4,200m) 4시간
  5일차 카랑카 캠프~바라푸 캠프(4,600m) 5시간
  6일차 바라푸 캠프~정상~음웨카 캠프(3,100m) 15~17시간
  7일차 음웨카 캠프~음웨카 게이트(1,800m) 2시간

이 코스는 주변 경관이 수려하고 특히 남쪽 빙하지대를 길게 돌기 때문에 킬리만자로 정상 분화구를 자세히 볼 수 있다는 게 장점이다. 특히 고도를 4,750m까지 높였다 3,950m로 낮추고 다시 고도

를 올리는 코스 특성상 고소적응이 매우 용이하다.
마랑구 루트와 달리 4일차부터 이틀간 하루에 4~5시간씩 반나절만 걸으며 충분히 휴식할 수 있어 등정확률이 확실히 높다. 대신 트레킹 기간이 늘어나게 되고, 이에 따라 비용이 상승한다.

🌱 코스 분석
킬리만자로 트레킹에서 가장 중요한 순간은 마지막 캠프에서 정상을 향하는 새벽 시간대다. 마랑구 루트의 경우 마지막 캠프까지는 그리 어렵지 않은 완만한 경사를 오르게 된다. 하지만 마지막 정상 공략은 사정이 다르다. 경사가 심하고 모래와 자갈이 섞인 길을 올라야 한다. 발이 푹푹 빠지는 길은 체력 소모가 무척 크다. 또 고산증이 찾아올 가능성이 높다.

🌱 최적시기
킬리만자로는 1년 내내 오를 수 있지만, 가장 좋은 때는 건기인 7월부터 9월 그리고 1월부터 2월이다.

🌱 난이도
상

탄자니아 모시로

킬리만자로 회복기

🌿 준비물

키보 산장부터 기온이 급격하게 떨어진다. 또 5,895m의 킬리만자로 정상의 추위는 건기라도 살을 에는 듯하다. 무엇보다 개인 보온에 만전을 기해야 컨디션을 유지할 수 있다.

🌿 팁

킬리만자로 트레킹은 가이드·포터·요리사 등을 의무적으로 고용해야 한다. 이 때문에 비교적 쉽게 등정할 수 있는 산으로 불린다. 하지만 결코 쉽지 않은 산임을 명심해야 한다. 등정 성공률을 높이기 위해서는 최대한 천천히 걷는 게 중요하고, 물을 많이 마시는 게 고산증에 도움이 된다. 본인의 체력이 좀 떨어진다면 일정을 늘려 잡는 게 성공률이 높다.

문제는 4박 5일 기준으로 최저 700달러에서 최고 1,200달러에 달하는 비용이다. 이 중 500달러는 산장이용료·입산료 등으로 빠진다. 또 산행 뒤 가이드가 팁을 요구하는 게 관례다.

🌿 전체 평

7대륙 최고봉 중 가장 쉽게 오를 수 있는 산으로 알려져 있다. 그러나 막상 도전해 보면 역시나 대륙별 최고봉이란 이름값을 톡톡히 하는 산이다. 결코, 만만히 봐서는 안 되는 곳이다. 마랑구 루트의 경우 대부분의 트레커들이 키보 산장부터 고산증을 경험한다.

킬리만자로 등정의 시작점 마랑구 게이트(1,970m) 앞.

출발 전 가이드로 소개받은 '찰스'가 이번 산행을 같이하게 될 네덜란드 처자 아나와 네나 그리고 호주인 랄스 아저씨를 소개했다.

이번 킬리만자로 산행은 850달러에 계약했다. 협상력이 좋은 한국 여행자 중에는 최저가 700달러에도 네고를 한다고 했다. 그런데 이렇게 되면 음식이 부실해질 가능성이 높다. 밥심이 산에서 얼마나 중요한지를 알기에 난 적당한 선에서 가격협상을 마무리 지었다.

그런데 동행이 있다는 건 출발 전 전혀 듣지 못한 이야기였다. 조인해서 산행을 해야 하는 거였다면 가격협상이 당연히 다른 양상을 보였을 거다.

일단 엎질러진 물이었다. 여기서 다시 가격협상을 할 수도 없는 노릇이고, 모시로 돌아가 따질 수도 없었다. 문제가 무엇이었는지 분명히 짚어 주고 출발했다. 일단은 기분 좋게 산행을 하고 싶은 마음이 컸다.

그런데 산행을 하면서 안 사실이지만 나머지 3명은 모두 6일짜리 일정이었고 난 5일짜리 일정이었다. 사흘째부터는 나 혼자 산행을 해야 했다.

산행은 울창한 밀림에서 시작됐다. 길도 그리 험하지 않았다. 완만한 경사가 계속되는 손쉬운 길이었다. 속도를 내기 안성맞춤이었다. 킬리만자로는 화산이다. 그래서 그런지 우리나라의 한라산과 분위기가 여러모로 닮아 있었다. 전체적인 루트의 구조도 한라산을 빼닮아 있었다. 한라산을 5,895m로 높여 놓은 느낌이었다.

첫날 찰스는 '천천히'란 뜻의 스와힐리어인 "뽈레뽈레"란 말을 입에 달고 살았다. 조금만 속도를 내도 여지없이 찰스는 "뽈레뽈레"라고 말했다.

한 시간 반 정도 쉬엄쉬엄 경치를 구경하며 걸으니 어느새 점심 장소가 나왔다. 출발 전 가이드가 나눠 준 점심 도시락을 꺼내 식사를 했다. 그런대로 구색이 갖춰진 도시락이었다.

도시락을 먹고는 산책로 같은 평탄한 길을 다시 오르기 시작했다. 뒷짐을 지고 '산보'하는 마음으로 산을 즐기자 어느새 만다라 산장(2,700m)이 눈에 들어왔다.

4명이 함께 쓸 수 있는 산장 한 동을 배정받고 짐을 풀었다. 휴식 시간을 갖곤 가이드와 한 시간 정도 마운디 분화구로 고소적응 겸 산책을 나섰다. 마운디 분화구는 만다라 산장 근처에서 가장 조망이 좋은 곳이다. 분화구에 올라서자 끝없이 이어지는 아프리카의 초원이 드라마틱하게 펼쳐졌다.

짧은 산책 뒤에는 저녁 식사가 기다리고 있었다. 수프와 빵, 각종 야채볶음이 나왔고 감자요리가 메인이었다. 난 수프와 빵을 먹고는 감자에는 거의 손을 못 댔다. 도대체 감자에다 무슨 장난을 했는지….

"킴, 왜 안 먹어?" 아나가 물었다.

"배가 불러서." 마음에도 없는 거짓말을 내뱉었다.

아나는 걱정스러운 얼굴로 날 쳐다봤다. 아나는 23살이었고, 거의 내 양의 3배를 먹어 치웠다. 그 정도 먹성이면 내 먹는 양이 걱정스럽게 보일 수도 있겠다는 생각이 들었다. 그렇게 잘 먹어서 키가 나와 비슷한지 모르겠으나 아무튼 엄청난 식성과 체격이었다.

아나는 감자를 으깨서 쉼 없이 입속에 밀어 넣었다. 그 옆에 있던 네나도 잘 먹긴 마찬가지였다. 네나의 나이는 22살이었다. 환갑을 넘긴 나이에 킬리만자로 등정에 나선 랄스 아저씨는 나랑 먹는 양이 비슷했다. 랄스 아저씨와 난 아나와 네나의 먹성을 그저 부럽게 바라보기만 했다.

아침 일찍 눈을 떴다. 오랜만에 하는 혼숙이 편치 않아 제일 먼저 자리를 털고 일어났다. 요리사는 세숫물을 받아 왔다. 고양이 세수를 한 뒤 식사를 마치자 가이드는 점심 도시락을 나눠 주었다.

호롬보 산장은 해발 3,780m에 자리 잡고 있다. 1,080m를 올라야 하는 일정이었다. 산행 시간은 어림잡아 5~6시간 정도다. 오전 8시 '뽈레뽈레'란 구령에 맞춰 힘차게 하루를 시작했다. 산행 시작과 함께 울창한 밀림이 사라졌다. 어느덧 발걸음이 구름 위에 올라와 있었다. 다들 즐겁게 산행을 이

5일 일정이면 호롬보 산장에 하루를, 6일 일정이면 이틀을 묵게 된다.

어갔다. 서서히 킬리만자로 정상이 눈에 들어오기 시작했다. 얼마 남지 않은 시한부 인생을 사는 킬리만자로 만년설이 찢어진 하얀 도포를 걸쳐 입고 있었다. 아직은 충분히 매혹적인 자태였다. 힘차게 달려가면 2~3시간이면 닿을 수 있는 지척처럼 느껴졌다.

만다라 산장을 출발한 지 5시간 45분 만에 호롬보 산장에 도착했다. 걱정했던 고산증은 나타나지 않았다. 중국 야딩

TV, 인터넷 덕분에 앉은 자리에서 전 세계를 만날 수 있는 축복의 시대에 살고 있다.
그럼에도 불구하고 우리가 산에 오르는 이유는 전송되는 이미지만으로는 우리의 오감이 충족될 수 없기 때문이다.
누군가 묻는다.
"왜 산에 오르려고 하나요?"
난 대답한다.

트레킹에서 경험해 봤지만, 해발 4,500m 정도를 넘어야 두통이 시작되는 걸 감안하면 아직 걱정할 단계는 아니었다. 난 내일 키보 산장(4,703m)으로 가야 하고, 나머지 3명은 여기서 하루를 더 머물며 고소적응을 하게 된다. 동행과 보낼 수 있는 마지막 밤이었다.

저녁 식사 전 요리사는 팝콘과 차를 내왔다. 그리고 난 요리사에게 알토란 같은 안성탕면 한 봉지를 내밀었다. 호롬보 산장을 샅샅이 뒤져봐도 딱 하나밖에 없는 금쪽같은 라면이었다. 이 라면은 모시에서 만난 한국인 대학생이 선물로 주고 간 거였다. 여행 중 라면 한 봉지가 주는 위안은 이루 말할 수 없이 컸다.

라면을 끓여 본 적이 있는지 요리사에게 물었다. 요리사는 자신 있게 "할 수 있다"고 답했다. 그래도 검은 피부색을 가진 탄자니아 요리사가 못 미더워 재차 확인했다.

그는 "라면을 요리해본 경험이 있다"고 답했다. 표정과 어조 모두 경험에서 배어나는 자신감이 넘쳐흘렀다. 난 저녁

같이 산행을 즐긴 아나, 네나, 랄스 아저씨

식사 시간에 먹을 수 있게 해달라며 기분 좋게 라면을 넘겨주었다.

저녁 식사까지는 아직 2시간이나 남아 있었다. 그런데 배에선 벌써 '꼬르륵' 소리가 났다. 킬리만자로에서 라면 한 봉지의 위력은 실로 대단했다. 생각만으로 입속에 침이 고였다. 난 파블로프의 조건반사 실험에 등장하는 한 마리 개가 돼 있었다. 그럴수록 시간은 굼벵이처럼 더디게 흘러갔다.

드디어 만찬 시간이 돌아왔다. 일단 요리사가 빵과 야채수

프를 내왔다. 수프 한 그릇을 순식간에 비우고 초조함을 숨긴 채 MSG가 듬뿍 들어가 있는 라면을 기다렸다. 이런 내 마음을 아는지 모르는지 아나와 네나는 내 앞에서 빵에 땅콩버터를 듬뿍 발라 행복한 표정을 짓고 있었다. 난 그들을 무표정하게 바라봤다. 때마침 요리사가 내 머리 뒤에서 인기척을 냈다. 고개가 반사적으로 돌아갔다. 그는 작은 쟁반을 들고서 있었다.

그… 런… 데… 그… 만… 기대가 순간 절망으로 바뀌었다.

냉동인간이 된 것처럼 내 사지는 순식간에 마비증상을 보였다. 토끼 눈을 하고 요리사를 올려다봤다.

"아뵤!" 말라리아에 걸렸을 때의 충격, 그 이상의 무엇인가가 머릿속을 때렸다. 그리곤 '멘붕'이 찾아왔다. 요리사가 들고 있는 건 냄비 안에 매콤한 냄새를 풍기며 둥둥 떠 있어야 할 면발이 아니었다. 면은 사정없이 볶아져 있었다. 좌절(OTL)이었다.

"이게 뭐야!"

순간 요리사의 면상에 욕을 퍼부어 주고 싶었다. 욕이 혀끝까지 치고 올라왔지만 라면 하나에 이성을 잃은 한국인이 되고 싶지 않아 날 선 욕지거리를 힘겹게 목구멍 속으로 밀어넣었다. 그리곤 아무 말 없이 볶아져 있는 면발을 멍하니 바라봤다. 절대 공황의 순간이었다.

'이걸 어쩌지. 하나밖에 없는 라면을….' 두 손으로 머리를 감싸 안자, 아나가 물었다.

"이거 어떻게 요리하는 거니?"

"어…어…어… 그게…." 무엇인가 말을 해야 하는데 불행하게도 떠오르는 영어단어가 없었다. 무릎을 꿇고 울고 싶었다. 그리고 요리사의 얼굴을 보며 절규했다.

"It's noodle Soup!"

"걱정하지 마. 킴!" 요리사는 내 일그러진 얼굴을 보곤 물을 넣고 다시 끓여오겠다며 황급히 사라졌다. 난 아무 말도 하지 못하고 속으로 울고 있었다. '후루룩~' 면발을 흡입하려고 했던 내 작은 소망이 이렇게 산산이 조각날 줄은 미처 몰

탄자니아 모시로

말라리아 회복기

랐다.

요리사가 다시 묵사발 난 라면을 들고 돌아왔다. 그리고 두 번째 충격이 엄습했다.

"어~엄~마~."

볶음면이 '라볶이'로 바뀌어 있었다. 그렇게 마시고 싶던 국물은 극소량이었고 맛은 엄청나게 짰다. 할 말이 없었다. 여기서 면을 더 끓였다가는 죽이 될 게 뻔했다.

세상을 살다 보면 결코 되돌릴 수 없는 일들이 벌어지곤 한다. 나에겐 킬리만자로에서 먹은 라면이 그랬다.

• 깨알 정보 •

• 질문 1 = 고산증에 걸리지 않으려면?
답 = 고산에 안 가면 된다.

• 질문 2 = 고산증을 치료하는 약은?
답 = 하산

우리나라에서 가장 높은 산은 한라산이다. 2,000m가 채 되지 않는

다. 이런 환경에 살던 우리나라 사람들이 갑자기 3,000~4,000m 높이에 올라가게 되면 고산증이 오는 게 자연스러운 현상이다.

세계 일주를 다니다 보면 한국 기준으로 말도 안 되는 높이에 마을이 있고 도시가 있다. 볼리비아의 수도 라파즈는 해발고도가 3,000m를 넘는다.

자신의 한계를 테스트해보고자 킬리만자로 등정 등을 계획했다면 고산증 대비는 필수다. 고산증은 주로 두통에서 시작해 구토 등으로 이어지면서 몸이 무기력해진다. 심하면 폐부종이 오기도 한다. 이는 매우 위험한 단계다.

고산증을 완벽하게 치료해 주는 약은 현재 없다. 고도를 내리는 것이 완벽한 해결책이다.

일단 고산증을 예방하기 위해서는 아주 천천히 고도를 올려야 한다. 4박 5일짜리 일정으로 킬리만자로 등정에 도전한다면 4일째 1,000m 이상 고도를 올려야 한다. 여기서 두통은 기본이고, 구토까지 경험하게 된다. 고산증이 심하면 마지막 캠프에서 정상을 오르지 못하는 경우도 있다.

짧은 일정 때문에 어쩔 수 없는 상황이 되는 셈이다. 아주 느린 스텝으로 움직여야 한다. 킬리만자로 산행에서 가이드는 '천천히'란 뜻의 "뽈레뽈레"란 말을 입에 달고 살았다.

고산증은 희박한 산소 때문에 발생한다. 호흡법이 중요해지는 이유다. 깊게 들이마시고 빨리 내뱉는 의식적인 호흡이 필요하다.

그래도 두통이 생긴다면 이부프로펜(ibuprofen) 계열의 두통약을 복

용하는 게 효과적이다. 한 연구결과에 따르면 고산에서는 타이레놀보다 이부프로펜의 통증 완화 효과가 낫다고 한다.

또 고산에서 많이 쓰는 다이나믹스(이뇨제)를 사용하는 것도 효과적이다. 이 약을 사용할 계획이라면 평소보다 물을 더 많이 마셔야 한다. 고산에서는 보통 하루에 4리터 이상의 물을 마시라고 한다.

마지막으로 준비하면 좋은 것이 비아그라. 이 약은 혈관을 확장해 혈액순환을 도와 몸속의 산소공급을 원활하게 해준다고 알려져 있다. 킬리만자로 등반 시 복용했을 때는 두통이 개선되는 효과를 보긴 했지만, 약효가 그리 오래가지는 못했다.

비아그라는 산악인들 사이에서 입소문으로 전해지는 약이다. 정확하게 고산에서 어떤 효과들이 있는지 과학적으로 증명된 건 없다.

이용숙소 만족도 | 모시-A&A Hill St. Accommodation

시설	가격	위생	친절	위치

* WIFI 불가능 / 와이파이가 안 된다는 단점 빼고는 모든 게 만족스러웠던 숙소

4.

Let's trekking ②

5,895m '우후루피크' 넌 자유였어!

이른 아침 혼자 산장을 빠져나왔다. 아나, 네나, 랄스 아저씨는 여기서 하룻밤을 더 보내게 되고 난 오늘 4,703m에 위치한 키보 산장으로 가야 했다.

아침을 챙겨 먹자 하산까지 내 전담 가이드를 해줄 아도니스가 일정에 대해 설명을 해주었다. 포터는 내 큰 배낭을 메고 이미 떠난 뒤였다.

"하쿠나 마타타~ 하쿠나 마타타~"

식당 앞에서 노랫소리가 들렸다. 단체 트레킹을 온 독일인 팀을 위해 포터와 가이드가 오늘 산행의 안전과 평안을 기원하는 노래를 부르고 있었다.

'하쿠나 마타타(Hakuna matata)'는 스와힐리어로 '걱정거리가 없다'란 뜻이다. 노래를 들으며 오늘 하루가 아무런 걱정 없이 마무리되길 기도했다.

고도가 높아질수록 발걸음을 옮기는 게 점점 힘겨워졌다. 한 시간 정도 산을 오르자 풀 한 포기 없는 삭막한 풍경이 펼쳐졌다. 척박한 땅의 기운은 트레커들을 두렵게 만들기 충분했다. 이제 슬슬 킬리만자로가 본색을 드러내는 것 같았다. 그럴수록 '뽈레뽈레' 발걸음을 늦추었다.

길을 가다 헬렌이란 미국인과 동행하게 됐다. 약관의 나이인 헬렌은 킬리만자로에서 유일하게 나보다 빨리 걷는 여자였다. 여길 오려고 매일 조깅으로 체력을 단련했다고 한다. 거침없는 발걸음이 정말 놀라운 수준이었다. 성격은 내가 만난 미국인 중에선 최고였다.

헬렌에게서 여인의 향기, 아니 산악인의 향기가…

"잠보!"

헬렌은 마주치는 사람들에게 현지식 인사를 건네는 것도 빼먹지 않았다. 힘이 남아도는 것처럼 보였다. 그녀의 목소리에는 미국인 특유의 하이톤이 배어 있어 슬며시 날 웃게 만들었다. 하지만 헬렌의 동부 영어는 정말 알아듣기 힘들었다. 그런 나에게 헬렌은 계속 질문을 쏟아냈다.

헬렌과 이런저런 이야기를 하며 걷다 보니 키보 산장이 지척으로 다가왔다. 정상을 오르기 전 마지막으로 쉬어갈 장소

검고 누런 바위와 흙 사이로 강줄기처럼 하얀 길이 나 있다.
누군 힘겹게 이 길을 오르고, 누군 가벼워진 배낭의 무게에 만족하며 내리막을 걷는다.
개중엔 정상의 기쁨을 맛본 트레커도 있을 거다.
강물을 거슬러 올라 고향에서 죽음을 맞는 연어의 마지막 순간은 어떤 모습일까. 평온한 죽음일 것 같다.
다음 세대를 위한 자신의 소임을 다했으니 말이다.
인류가 태어난 아프리카의 가장 높은 산에 그어진 좁고 흐릿한 길이 강줄기처럼 보인다.
물길의 끝에는 무엇이 있을까? 거기서 난 편안할까? 아니 그 끝을 볼 수나 있을까?

키보 산장부터 킬리만자로가 속삭임을 시작한다.
하지만 그 누구도 입을 열지 않는다. 정상에서 듣고 싶은 이야기가 남았기 때문이다.

한 트레커가 고산증을 견디지 못하고 실려 가고 있다.

였다. 키보 산장 뒤로 킬리만자로 정상이 우뚝 솟아 있었다. 손에 잡힐 듯 가까이 다가온 킬리만자로 정상을 보면서 4시간 40분간의 산행을 마쳤다.

키보 산장에 들어서자마자 고산증으로 트레커 한 명이 급히 실려 가는 모습이 보였다. 본게임이 시작된 느낌이었다. 어느 곳보다도 팽팽한 긴장감이 감돌았다. 사람들의 행동 하나하나가 모두 영화 속 느린 화면처럼 보였다.

트레커들은 최대한 천천히 몸을 움직이며 정상에 도전할

시간을 기다렸다. 보통 이곳에서 정상까지는 6~7시간 정도 소요된다. 시간상으로는 부담이 없었지만, 문제는 4,703m 에서 5,895m까지 1,192m를 단번에 올라야 하는 일이었다. 이 과정에서 대부분 고산증을 겪는다.

가이드는 12인실 방으로 날 안내했다. 헬렌과 난 다른 트레커보다 조금 빨리 올라온 덕분에 좋은 자리를 잡았다. 그리곤 조용히 침대에 누워 체력을 비축했다. 자연스럽게 몸이 고산에 적응되길 기다리는 일밖에 달리 할 수 있는 게 없었다.

오후 5시에 저녁 식사를 마치고 다시 침낭으로 들어가 잠을 청했다. 하지만 잠이 오질 않았다. 모두들 숙면을 취하지 못하는 것 같았다. 산장 안에 머물고 있는 트레커들 모두 말이 없었다.

밤 11시. 따뜻한 침낭에서 몸을 빼냈다. 따뜻한 차와 쿠키로 요기를 한 뒤 미리 두통약 한 알을 삼켰다. 결전의 순간이었다. 어느 트레킹보다 각오는 비장했으나 등정에 대해서는 의문부호를 떨쳐낼 수가 없었다.

밤 12시 15분 가이드와 숙소를 나섰다. 가진 옷을 모두 껴입었지만 추위를 막기에는 역부족이었다. 해발 4,703m의 한기는 차디찼다. 정상 공략은 공격적으로 이루어졌다. 우회로는 없다. 키보 산장 뒤편으로 솟은 가파른 경사를 치고 올라야 한다. 미리 출발한 트레커들의 헤드 랜턴이 저 멀리 경사를 따라 이어지고 있었다. 한숨이 절로 나왔다. 1,192m를 올라야 했다. 해발 0m에서 출발하는 산행이라면 이런 긴장감은 필요가 없다. 다행히 키보 산장에 머물 동안 고산증은 없었다. 하지만 언제 두통이 찾아올지 몰랐다.

"뽈레뽈레."

출발은 순조로웠다. 어둠 속에선 대화도, 야경도 없었다. 천천히 땅을 보며 한 발 한 발 내딛는 게 다였다. 한 시간 뒤 밑을 내려다봤다. 희미한 헤드 랜턴 불빛이 길게 줄지어 조금씩 산을 오르고 있었다.

'저길 올라온 거구나. 휴~'

다시 발걸음을 옮겼다. 한 시간 정도 더 오르자 숨이 차오르기 시작했다.

'흠~~~슈으웃~ 흠~~~슈으웃~'

해발고도가 5,000m를 넘자 약간만 호흡이 엉켜도 숨이 차오르기 시작했다. 정상적인 날숨과 들숨이 아니었다. 몸은 물에 젖은 솜처럼 무거웠다. 갈수록 호흡은 엉망이 됐다. 그리고는 두통이 찾아왔다. 키보 산장을 출발한 지 3시간 만이었다. 잠시 쉬어가기로 했다.

호흡을 가다듬고 가파른 경사를 30분 정도 더 올랐을 때였다. 난 그 자리에 주저앉고 말았다. 속이 울렁이는 게 토할 것 같았다. 가이드는 내게 심호흡을 크게 하라고 했다. 다행히도 위장 속 음식물들이 솟구치려던 자세를 고쳐 잡으며 고비를 넘겼다.

하지만 두통은 더욱 심해져 있었다. 두통약으로는 감당이 안 되는 상황이라고 느껴졌다. 작은 약통을 꺼내 파란색 알약을 삼켰다. 고산증에 효과가 있다는 '비아그라'였다. 비아그라를 복용하고 나자 두통의 강도가 조금은 약해졌다. 이런 경

킬리만자로

"자네가 지금 보고 있는 건, 삶 자체가 아니라 삶이 만들어내는 그림자라네. 진짜 삶이 어떤지 궁금하지 않나?"
킬리만자로가 내게 이렇게 물어왔다.

험은 난생처음이었다. 난 서서히 자신감을 잃어 가고 있었다.

끝도 안 보이는 검은 실루엣을 쫓아 한 시간쯤 더 산을 오르자 다시 극심한 두통이 찾아왔다. 누군가 날카로운 연필심으로 머릿속에 '포기'란 단어를 쉼 없이 써대고 있는 것 같았다.

난 5분도 못 가 다시 멈춰 섰다. 한발을 떼는 게 너무 고통스러웠다. 그렇게 사투를 벌이고 있는 사이 날 집어삼킬 것 같은 검은 실루엣이 조금씩 끝자락을 보이기 시작했다. 아도니스는 조금만 가면 끝이 난다고 했다. 그가 이야기한 조금이 결코 조금이 아니라는 걸 알지만, 힘이 생겼다. 다시 천천히 발걸음을 옮겼다.

좀비처럼 천천히 오른 경사의 끝에는 길만스포인트 (5,681m)가 기다리고 있었다. 능선의 시작이었다. 안도감이 찾아왔다. 그런데 가이드는 여기서부터 정상까지 1시간 30분을 더 가야 한다고 했다.

"뭐!"

정상까지의 고도차는 214m였다. 도대체 능선이 얼마나 길다는 이야기인가. 사실 능선이 긴 게 아니라 고산증 탓에 속도를 낼 수 없는 게 문제였다. 조금만 속도를 올려도 머릿속에 들어간 갈고리가 작동을 시작했다.

무슨 '부귀영화'를 누리자고 이 짓을 하는지 다 포기하고 싶었다. 발걸음을 옮길 때마다 머리는 깨져나갈 것 같았다.

이때 내 옆으로 가이드의 부축을 받으며 중환자처럼 걸음을 옮기고 있는 나이 지긋한 서양인 할머니가 눈에 들어왔다. 잡념이 사라졌다.

오르락내리락 능선을 따라 1시간 남짓. 뇌는 쪼그라드는 듯했고, 얼음장 같은 바람은 더욱 매섭고 맹렬하게 내 몸을 훑고 지나갔다. 극심한 추위였다. 손발의 감각이 무뎌지기 시작했다. 눈꺼풀도 중력의 힘을 못 이기고 점점 아래로 처지기 시작했다.

그렇게 아무 생각 없이 기계적으로 발걸음을 옮기고 있을 때 저 멀리 '우후르피크[킬리만자로는 1889년 10월 5일 독일 지리학자인 한스 메이어, 오스트리아의 산악인 루드비히 푸르첼러 그리고

지역가이드 요나스 로우에게 처음 정상을 허락했다. 이후 킬리만자로의 가장 높은 봉우리에는 독일 황제의 이름이 붙여졌다. 하지만 1961년 탄자니아가 독립을 쟁취한 후 킬리만자로 정상은 지금의 이름을 갖게 됐다. 스와힐리어로 우후르(Uhuru)는 자유를 뜻한다.]'가 눈에 들어왔다. 키보 산장을 출발한 지 6시간 만이었다.

먼저 도착한 독일인들의 노래가 정상에 울려 퍼지고 있었다. 여명이 시작되고 있었다. 곧이어 정상이 황금빛으로 물들어갔다.

눈물이 날 것 같이 가슴이 벅차올랐다. 덩실덩실 춤이라도 추고 싶었다. 킬리만자로는 '불꽃' 같은 일출을 선물로 안겨주었다. 장엄한 모습이었다.

2012년 8월 23일 새벽 6시 20분. 아프리카 최고봉 킬리만자로 정상에서 또 한 번 이전에 내가 아닌 날 만들었다.

• 깨알 정보 •

킬리만자로 트레킹에서 생긴 문제점은 대략 네 가지 정도였다.

❶ 여행사를 결정하면 달러나 실링으로 결제하고 에이전시는 이 돈을 회사카드에 입금해 산행출발지 국립공원 사무실에서 산장이용료 등을 처리하게 된다. 그런데 내 경우 하루 체류비용을 더 물면서 월요일로 산행 시작 날짜를 바꿔 주었는데도 막상 마랑구 게이트에 가보니 하나도 일 처리가 안 돼 있었다. 그래서 어쩔 수 없이 510달러를 신용카드로 결제해야 했다. 기분이 상할 수밖에 없는 상황이었다.

❷ 트레킹 계약을 하면서 혼자 출발하는 걸로 이야기를 했다. 그런데 막상 마랑구 게이트에 가보니 3명의 서양인과 조인을 해야 했다. 내가 계약한 여행사에서 혼자인 나를 다른 여행사에 넘겨 버린 거였다. 조인해서 산을 오르는 거였다면 협상은 분명 다른 양상이었을 거다.

❸ 팀당 가이드·포터·요리사가 붙게 된다. 이건 정해진 룰이다. 그런데 조인을 하다 보니 나에게 배정된 인원은 가이드·포터가 다였다. 산행 셋째 날부터 난 요리사의 얼굴을 볼 수 없었다. 당연히 음식의 질은 낮아졌다. 무엇보다 이런 사실을 전혀 언급하지 않고 그냥 넘어가려고 하는 거짓된 태도가 가장 큰 문제였다.

❹ 내 가이드(아도니스)는 산행 나흘째 날 나에게 팁을 요구했다. 그는 가이드 팁으로 하루에 15달러, 포터는 5달러 정도가 관행이라고 했다. 어디까지나 팁은 서비스가 마음에 들었을 때 지불하는 게 상식인데 아도니스는 팁 이야기를 줄기차게 꺼냈다. 팁을 주고 난 뒤에는 전혀 얼굴을 모르는 포터를 데리고 와서 한 명의 팁을 더 요구하기도 했다.

5.

트레킹을 마치고 모시로

돌발 변수

모시로 돌아와 드라마 같은 킬리만자로 등정을 맥주 한 잔으로 자축했다. 피로가 눈 녹듯 사라졌다. 마음은 새털처럼 가벼웠다. 중간고사를 끝마친 느낌이었다. 아프리카에서 마지막으로 내가 할 일은 무사히 이곳을 뜨는 일이었다.

3일 뒤 나이로비로 돌아가는 버스를 예약했다. 왜 다시 나이로비로 돌아가는지 궁금해하는 독자를 위해 잠시 설명을 해야 할 것 같다. 원래 계획은 이랬다.

이집트에서 아프리카 여행을 시작하고, 비행기로 정세가 불안한 수단을 넘어 에티오피아로 간다. 거기서 시미엔 트레킹을 하고 육로로 케냐를 지나 탄자니아에서 킬리만자로에 오른다(에티오피아에서 케냐까지 육로이동 계획은 현지 사정으로 비행기를 이용했다). 여기서 다시 탄자니아의 수도 다르에스살람을 거쳐 잔지바르 등을 둘러보고 타자라 기차를 이용해 이구아수, 나이아가라와 더불어 세계 3대 폭포로 손꼽히는 빅토리아폭포(잠비아와 짐바브웨 국경)까지 간다. 그런 뒤 남아공으로 내려가 남미행 비행기를 탄다.

이게 내 아프리카 종단계획이었다. 하지만 깔끔하게 여기서 아프리카 여행의 종지부를 찍기로 했다.

루트 수정의 결정적 계기는 진절머리 나는 말라리아였고 킬리만자로에 오르기 전부터 아프리카 여행의 동기를 완전히 상실한 상황이었다.

루트는 루트일 뿐이다. 어디에 얽매이고 싶지 않았다. 킬리만자로 산행 전 이미 아르헨티나 부에노스아이레스행 항공편을 미리 예매해 두었다. 항공사는 에미리트였고, 전체 26시간짜리 비행이었다. 두바이와 리우데자네이루에서 각각 비행기를 갈아타야 했는데 다행히 연결시간이 그리 길지 않았다. 그러나 대서양을 건너 남미로 가는 편도 1,300달러짜리 장거리 항공편은 내 통장 잔고를 일시에 쪼그라들게 했다.

…짐을 꾸리고 있을 때였다. 누군가 방문을 두드렸다. 조지였다. 작별 인사를 하러 온 모양이었다. 그냥 보내기가 뭐해 커피를 한 잔 하자고 했다.

전날 조지의 아내와 딸을 초대해 함께 저녁 식사를 했었다. 조지를 통해 오른 킬리만자로에서 형편없는 서비스를 받긴 했지만, 말라리아에 걸려 사경을 헤매고 있을 때 날 도와준 고마움을 표하고 싶었다. 조지는 저녁을 사고 싶다고 제안하자 "딸아이의 학용품을 사야 하는데 돈으로 주면 안 되겠냐"는 말로 내 뒷목을 잡게 했었다.

애증 어린 눈으로 조지와 악수를 나누고 포옹을 했다. 알게 모르게 그간 정이 많이 들었는지 마음 한편이 짠했다. 조지는 다음번에 킬리만자로에 오면 자기가 직접 가이드를 하겠다고 했다. 조지가 손을 흔들어 주었다. 고맙고, 미안했다. 천천히 버스가 움직였다. 조지의 등이 유난히 넓어 보였다. '또 나 같은 여행자를 찾아 나서겠지….'

버스는 정든 모시 시내를 한 바퀴 돌며 다른 승객을 태운 뒤 국경을 향해 달렸다. 이집트~에티오피아~케냐~탄자니아로 이어지는 여행길이 주마등처럼 스쳐지나갔다.

아프리카는 생각보다 문화적 충격이 크게 다가오는 곳이었다. 사람들의 사고방식 자체가 우리와는 맞지 않는 부분이 많았다. 그들의 빈곤한 삶 자체가 새로운 볼거리일 수도 있지만 나에게 그 모습은 그리 즐거운 볼거리가 아니었다. 아프리카 종단은 결국 실패로 돌아갔다. 그러나 미련과 아쉬움보다는 어서 빨리 새로운 모험이 펼쳐질 남미로 가고 싶었다.

케냐 입국은 탄자니아로 들어오는 과정을 역순으로 밟으니 어려운 게 없었다. 국경을 넘은 버스는 2시간 남짓 더 달려

나이로비 국제공항에 날 내려주었다.

　에미리트 항공 데스크 앞에 섰다. 여권과 휴대폰으로 찍어 놓은 비행 스케줄을 내밀었다. 아프리카를 뜨는 순간이었다. 지상승무원이 내 비행스케줄을 확인하는 사이 새삼 나 자신이 대견하게 느껴졌다. 죽지 않고 이 땅을 뜨는 것만으로 감사했다. 긴장이 풀렸다. 정녕 이걸로 끝이란 말인가.

　그런데 아주 잠깐 긴장을 푼 사이 아프리카는 그 틈을 놓치지 않고 다시 화려하고 쇼킹한 시련을 준비 중이었다. 반쪽 짜리 해피엔딩의 기대는 보기 좋게 빗나갔다. 잠시 뒤 난 세계 일주 중 최대 흥분과 광분의 도가니에 빠져 버렸다.

　지금까지 항공편으로 이동을 한 구간은 인천~쿤밍(대한항공 마일리지), 파키스탄~두바이(플라이 두바이), 두바이~요르단(플라이 두바이), 이집트~에티오피아(이집트항공), 에티오피아~케냐(에티오피아항공) 등 5번이었다. 모두 편도티켓을 갖고 움직였고 한 번도 문제가 된 적이 없었다. 그런데 나이로비에선 이게 문제였다. 지상승무원은 편도티켓으로는 아르헨티나에 입국할 수 없다고 했다. 왕복항공권이 있어야 한다는 이야기였다.

　"아놔!"

　한국인은 아르헨티나 무비자 입국이다. 세계 일주자 중 부에노스아이레스 입국과정에서 왕복 티켓을 요구하는 경우가 간혹 있다고 했다. 그런데 아르헨티나행 비행기에 오르기도 전에 항공사 직원의 과한 오지랖은 뭐란 말인가. 지상승무원은 데스크 안으로 들어와서 화면을 보라고 했다. 화면에는 분명 입국 시 왕복티켓이 있어야 한다고 표시돼 있었다. 규정이 있는 걸 모르는 바는 아니지만 웬만하면 그냥 눈감아주는 '사문화'된 규정 아닌가. 세계 일주 중인데 왕복티켓을 어떻게 사냐고 항의했다. 부에노스아이레스에서 칠레 산티아고로 가는 비행기 티켓을 살 테니 좀 봐달라고도 했다. 이 말은 들은 직원은 산티아고를 검색해 보더니 거기도 왕복 티켓을 요구한다며 또 다른 티켓이 있어야 한다고 했다. 그는 내가 부에노스아이레스 입국에서 문제를 일으키면 자기가 페널티를 받는다고 말했다.

'미친!'

이런 식이면 인천으로 돌아가는 전 일정 비행기 티켓이 있어야 세계 일주가 가능하다는 말 아닌가. 그럼 판매를 하지 말든가. 환장할 노릇이었다. 진땀을 흘리며 온갖 표현력을 동원해 사정을 해봤지만, 출국불가 결정은 바뀌지 않았다. 내겐 너무 잔인한 결정이었다. 지상승무원은 나 같은 문제아들을 따로 불러 놓고 이야기를 하는 상담 창구로 가라고 했다.

그런데 상담 창구의 모양새를 보곤 말문이 막혔다. 전면유리 아래 손 하나 겨우 들어갈 정도의 작은 구멍이 대화의 공간이었다. 테이블도 의자도 없었다. 오직 쥐구멍뿐이었다. 유리창 이곳저곳에는 나 같은 손님들이 흥분을 못 참고 난사한 침방울이 말라비틀어져 있었다. 허리를 굽혀 쥐구멍에 대고 다시 사정을 이야기했다. 여직원은 2가지 해결방안을 제시했다.

첫째, 부에노스아이레스~나이로비 티켓을 800달러에 사서 나중에 이 티켓을 취소하고 25%를 돌려받는 안. 위약금이 75%란 이야기였다.

둘째, 3,300달러짜리 부에노스아이레스~인천 티켓을 사서 나중에 이걸 취소하는 안. 이 경우 취소 수수료가 날짜에 따라 150달러에서 300달러까지 나온다.

두 가지 다 마음에 안 들긴 마찬가지였다. 직원은 앵무새처럼 규정 때문에 어쩔 수 없다는 말을 반복했다. 통사정하는 내 처지가 애처로워 보였는지 상관으로 보이는 사람이 내 문제에 대해서 묻긴 했지만 잔인한 결정은 바뀌지 않았다.

비행시간이 다가오고 있었다. 초조함은 극에 달했다. 이 비행기를 놓치면 상황은 복잡한 양상으로 전개될 게 뻔했다. 다시 허리를 굽혀 쥐구멍에 대고 다른 티켓을 사오면 상관없냐고 물었다. 직원도 허리를 굽혀 그렇다고 대답했다. 한심하기 짝이 없는 상황이었다.

느려터진 인터넷으로 다른 항공사의 가격과 환불규정 등을 살펴보느니 그냥 에미리트 항공에서 결제하는 게 가장 편하고 값싼 방법이란 결론을 내렸다.

쥐구멍에 대고 힘없이 신용카드를 내밀었다. 무려 3,300달러짜리 인천행 티켓을 구매하는 순간이었다. 그리곤 뒤돌아 힘없이 걸음을 옮겼다. 그런데 아무래도 과정이 마무리되지 않은 것 같은 찝찝함이 남았다. 이 티켓을 취소하려면 어떻게 해야 하는지에 대한 설명이 전혀 없었다. 다시 쥐구멍을 찾았다.

"티켓을 취소하려면 어떻게 해야 하나욧!"

그때야 여직원은 무엇인가 빠졌다는 걸 직감하고 쪽지에 메일과 전화번호를 적어주었다. 이 사건이 남미에 가서 두고두고 날 괴롭히는 일이 될 줄은 그때는 정말 모르고 있었다. 아무리 봐도 깔끔하지 못한 마무리였다.

터벅터벅 힘없이 비행기에 올랐다. 창밖을 내다봤다. 아프리카와의 이별이었다. 앓던 이가 빠진 것 같이 속이 시원했다. 미련, 정, 안타까움, 애틋함, 아쉬움 등의 감정은 눈곱만큼도 손톱 밑에 때만큼도 없었다.

세계 일주 2막을 향해 비행기가 날기 시작했다. 〔끝〕

탄자니아 모시로

말라리아 회복기

청춘에는 이유가 없다.
마음이 가면 그걸로 된 거다.
이유가 생기는 순간 더 이상 청춘이 아니다.
언제든 떠날 수 있다는 자신감.
언제든 끝날 수 있다는 초연함.
언제든 그럴 수 있다는 의연함.
난 이 모든 것의 청춘이고 싶다.
언제까지나….

처방전에는 '여행'이란 두 글자만 있었다.

치유 받고 싶고, 여유를 찾고 싶었다.

그렇게 여행은 두서없이 시작됐다.

이 길이 맞는지 나도 알 수 없었다.

속으로 수백 번도 더 되뇌었지만 돌아오는 답은 없었다.

내가 할 수 있는 건 질문을 확인하는 일뿐이었다.

그래서 배낭을 메고 길을 나섰다.

여행을 시작해 보니 한 가지는 확실해졌다.

눈으로 보지 않고 만져보지 않은 것들은 모두 내 관념의 단상에 지나지 않았다.

"경험은 세상과 인간을 이해하는 가장 빠른 길이다."

2014년 5월 새벽에